工程建设百问丛书

智能建筑工程百问

刘宪文 主编

中国建筑工业出版社

图书在版编目（CIP）数据

智能建筑工程百问/刘宪文主编．—北京：中国建筑工业出版社，2011.9
（工程建设百问丛书）
ISBN 978-7-112-13444-1

Ⅰ.①智… Ⅱ.①刘… Ⅲ.①智能化建筑-建筑工程-问题解答 Ⅳ.①TU18-44

中国版本图书馆 CIP 数据核字（2011）第 153155 号

工程建设百问丛书
智能建筑工程百问
刘宪文 主编

*

中国建筑工业出版社出版、发行（北京西郊百万庄）
各地新华书店、建筑书店经销
北京红光制版公司制版
北京市密东印刷有限公司印刷

*

开本：850×1168 毫米 1/32 印张：14 字数：373 千字
2011 年 10 月第一版 2011 年 10 月第一次印刷
定价：32.00 元
ISBN 978-7-112-13444-1
（21208）

版权所有 翻印必究
如有印装质量问题，可寄本社退换
（邮政编码 100037）

本书以智能建筑工程为专题，用问答的形式详细介绍了智能建筑工程监理、通信网络系统、信息网络系统、建筑设备监控系统、火灾自动报警及消防联动系统、安全防范系统、综合布线系统等方面内容，共有 11 章近 300 个问题。本书语言通俗易懂，可作工程技术人员和大专院校相关专业师生自学和辅导用书。

* * *

责任编辑：周世明
责任设计：董建平
责任校对：陈晶晶　赵　颖

编写人员名单

主　　编　刘宪文
参编人员　武朝东　莫成杰　赵中亚　郭京辉
　　　　　滕喜利　刘治秋　戚宏伟　滕喜军
　　　　　刘继燕　刘继岩　张吉会　滕长久

前　言

　　随着社会科学技术的快速发展，智能建筑工程在电气技术、计算机网络技术、自动控制和系统工程技术等方面的智能化程度正日益提高，公共建筑、综合商办大楼、工业厂房、交通枢纽以及高级住宅群等都开始应用 4C 技术（控制技术、计算机技术、图形显示技术、通信技术），逐渐使建筑具备了 3A 功能（办公、通信、楼宇自动化），在结构、系统、服务和管理等方面得到了优化，提高了安全、高效、舒适、合理、便捷的程度；智能建筑赋予了弱电系统全新的概念，也对弱电工程的施工规范化提出了更高的要求。

　　但由于用户自身技术、能力和人员等方面的不足，致使项目系统建设过程中缺乏有效的监督、管理机制而导致部分工程项目在质量、进度、投资等方面都无法得到很好的保证和控制，使项目中途下马或完工以后难以达到预期目标的现象屡见不鲜。为扭转这一被动局面特撰写这本智能建筑工程百问，奉献给奋斗在智能建筑第一线的工程监理、技术管理、施工管理等广大人员，供在施工过程中使用。若能细读这本书，便能使工程不出或少出质量事故，使资源得以充分利用，更好地造福于人类。

　　本作品得到美国独资企业霍尼韦尔公司智能化技术人员武朝东同志的大力支持和帮助，在此谨表感谢。

目 录

第1章 智能建筑工程监理 ·· 1

第1节 工程监理基础知识 ·· 1

1. 工程监理的概念是什么? ·· 1
2. 国家发布的工程监理法规有哪些? ································· 2
3. 怎样才能成为一名真正的监理工程师? ························· 4
4. 监理工程师应具有哪些素质? ······································· 4
5. 监理工程师的职业道德和工作纪律有哪些? ················ 5
6. 监理工程师是什么性质的职务? ···································· 5
7. 建设工程监理与政府监督有哪些区别? ······················· 6
8. 监理工程师有哪些风险责任? ······································· 8
9. 监理工程师应有哪些防范意识? ···································· 8

第2节 弱电工程基础实务 ·· 9

10. 强电与弱电有哪些区别? ·· 9
11. 何为智能建筑? ·· 9
12. 建筑智能化结构由哪些部分组成? ······························· 9
13. 智能化小区包括哪些系统? ··· 10
14. 智能化校园有哪些功能系统? ····································· 11
15. 电话通信系统如何分类和施工? ·································· 11
16. 什么是计算机网络? ··· 12
17. 综合布线系统包含哪些子系统? ·································· 13
18. 火灾自动报警与消防联动控制系统的安装应注意哪些方面? ·· 14
19. 安全防范系统包括哪些?工作原理是什么? ················ 15
20. 智能建筑的硬件和软件包括哪些? ······························· 16
21. 智能建筑的功能有哪些? ·· 17

22. 智能建筑工程施工现场管理应符合哪些要求？ …………… 19
23. 智能建筑质量验收包括哪些内容？ …………………………… 21
24. 智能建筑工程检测验收如何进行？ …………………………… 21
25. 对智能建筑工程的产品有哪些要求？ ………………………… 22

第3节 弱电工程施工 ……………………………………………… 27

26. 弱电工程施工有哪些规范和标准？ …………………………… 27
27. 弱电工程施工组织总设计如何编制？ ………………………… 28
28. 弱电工程施工前应做好哪些准备工作？ ……………………… 31
29. 弱电工程施工分几个阶段进行？ ……………………………… 32
30. 智能建筑工程施工质量控制有哪些方面？ …………………… 32
31. 智能建筑工程质量控制有哪些规定？ ………………………… 33
32. 系统检测应具备哪些条件？ …………………………………… 34
33. 各系统竣工验收包括哪些条件？ ……………………………… 39
34. 各类建筑智能化系统的功能要求及配置规定有哪些？ ……… 39
35. 对系统检测机构的要求有哪些？ ……………………………… 55
36. 智能建筑竣工验收有哪些要求？ ……………………………… 59

第2章 通信网络系统 ………………………………………………… 61

37. 通信网络系统由哪些部分组成？ ……………………………… 61
38. 电话机房的环境、安全、电源有哪些具体要求？ …………… 61
39. 通信电话配线有哪些要求？ …………………………………… 65
40. 《城市住宅区和办公电话通信设施验收规范》（YD 5048—1997）对通信缆线的敷设有哪些规定？ ……………………… 70
41. 射频同轴电缆的特点有哪些？ ………………………………… 74
42. 通信系统工程的安装和检测有哪些规定？ …………………… 75
43. 现代建筑通信信息的结构是怎样的？ ………………………… 79
44. 程控用户交换机的工作原理是怎样的？ ……………………… 81
45. 数字用户交换机入网方式是怎样的？ ………………………… 82
46. 数字用户交换机的损耗和分配是怎样的？ …………………… 84
47. 程控数字用户交换机的系统结构与设计是怎样的？ ………… 87
48. 国外电话系统功能是怎样的？ ………………………………… 89

7

49. 桌面型会议电视系统有哪些功能？ …………………… 91
50. 同声传译系统结构是怎样的？ ……………………… 92
51. 同声传译系统的工作原理是怎样的？ ……………… 93
52. 数字会议网络（DCN）有哪些特点？ ……………… 95
53. 数据通信设备包括哪些？ …………………………… 96
54. 电话机功能有哪些？接线形式是怎样的？ ………… 99
55. 《固定电话交换设备安装工程验收规范》 ………… 101
56. 固定电话交换设备安装工程初验测试有哪些要求？ …… 102
57. 工程最终验收（竣工验收）有哪些要求？ ………… 103
58. 有线电视及卫星数字电视系统检测应符合哪些要求？ … 103
59. 我国广播电视频道的频率是如何配制的？ ………… 105
60. 电视图像质量分级的标准有哪些？ ………………… 109
61. 卫星电视接收系统有哪些技术参数？ ……………… 111
62. 对卫星电视接收天线有哪些技术要求？ …………… 114
63. 对卫星电视接收站的性能有哪些要求？ …………… 115
64. 有线电视（CATV）系统的原理是怎样的？ ……… 118
65. 有线电视（CATV）系统的组成是怎样的？ ……… 118
66. 有线电视 CATV 系统工程如何分类？ ……………… 120
67. 有线电视 CATV 系统的基本模式是怎样的？ ……… 120
68. 有线电视（CATV）系统的技术指标分配是怎样的？ … 122
69. 有线电视（CATV）系统的技术参数有哪些？ …… 123
70. 有线电视（CATV）系统有哪些主要部件？ ……… 129
71. 混合器与分波器有哪些区别？ ……………………… 130
72. 分配器有哪些功能？ ………………………………… 130
73. 分支器的功能和工作原理是怎样的？ ……………… 132
74. 用户插座安装有哪些规定？ ………………………… 133
75. 串接单元（一分支器、分支终端器）的技术性能和规格
有哪些？ …………………………………………… 134
76. 有线电视系统设计前的准备工作有哪些？ ………… 135
77. 接收天线选择应掌握哪些原则？ …………………… 135

78. 前端设备的组成及技术性能有哪些? …………… 136
79. 常见的共用天线电视接收系统分配方式有哪些? …… 139
80. 有线电视系统天线避雷安装应注意哪些? …………… 142
81. 公共广播与紧急广播系统检测应符合哪些要求? …… 142
82. 有线广播系统设置的场所有哪些规定? ……………… 143
83. 火灾应急广播系统与业务广播、服务广播系统的切换方式有哪些不同? …………………………………… 143
84. 广播音响系统的传声器有哪些技术特性? …………… 144
85. 国产传声器有哪些技术特性? ………………………… 145
86. 人工混响器和延时器有哪些应用? …………………… 146
87. 扩声系统有哪些实用功能? …………………………… 147
88. 电平信号传输系统的功能及特点是怎样的? ………… 150
89. 广播线路的导线和变压器配接应注意哪些? ………… 152
90. 广播线路定阻抗配接有哪些方式? …………………… 154
91. 广播线路定电压配接应注意哪些? …………………… 155
92. 高级宾馆音响及紧急广播的工作原理是怎样的? …… 156
93. 公共广播系统包括哪些部分? ………………………… 159
94. 通信网络系统有哪些一般规定? ……………………… 159
95. 通信网络系统检测有哪些规定? ……………………… 161
96. 通信网络系统主控项目包括哪些方面? ……………… 161
97. 通信网络系统竣工验收文件和记录包括哪些内容? … 168

第3章 信息网络系统 …………………………………… 169

98. 信息网络系统施工应符合哪些要求? ………………… 169
99. 办公自动化系统的基本模式有几种? ………………… 170
100. 办公自动化系统包括哪些主要设备? ……………… 171
101. 办公自动化系统的通信体系结构是怎样的? ……… 172
102. 计算机网络系统工程安装及检测有哪些要求? …… 175
103. 自动化网络体系包括哪些方面? …………………… 176
104. 办公自动化局域网的特征有哪些? ………………… 177
105. 办公自动化局域网的选择应考虑哪些方面? ……… 177

106. 美国 PLAN series 局域网中 PLAN4000 局部网的构成是怎样的？主要参数有哪些？ ……………… 181
107. Wang net（王安网络）结构及主要参数有哪些？ ……… 182
108. 校园网络设计包括哪些方面？ …………………………… 183
109. 医院网络设计包括哪些方面？ …………………………… 184
110. 宾馆酒店信息系统包括哪些方面？ ……………………… 184
111. 商业经营管理系统由哪些组成？ ………………………… 186
112. 银行综合业务管理系统工作原理是怎样的？ …………… 187
113. 应用软件的检测应符合哪些要求？ ……………………… 187
114. 办公自动化系统软件结构及功能是怎样的？ …………… 188
115. 软件安装应掌握哪些要点？ ……………………………… 190
116. 网络安全系统的检测应掌握哪些关键？ ………………… 190
117. 信息网络系统产品及软件配置应符合哪些要求？ ……… 192
118. 实时入侵检测设备具有哪些特性？ ……………………… 193
119. 网络安全性检测应符合哪些要求？ ……………………… 194
120. 信息网络系统验收应掌握哪些关键？ …………………… 194

第4章 建筑设备监控系统 …………………………………… 196

121. 建筑设备自动化系统由哪些部分组成？ ………………… 196
122. 建筑设备监控系统的结构与功能是怎样的？ …………… 196
123. 建筑设备监控系统对哪些进行监控？ …………………… 198
124. 建筑设备监控系统工程施工有哪些规定？ ……………… 204
125. 建筑自动化系统规模设计应符合哪些原则？ …………… 205
126. 建筑设备监控系统有哪些功能？ ………………………… 207
127. 建筑设备监控系统有哪些主要设备？ …………………… 210
128. 建筑设备控制系统施工应具备哪些条件？ ……………… 215
129. 建筑设备控制系统施工应掌握哪些原则？ ……………… 215
130. 建筑设备监控系统施工及检测流程是怎样的？ ………… 216
131. 建筑设备控制系统施工技术管理包括哪些内容？ ……… 217
132. 建筑设备监控系统工程施工安全包括哪些内容？ ……… 218
133.《施工现场临时用电安全技术规范》有哪些安全规定？ … 219

134. 建筑设备监控系统工程质量有哪些要求？ …………… 220
135. 电线、电缆的敷设有哪些规定？ ………………………… 221
136. 电缆竖井及电缆沟内的电缆敷设有何规定？ ………… 222
137. 电线、电缆导管及缆线槽敷设有哪些要求？ ………… 224
138. 电线、电缆穿管及线槽的敷设有哪些要求？ ………… 225
139. 控制柜（屏、台）电动执行机构安装有哪些要求？ … 226
140. 建筑设备监控系统安装和调试要点有哪些？ ………… 227
141. 建筑设备监控系统检测有哪些规定？ ………………… 228
142. 系统检测验收大纲如何编制？ ………………………… 229
143. 系统功能检测记录包括哪些内容？ …………………… 229
144. 通风与空调系统功能检测包括哪些方面？ …………… 231
145. 定风量空调系统监控包括哪些方面？ ………………… 232
146. 变风量空调系统的监控包括哪些方面？ ……………… 232
147. 变配电系统功能监测内容有哪些？ …………………… 236
148. 变配电系统的监测方法是怎样的？ …………………… 237
149. 公共照明系统功能检测包括哪些方面？ ……………… 237
150. 给排水、中水系统功能检测包括哪些方面？ ………… 241
151. 热源和热交换系统功能检测包括哪些方面？ ………… 241
152. 锅炉机组的监控包括哪些方面？ ……………………… 241
153. 锅炉机组控制系统由哪些部分组成？ ………………… 245
154. 热交换站运行参数的监测与自动控制原理是
 怎样的？ ………………………………………………… 247
155. 热交换器控制系统的监测和控制是怎样的？ ………… 249
156. 冷冻或冷却水系统功能检测包括哪些方面？ ………… 249
157. 冷冻站运行参数的监测包括哪些方面？ ……………… 249
158. 冷水机组工作参数是如何进行自动控制的？ ………… 251
159. 电梯与自动扶梯系统功能检测有哪些规定？ ………… 253
160. 设备监控系统与子系统间的数据通信接口功能检测
 有何规定？ ……………………………………………… 258
161. 设备、材料进场有哪些要求？ ………………………… 259

162. 子系统通信接口施工检测要点有哪些? …………… 259
163. 中央管理工作站与操作分站功能检测有哪些规定? …… 260
164. 中央管理工作站与操作分站设备及材料质量控制包括
哪些方面? …………………………………………… 261
165. 中央管理工作站的检测包括哪些项目? …………… 262
166. 操作分站检测包括哪些项目? ……………………… 263
167. 中央管理工作站与操作分站系统软件功能检测包括
哪些方面? …………………………………………… 263

第5章 火灾自动报警及消防联动系统 ……………… 265

168. 火灾自动报警及消防联动系统有哪些规定? ……… 265
169. 火灾自动报警及消防联动系统竣工验收包括
哪些方面? …………………………………………… 266
170. 火灾自动报警系统试运行应具备哪些条件? ……… 268
171. 火灾自动报警系统定期检查和试验应符合哪些
要求? ………………………………………………… 268
172. 火灾自动报警及消防联动系统的检测要点有哪些? …… 269
173. 消防系统为什么是建筑物极为重要的部分? ……… 270
174. 火灾自动报警系统的工作原理是怎样的? ………… 271
175. 火灾自动报警系统有哪些基本要求? ……………… 272
176. 火灾自动报警系统分为几类? ……………………… 273
177. 火灾自动报警系统由哪些部分组成? ……………… 274
178. 火灾探测器有哪些种类? …………………………… 275
179. 感烟火灾探测器有哪些种类? ……………………… 276
180. 感温式火灾探测器有哪些种类? …………………… 277
181. 火灾探测器如何选择? ……………………………… 278
182. 火灾报警控制器的组成及功能是怎样的? ………… 279

第6章 安全防范系统 …………………………………… 282

183. 安全防范系统工程有哪些规定? …………………… 282
184. 安全防范系统工程施工质量控制要点有哪些方面? …… 282
185. 安全防范系统检测有哪些规定? …………………… 284

186. 安全防范系统的检测包括哪些方面？ ……… 284
187. 一卡通安全体系的管理有哪些方面？ ……… 288
188. 一卡通系统卡片应用范围有哪些要求？终端设备应注意
哪些要点？ ……… 289
189. 停车场管理系统主要功能包括哪些方面？ ……… 290
190. 停车场管理设备系统有哪些控制要点？ ……… 292
191. 内部停车场管理系统及软件有哪些功能？ ……… 293
192. 综合管理系统及软件有哪些功能？ ……… 294
193. 出入口控制系统的设计有哪些要求？ ……… 296
194. 出入口控制系统验收应掌握哪些要点？ ……… 297
195. 周界防范系统设计和施工有哪些控制要点？ ……… 299
196. 电子巡更系统有哪些功能？ ……… 300
197. 电子巡更设计应符合哪些要求？有何作用？ ……… 301
198. 可视对讲系统有哪些功能和技术要求？ ……… 301
199. 联网可视对讲系统有哪些功能和特点？ ……… 302

第7章 综合布线系统 ……… 304

200. 综合布线系统有哪些规定？ ……… 304
201. 综合布线安装质量检测应包括哪些方面？ ……… 304
202. 综合布线系统工程性能检测有哪些规定？ ……… 306
203. 综合布线系统的意义是什么？有哪些特性？ ……… 307
204. 金属导管施工应注意哪些方面？ ……… 309
205. 金属线槽敷设有哪些控制要点？ ……… 311
206. 塑料槽敷设线缆有哪些形式？ ……… 313
207. 预埋导管穿线及主干线电缆布线应注意哪些方面？ …… 315
208. 建筑群电缆敷设与双绞线布线应注意哪些方面？ …… 315
209. 光缆敷设应注意哪些方面？ ……… 316
210. 综合布线系统验收的要点有哪些方面？ ……… 318
211. 综合布线子系统验收包括哪些内容？ ……… 321
212. 综合布线系统测试包括哪些方面？ ……… 324

第8章 智能化系统集成 ……… 325

213. 智能化系统集成工程施工质量控制应注意哪些方面? ………………………………………………………… 325
214. 智能化系统集成的检测有哪些规定? ………………… 326
215. 智能化系统集成质量控制的重点有哪些? …………… 326
216. 系统集成的层次划分是怎样的? ……………………… 329
217. BMS 楼宇集成管理系统的主要功能有哪些? ……… 330
218. 智能建筑系统集成应考虑哪些方面? ………………… 332
219. 智能建筑系统集成应掌握哪些原则? ………………… 334
220. 智能化楼宇综合管理系统结构和功能是怎样的? …… 334
221. 智能化楼宇综合管理系统如何集成? ………………… 335
222. 楼宇综合管理系统主干网是如何集成的? …………… 337
223. 智能化楼宇综合管理软件系统集成的技术手段有哪些? …………………………………………………… 339
224. 智能化楼宇综合管理子系统集成能实现哪些功能? …… 340
225. 系统集成设计包括哪些内容? 综合系统包括哪些子系统? ………………………………………………… 342

第9章 电源与接地 …………………………………………… 344

226. 电源与接地工程有哪些规定? ………………………… 344
227. 电源系统检测的重点有哪些内容? …………………… 345
228. 防雷与接地系统检测的控制重点有哪些? …………… 346
229. 楼宇供配电系统由哪些组成? 有哪些要求? ………… 347
230. 电源质量标准涉及哪些方面? ………………………… 348
231. 楼宇供配电系统结线方案有几种? …………………… 350
232. 应急电源系统如何配置? ……………………………… 353
233. 低压电动机、电加热器及电动执行机构接线的质量控制包括哪些方面? ………………………………………… 355
234. 供配电系统监测控制包括哪些方面? ………………… 356
235. 柴油发电机组安装质量如何控制? …………………… 357
236. 不间断电源安装质量控制包括哪些方面? …………… 358
237. 照明系统有哪些具体要求? …………………………… 359

- 238. 照明灯具有哪些种类? ……………………………… 359
- 239. 电光源有哪些工作特性? …………………………… 361
- 240. 甲级标准智能建筑中的照明自动控制系统有哪些功能? …………………………………………………… 363
- 241. 计算机房防雷接地如何设置? ……………………… 364
- 242. 接地装置安装质量如何控制? ……………………… 365
- 243. 避雷引下线和变配电室接地干线敷设质量如何控制? …………………………………………………… 366
- 244. 接闪器安装质量如何掌握? ………………………… 368
- 245. 建筑物等电位联结质量如何控制? ………………… 368
- 246. 接地装置的安装程序是怎样的? …………………… 369
- 247. 避雷引下线和变配电室接地干线敷设的程序是怎样的? …………………………………………………… 369
- 248. 建筑物等电位联结的程序是怎样的? ……………… 370

第10章 环境 ……………………………………………… 371

- 249. 环境检测有哪些规定? ……………………………… 371
- 250. 环境系统检测应符合哪些要求? …………………… 371
- 251. 机房工程包括哪些子系统?建设要求有哪些? …… 373
- 252. 机房场地环境国家有哪些相应标准和指标要求? … 373
- 253. 机房工程设计应注意哪些方面? …………………… 374
- 254. 计算机房的使用面积如何确定? …………………… 377
- 255. 机房工程环境系统有哪些具体要求? ……………… 378
- 256. 对机房照明系统有哪些具体要求? ………………… 382
- 257. 对机房工程屏蔽系统有哪些要求? ………………… 383
- 258. 机房固态屏蔽工程有几种施工形式? ……………… 384
- 259. 计算机房非固态屏蔽工程施工是为了什么? ……… 386
- 260. 计算机房常见的接地形式有哪些? ………………… 387

第11章 住宅(小区)智能化 …………………………… 389

- 261. 住宅(小区)智能化有哪些一般规定? …………… 389
- 262. 住宅(小区)智能化系统的检测有哪些规定? …… 390

263. 火灾自动报警及消防联动系统检测质量控制包括哪些内容? ……………………………………………………………… 391
264. 安全防范系统检测应符合哪些要求? …………………… 391
265. 监控与管理系统检测应符合哪些要求? ………………… 392
266. 家庭控制器的检测应符合哪些要求? …………………… 393
267. 室外设备及管网质量控制有哪些? ……………………… 395
268. 住宅(小区)建设应具备哪些设施? …………………… 395
269. 别墅建设对设施有哪些具体要求? ……………………… 396
270. 楼宇设备自控系统包括哪些子系统? …………………… 397
271. 中央管理计算机有哪些功能? …………………………… 400
272. 分站设置有哪些监理要点? ……………………………… 404
273. 监控中心设计重点控制有哪些? ………………………… 405
274. 楼宇设备自控系统的设备选型应掌握哪些原则? ……… 406
275. 系统的分类及设备选型是怎样的? ……………………… 407
276. 楼宇设备自控基本功能系统实施的监理要点包括哪些方面? ……………………………………………………… 409
277. 中央站功能系统实施的监理要点有哪些? ……………… 410
278. 报警处理系统实施的监理要点有哪些? ………………… 410
279. 状态汇总报告系统实施有哪些监理要点 ………………… 410
280. 分站功能系统实施的监理要点有哪些? ………………… 411
281. 时间管理系统的监理要点有哪些? ……………………… 412
282. 能量管理程序软件实施有哪些监理要点? ……………… 413
283. 事件启动诱发程序实施的监理要点有哪些? …………… 413
284. 直接数字控制软件实施的监理要点有哪些? …………… 414
285. 可视对讲系统的作用及功能有哪些? …………………… 414
286. 可视对讲系统原理是怎样的? …………………………… 415
287. 可视对讲系统的设计原则有哪些? ……………………… 415
288. 可视对讲系统设计应满足哪些要求? …………………… 417
289. 可视对讲系统的3种结构有哪些区别? ………………… 417
290. 单对讲系统有哪些特点? ………………………………… 418

291. 分散控制式可视对讲系统有哪些优点？ ………………… 419
292. 直接可视对讲系统具有哪些特点？ …………………… 420
293. 网络可视对讲系统的功能及配置是怎样的？ ………… 420
294. 监理工程师对可视对讲系统施工验收的哪些参数进行检查？ …………………………………………………… 421
295. 机房及室内装修系统有哪些监理要点？ ……………… 423
296. 内装修电气系统有哪些监理要点？ …………………… 424
297. 内装修空调系统有哪些监理要点？ …………………… 425

参考文献 …………………………………………………… 427

第1章 智能建筑工程监理

第1节 工程监理基础知识

1. 工程监理的概念是什么？

监理的含义，可分为两部分分析："监"是指在旁监视、督察的意思，是一种目标相当明确的具体行为，进一步理解是视察、检查、评价、控制予以纠偏、督促来实现目标的意思；"理"通常指条理、准则，还可以理解为"吏"，即官员或执行者，具有整理、管理的意思。另外，监理是执行机构或执行者的行为，这一机构或人可称为"监理"。

监理行为应具备以下基本条件：
(1) 明确的"执行者"；
(2) 明确的行为准则；
(3) 明确的被监理"行为"；
(4) 明确的被监理行为个体；
(5) 明确的监理目的和行之有效的监理思想、理论、方法及手段。

监理的含义可全面表达为：一个执行机构或执行人依据一项准则，对某一行为主体进行监督、监视、监控、检验及评价，使行为符合准则的规定要求，协助行为主体更准确、合理和完整地达到预期目标。

工程监理是指监理单位受建设单位委托，依据国家和地方的法律、法规、标准、规范对参建各方进行协调和约束；并依据监理委托合同及其他有关建设合同对工程实施监督管理。是社会化、专业化监理单位代表建设单位对施工单位的建设行为进行微观监督管理的专业化服务活动。

工程监理内部分为土建、水暖空调、电气、燃气、园林、市政、地铁、安全、钢结构、装饰装修、工程造价、资料管理等专业。

2. 国家发布的工程监理法规有哪些？

国家发布的工程建设监理法规如下：

1)《关于开展建设监理工作的通知》"（88）建建字第142号"，1988年7月25日。

主要内容：参照国际惯例建立具有中国特色的建设监理制度，对建设投资结构和项目决策、对建筑市场、建设项目的实施进行监理。主要面对新建、改建和扩建的各工程项目。政府监理的管理机构归口国家建设部，办事机构为建设部监理司，在地方为各级政府建设委员会，办事机构为下设的建设监理处、科或组。社会监理指各监理单位，归口建设委员会，是民间的社会监理组织。依据监理委托合同、其他建设施工合同及国家有关建设方面的法律、法规、标准、规范、规程，受建设单位的委托对工程建设实施阶段及保修阶段进行监理。

2)《关于开展建设监理试点工作的若干意见》"(88)建建字第366号"，1988年11月12日。

主要内容：决定在天津、南京、上海、深圳、哈尔滨、沈阳、宁波、北京等八个城市的交通、能源两部中的公路和水电系统作为全国开展建设监理工作的试点。监理单位取得监理业务的途径可以是通过投标、建设单位指名或通过竞争择优选择，也可以通过商议委托。明确试点工程中监理单位与施工单位、建设单位的关系，监理取费等。

3)《建设监理试行规定》"(89)建建字第367号"，1989年7月28日。

主要内容：建立工程建设监理制度，提高建设工程的投资效益，建立工程建设领域商品经济新秩序。规定社会监理单位及监理内容；监理单位与建设单位、施工单位的关系；外资、中外合资和外国贷款建设项目的监理；政府监理的机构及职责等。政府监理与社会监理的依据是国家有关工程建设的法律、法规、方针政策、标准、规范、政府批文、设计文件，社会监理还依据委托监理合同及其他工程承包合同。施工承包单位必须接受监理单位的监理，为其监理工作提供方便。外国在中国境内独立投资的建设项目，应聘请中国监理单位与外国监理单位共同监理，中外合资建设项目一般由中国监理单位监理、外国贷款建设项目一般以中国监理单位为主进行合作监理。

4)《关于加强建设监理培训工作的意见》"（90）建建字第431号"，建设部1990年9月17日。

主要内容：奠定监理基础，提高监理队伍素质。建设监理的培训教育由各地区、各部门建设主管部门统一安排，也可由建设单位、施工单位、监理单位举办监理知识讲座。

5)《工程监理单位资质管理试行办法》（建设部第16号令），1992年1月18日。

主要内容：

(1) 监理单位的建立；

(2) 监理单位的资质等级；

(3) 中外合作监理单位的资质管理；

(4) 监理单位资质证书的管理；

(5) 监理单位的变更与终止。

6)《监理工程师资格考试和注册试行办法》（建设部第18号令），1992年6月4日。

主要内容：

(1) 监理工程师资格考试；

(2) 监理工程师注册。

7)《关于发布工程建设监理费有关规定的通知》"（92）价费字479号"，1992年9月8日。

8)《关于进一步开展建设监理的通知》"建设75号",1992年2月20日

9)《建设工程监理范围和规模标准规定》(建设部第86号令),2001年1月17日。

10)《建设工程监理规范》按建设部308号文的要求编制的。

3. 怎样才能成为一名真正的监理工程师?

1) 参加监理工程师的报考条件:

(1) 从事工程建设管理或工作的人员;

(2) 高级或中级职称满三年的人员;

(3) 通过工程建设监理基本知识和相关法规,工程建设质量、进度、投资控制,工程建设监理案例分析,工程建设合同管理四门考试(允许在两年内合格通过)。

2) 监理工程师的工作能力要求:

(1) 监理工程师应有较强的组织协调能力;

(2) 应有较强的语言表达能力;

(3) 应有先前性预料和抓主要矛盾的能力;

(4) 应有经济、法律、管理、技术等多方面的知识,并能按照国家法律、法规、标准、规范、规程解决现场综合性问题。

4. 监理工程师应具有哪些素质?

监理工程师应具有以下方面的素质:

(1) 精通土建、水暖电照、空调、供气、智能化、机械设备、建筑材料、施工或安装工艺、验收标准等多方面的专业知识;

(2) 精通经济管理、安全生产管理等知识;

(3) 应有一定的工作经验,包括规划设计、地质勘测、工程设计、工程施工、施工管理、材料和设备及构配件的管理、经济管理、监理实践经验;

(4) 具备应用计算机处理一些数据、日记、报表等事宜的

能力；

(5) 应具备健康的体质和充沛的精力。

5. 监理工程师的职业道德和工作纪律有哪些？

1) 职业道德

(1) 维护国家和民族的荣誉和利益；

(2) 按照监理委托合同和国家及地方的法律、法规、标准、规范实施监理；

(3) 努力学习监理知识和专业知识；

(4) 不同时在两个或两个以上监理单位监理或注册，不在材料、设备、构配件供应单位兼职，不以个人名义承揽监理业务；

(5) 不为所监理的施工项目指定材料、设备、构配件生产厂家和提供施工方案；

(6) 不收受被监理单位的任何礼金；

(7) 不泄漏所监理工程的机密，独立自主地开展监理工作。

2) 工作纪律

(1) 不接受建设单位、施工单位可能导致判断不公的报酬；

(2) 不在施工单位和材料设备供应单位兼职；

(3) 不损害他人名誉；

(4) 按监理委托合同的内容向建设单位提供技术服务，协助施工单位完成所承担的建设任务；

(5) 坚持实事求是和科学的基本原则；

(6) 公正、公平地处理有关各方的争议；

(7) 认真履行监理委托合同，承担监理应尽的义务和责任；

(8) 遵守国家和地方政府的法律、法规、规章、制度。

6. 监理工程师是什么性质的职务？

取得全国统一监理工程师考试合格，经注册管理机构注册取得监理工程师岗位证书并在监理单位从事工作才能称为监理工程师。一旦离开了监理单位，不再从事工程监理工作的人不得称为监理工程师，也就失去了监理资格。

监理业务只能由取得监理资格证书的监理单位承担；监理工程师不得以个人名义承担工程监理业务。监理工程师只能服务于建设监理单位、工程建设监理事务所、科学研究和工程建设咨询单位、工程设计兼承监理业务的单位。

7. 建设工程监理与政府监督有哪些区别？

建设工程监理是社会的、经政府部门认证、取得资格证书的监理单位，监理单位受政府委托对工程项目实施监理，具有委托性。

政府监督是指政府建设主管部门对参建各方（包括建设单位、监理单位、施工单位）实施的监督管理，是强制性的，主要在建设工程的实施阶段。政府监督与社会监理有本质上的区别，有其共性和联系，但互相不能取代。

1）工作依据不同

监理单位是代表建设单位对建设项目实施管理，是协调性。在监理活动中，监理单位依据国家工程建设方面的法律、法规、规章、制度、标准、规范，监理委托合同、监理规划、设计文件及其他建设合同等对工程实施监理。

政府监督是代表政府对建设工程进行监督，是政府的专门机构，有权对辖区内工程建设项目进行监督、检查和管理。依据是国家的法律、法规、方针政策、规章、标准、规范，是强制性的。

2）工作手段不同

监理单位采用的是监理委托合同和其他建设合同中规定的组织措施、经济措施、技术措施等来协调参建各方的关系，以保证项目工程目标的实现。在出现工程质量事故或失控时，监理单位可以使用返工或停工整改等强制手段。监理单位常用的是监理通知、停工令、审核施工单位施工组织设计、签发停工令、开工令、签发工程质量合格认证及付款凭证。

政府监督采取的手段是通报、警告、罚款、责任返工、吊销执照、降低资质等强制手段。

3）工作深度和范围不同

监理单位是对工程项目进行具体、微观的管理，工作内容比政府监督深入得多。监理单位的工作内容包括审批施工组织设计，审查设计文件及变更，对进场材料、设备、构配件进行验收、对施工过程进行检查验收、隐蔽工程验收、对合格工程予以签认和签署付款凭证，调解处理纠纷、对工序质量进行跟踪监控，对关键工序、关键部位进行旁站监理，按监理实施细则进行验收。

监理的工作范围、深度是根据工程项目具体情况的不同而有异。目前已有全过程监理，但大多还是施工阶段的监理、设计阶段监理或设备监造监理。

政府监督是宏观的，主要对工程质量进行抽查，参与工程质量评定和认定，对施工、设计单位的资质审查，参与或主持对工程事故的调查和处理，参与竣工验收。政府监督具有权威性、强制性和外在性，主要以抽查为主。

4）性质不同

监理单位以委托监理合同、其他建设合同为依据，从保证建设工程安全、质量、进度、投资目标实现的角度出发，对工程进行管理。监理单位是为建设单位服务的，建设单位委托监理的工作范围、内容、权利均在监理合同中有所体现。监理单位的特殊地位：一是国家确立了实施监理制；二是建设单位对监理单位的委托。虽然监理单位有单向的强制权，但由于跟施工单位是平等的主体关系，故与政府的监督管理有明显不同。

政府监督代表政府，一切从保护公共利益和国家法律、法规执行的角度出发，对工程项目进行监督。工作性质是强制的，在辖区范围内的工程项目都无条件地接受监督检查，对发现的问题进行处理。参建各方必须接受，有异议时必须通过程序复议、仲裁或诉讼。其管理主要是宏观、抽查方式，对工程项目进行监督管理。

8. 监理工程师有哪些风险责任？

监理工程师存在主要风险责任、连带风险责任和失职风险责任。

1) 主要风险责任

主要风险责任是为施工单位提供材料、设备、构配件厂家，为施工单位提供施工方案等而使工程出现质量或安全事故的，应承担主要风险责任。

2) 连带风险责任

连带风险责任是与施工单位吃喝不分，相互勾结，该检查验收的不检查验收或不按规定标准进行检查验收，故障降低工程质量，而使工程出现质量或安全事故的，监理工程师应与施工单位承担连带风险责任。

3) 失职风险责任

失职风险责任是监理工程师，由于水平较低，该发现的问题没发现，而使工程出现了质量或安全事故给建设单位造成了经济损失，但监理工程师未与施工单位吃喝不分，相互勾结和未故意降低工程质量的，应承担失职责任。

9. 监理工程师应有哪些防范意识？

1) 监理工程师在施工现场应严格按照安全规程、设备安全操作规程、安全用电规程、安全防护规程、大中小型起重设备安全操作规程、防火消防安全规程等开展监理活动、与施工单位应保持一定的关系、坚持按原则办事。

2) 不为施工单位提供建筑材料、设备、构配件生产厂家，不为施工单位提供施工方案以避免因此而使工程发生质量或安全方面的事故后承担主要风险责任。

3) 在现场进行检查验收活动时应特别注意现场环境条件及有关人员的情绪、素质、心态，防止有人故意设下的陷阱及圈套,以保证人身安全。

4)严格按照国家法律、法规、规章、制度、标准规范、设计文件及项目建设文件、监理委托合同、监理规程实施监理,以避免出现问题后承担风险责任。

第2节 弱电工程基础实务

10. 强电与弱电有哪些区别?

建筑电气工程分为强电和弱电两部分。建筑物所使用的动力电和照明电均为强电,是将电能转换为机械能、光能和热能的所有用电;而将传播信号进行信息交换或传递的用电,均为弱电。

强电的特点是电压高、电流大和频率低,应考虑的问题是减少能量的耗损和提高工作效率、加强用电的管理、严防触电事故的发生。

弱电的特点是电流小、功率小、频率高、电压低,应考虑其信息传播与转换的效果,确保信息传输的可靠、真实、广度和速度。弱电技术涉及的学科比较广泛,并逐步向智能化、综合化方向发展,从国防战争到建筑物内外的信息交换能力都在不断扩展。

11. 何为智能建筑?

智能建筑是信息时代的产物,智能建筑是将4C技术(即计算机技术、控制技术、通信技术、图像显示技术)综合应用在建筑物中,使建筑物的结构化、系统化得以实现。而建筑物的4个基本要素,包括结构、系统、管理和服务等通过优化设计与建筑物同时建成,使在建筑物中活动的人在费用开支、商务活动、人身安全、生活舒适等方面得到实惠。

12. 建筑智能化结构由哪些部分组成?

建筑智能化结构由三大部分组成,其中包括通信自动化系统、办公自动化系统、楼宇自动化系统。

1) 通信自动化系统由程控数字用户交换机和有线电视网两大系统组成。将智能建筑物内的数据、语音及图像通过与外部的数据网、计算机网、广播电视网、卫星网、公共交换电话网相连，与世界各地互通信息、情报。

2) 办公自动化是利用先进的设备和技术使办公的质量和效率得到提高，从而减轻了人们的劳动强度、改善了办公条件，使管理及决策向科学化迈进，使人为的失误和差错得到杜绝和减少。办公自动化是由多层次的系统、设备和技术综合，其中包括信息的生成和输入、信息的加工和处理、信息的存储和检索、信息的复制、信息的传输和交流、信息的安全管理等功能。

3) 楼宇自动化是对楼宇各机电设备通过自动化管理建立起相互之间的联系，实施综合管理：调度、监控和操作。楼宇自动化的功能包括火灾报警与消防联动控制、公共安全防范、电梯运行管制和设备运行管理等。

13. 智能化小区包括哪些系统？

（1）楼宇对讲系统；
（2）智能化控制中心；
（3）闭路电视监控系统；
（4）小区保安巡更系统；
（5）触摸屏查询系统；
（6）背景音乐系统；
（7）照明自动控制系统；
（8）物业信息发布系统；
（9）物业管理计算机区域网；
（10）车辆出入口管理系统；
（11）小区周边防范系统；
（12）住宅智能中心；
（13）综合信息传输网。

以上功能系统可根据用户的需要分系统、分期的建立和完善，实现综合集成管理与控制。

14. 智能化校园有哪些功能系统？

智能化校园包括教学和弱电两方面功能系统。

1) 教学系统

双向闭路电视系统；教学评估系统；图书管理系统；微机教室；课件制作室；教学资源库；校园网吧管理系统；课件/视频点播系统；演播室；电子阅览室；语音系统；财务管理系统；教学备课系统；交互形多媒体教学系统。

2) 弱电系统

有线电视系统；厅堂扩音系统；电子显示屏系统；校园安防监控系统；结构化综合布线系统；公共触摸屏系统；校园一卡通系统；公共广播系统；通信系统。

通过信息化手段，实现资源的配置和充分利用，实现各资源的集成、整合和优化，实现校园管理及教学的优化、组合，提高工作效率达到最佳效果。

15. 电话通信系统如何分类和施工？

1) 电话通信系统的分类

电话通信系统
- 无线传输 —— 模拟传输 —— 将信息转换成电流模拟量进行传输，如普通电话。
- 有线传输 —— 数字传输 —— 将信息用数字编码转换成数字信号进行传输，如程控电话。

2) 电话通信系统的施工

（1）建筑物主体施工阶段按照设计图样的要求在楼内预留电话交换间，预埋暗管和在暗管内配置电线、线缆。

（2）建筑物主体完工，在装饰装修前进行系统设备（电话交接间、交接箱)、壁龛(嵌式电缆交接箱、过路箱及分线箱)、电话出线盒、分线盒等的安装。分线箱可暗装在竖井外侧的墙壁上或明装在竖井内。

电话通信系统主要由电话传输系统、交换设备及终端设备组成。

16. 什么是计算机网络?

计算机网络是指用通信线路将多台具有独立功能的计算机相连,使用统一的通信规则(网络协议)来互通信息,共同享用硬件、软件及数据等资源,共同遵守通信规则以保证计算机网络的正常运行。大的计算机网络可以覆盖全球,小的计算机网络可仅有几台计算机而达到某一工作目的。一般情况下连接计算机的数量越多,其资源越广、价值越高。

计算机网络的主要部分包括通信线路、主机、路由器和信息资源等。

1) 通信线路

通信线路分为有线通信线路和无线通信线路;通信线路的传输能力用传输速率和带宽来表示。传输速率越大证明它的带越宽,其表示方法如下:

$$1Kb/s = 10^3 b/s$$

$$1Mb/s = 10^6 b/s$$

$$1Gb/s = 10^9 b/s$$

$$1Pb/s = 10^{12} b/s$$

$$1Tb/s = 10^{15} b/s$$

2) 主机

主机分为服务器和客户机两种,是服务及信息资源的载体。服务器是存储容量较大的计算机,根据使用功能的不同服务器包括数据服务器、FTP 服务器、域名服务器、WWW 服务器和 E-mail 服务器,是信息资源和服务的供给器。客户机是便携机或微机，设在用户方，是为用户提供服务和信息资源的接收器。

3）路由器

路由器主要功能是将广域网或局域网相连，将数据从一个网络转达到所要送达的目的，通过路径选择法为所传送数据的最短途径，当传输的数据较多时，路由器可根据信息到达路由器的先后顺序进行排序进行转发，一个数据往往要通过多个路由器才能到达用户方的主机，完成传递任务。

4）信息资源

信息资源是对文本、图像、视频、声音及涉及社会民生的诸多资料经搜集、加工、整理，以快捷的方式传递给用户，如科技资料、商务信息、联机游戏、现场直播等。总之信息资料越丰富，计算机网络越受欢迎，点击率越高。

17. 综合布线系统包含哪些子系统？

1）管理间子系统

管理间子系统的主要设备有集线器、电源、机柜和配线架等，由I/O、互连、交连组成；是连接水平干线子系统和垂直干线子系统的主要设备。

2）水平干线子系统

水平干线子系统是指从管理间子系统到工作区的信息插座的配线架。是综合布线系统的重要部分。

3）垂直干线子系统

垂直干线子系统是用大对数非屏蔽双绞线将设备间子系统与管理间子系统连接的建筑物干线电缆。

4）设备间子系统

设备间子系统是将各公共系统设备（包括程控交换机、同轴电缆、邮电光缆）连接的设备，主要有相互支撑硬件、连接器、电缆等设备。

5）楼宇子系统

楼宇子系统是用相应设备和光缆将一个建筑物延伸到另一建筑物的设备和装置。

6）工作区子系统

工作区子系统是用 RJ-45 跳线信息插座与所有设备连接，以接收数码音频及低压信号、高速数据网络信息，所使用的连接器有 8 位接口（符合国际 ISDN 标准）。

18. 火灾自动报警与消防联动控制系统的安装应注意哪些方面？

火灾自动报警设备的品种繁多，其产品的连接方式、工作性能、联动控制关系各有不同。联动控制设备有的用强电驱动，应特别注意连接关系以免造成有关部件的损坏。

探测器（有复合探测器类型、模拟类型、开关量类型），只要是火灾探测器，切记使用接线盒安装，在顶棚内配暗管，仅探测器设在外面。

单线报警大都使用总线制报警方式。总线制分为二、三、四线制，其中二线制应用较为普遍，效果较好。

大规模建设多采用区域—集中两级报警、总线制控制方式；小规模建筑物多采用总线制报警、多线制可编程控制方式。有的楼层区域报警器被楼层显示器代替，效果也不错。

自动报警设备分为集中报警控制器和区域报警控制器。目前国外也有只用通用报警控制器系列的，采用主机、副机报警方式用通信总线连成网，组网方便灵活，可随意将小规模网设置成大规模网，其通信线可联成环型或主干型。

报警可将各路报警与控制合用总线，也可报警总线与控制总线分别设置，总之应考虑节约线材和维修方便。最好采用环状连接方式。无论采用哪种控制总线方式，联动控制应至少有六线直接配线控制，以适应其功能的需要。如消防排烟机和消防水泵必须单独由消防中心直接联动输出控制，以防火灾发生影响使用。

手动报警器按钮应按规范规定设置，其安装同一般输出/输入模块安装。

消防控制中心应设置紧急广播系统，通常为背景音乐普通广播或消防专用广播，由消防控制强制切换成紧急广播，用控制模块实现。控制模块输出触点电压有220V和24V两种，安装时应特别注意。模块安装应与有关设备保持一定距离。

19. 安全防范系统包括哪些？工作原理是什么？

安全防范系统包括防雷与接地系统、电子巡更系统、楼宇保安对讲系统、出入口控制系统、防盗报警系统和电视监控系统。

1) 防雷接地系统

防雷接地系统是保护设备工作正常和人身安全的装置。

建筑物防雷系统应包括分流影响、接闪功能、屏蔽作用、均衡电位、合理敷线和接地效果等。在建筑物的内部防雷措施有等电位联结和安全距离控制两种，其中安全距离是指在防雷房间内，使两导体之间不能发生电火花放电的安全距离，等电位联结是使防雷装置所保护的部分消除式减少雷电电流的电位差，其中包括靠近进户口的导体（如金属楼梯或扶手）也不产生伤人的电位差。

弱电系统的接地有共同接地和单独接地。

电子设备的接地有多点接地、混合接地、串联接地和并联接地。

计算机房接地有防雷接地、保护接地、直流工作接地和交流工作接地。

2) 电子巡更系统

电子巡更系统是保安人员在规定的时间、地点、巡更路线向控制室发回的保安情况信号。控制室人员依据信号箱的指示灯明确巡更路线的实际情况。电子巡更系统分为无线巡更和有线巡更两种，无线巡更由传递单元、手持读取器、编码片和计算机组成；有线巡更由网络接收器、前端控制器、巡更点和计算机组成。

3）楼宇保安对讲系统

楼宇保安对讲系统（访客对讲系统）是指来访人与住户之间通过对话或可视对话了解来人情况。一旦有匪便可报警，否则便通过遥控打开防盗门开关请客人进入。楼宇对讲系统分为单对讲和可视—对讲两类。单对讲价格较低，但只能听声音；可视—对讲价格较高，但可见人，有时不必讲话。

4）出入口监控系统

出入口监控系统的功能是监控出入口人员和进入人员在楼内或其他区域的活动。电子出入口监控装置还能识别相关卡片或读取密码。生物识别技术比较先进且安装方便。

5）防盗报警系统

防盗报警系统是在建筑物内外重点部位用探测器布防。主要由控制器信号传输、探测器组成。以前所使用的报警器有：开关式防盗报警器、玻璃破碎报警器与振动报警器、移动式防盗报警器；目前应用较普遍的有：主动与被动报警器、被动红外—微波双鉴报警器。

6）电视监控系统

电视监控系统是通过遥控摄像机及辅助设备监控现场并将监控的声音图像传递到监控中心，并能直接完成探测任务和进行实时录像。

20. 智能建筑的硬件和软件包括哪些？

1）智能建筑的硬件

智能建筑的硬件包括：建筑物的本身、各种机电设备、控制设备、通信网络系统的传输设备和媒体、各种管理系统（包括楼宇设备的自动监控系统、办公自动化系统、数据传输通信服务系统等）。

2）智能建筑的软件

智能建筑的软件包括应用软件和系统软件。应用软件是根据各种系统的管理功能和管理范围建立的；而系统软件是指一般操作系统及语言处理软件。不管是应用软件还是系统软件，它们的程序都是用计算机程序语言编写的。智能建筑的开发体现了信息工程建筑的特点，可归结为综合信息工程开发的一种类型。

21. 智能建筑的功能有哪些？

1) 智能建筑办公自动化功能

办公自动化使用计算机、个人计算机、文字处理机、复印机、传真机。将来可通过设置主计算机和局域网（LAN）等信息通信网络，将各个工作站连接，以提高工作效率、可靠性和方便性。

（1）工作站

通过数字处理机、个人计算机、文字处理机及其他自动化机械设备，实现终端工作功能。

（2）中央处理室

设置主计算机，建立各种数据处理、图像处理、信息检索、语言处理、电子档案等功能。

2) 远程通信功能

随着计算机、数字交换机等信息交换技术和微波、光缆通信技术的发展，高度信息化要求大楼应有高度信息处理功能和与外部通信系统联网，具备高度信息通信功能。

（1）大楼内的信息通信

通过同轴电缆、光缆等通信线路，将建筑物内的终端机之间以及与计算机、数字交换机之间有机地连接，建立起高度的信息通信功能。用户只要把终端机接到信息网络点上便可顺利利用通信功能。

（2）外部通信处理

通信线路除原有馈线外，还可通过同轴光缆、电缆与外部有线系统连接，并可与广播、卫星通信、微波通信等无线系统连接；也可利用楼内设置的计算机、数字交换机等信息处理设施进行内外信息通信。

(3) 终端设施

设置电视电话、电子显示屏等信息设施和电子邮件、电视会议等公共设施所需要的终端设备。

3) 建筑物自动化功能

建筑物服务方面有管理自动化、办公自动化和信息通信系统。这些在一般的楼宇中是根据用户的需要单独提供服务的，而智能建筑物中是根据特征综合几个子系统。个别特征取决于大楼工程设计和结构，平衡后组成一个子系统，并综合这些子系统的共享部分，以便他们能作为整个系统的部分互补。这样，就能有效地构成一个综合系统来满足建筑物的各种复杂功能要求。这种服务特征系统化，是智能建筑的一个重要特点。

近年来兴建的高层建筑，均没有相当的建筑物自动化功能，如电力和照明控制、防火和防盗自动化控制及空调控制等。

对节能建筑应考虑节能和安全自动化功能：

(1) 运输设施高效运行功能

根据建筑物的用途，设置停车场管理、客房管理和建筑群管理等方面的功能。

(2) 检测和计量

检测、计量包括对供水、供电、供热等设施的检测、计量和计费等。

(3) 安全性

设置地震和火灾等检测和报警系统、避难疏散指导系统、防排烟系统、防盗系统、灭火系统、入住管理系统和防窃听系统等功能。

(4) 自动运行控制

自动运行控制包括电力设备、照明设备、空调设备、备用电源设备等最佳运行控制以及卫生设备各种系统的节能、高效运行、节约劳力等自动控制。

4）支持系统

具备办公自动化、远程通信、建筑自动化三项功能的建筑物称为智能建筑，对于这些系统的支持系统应注意以下方面的问题：

（1）为以后的扩展留有充分的余地

为通信、信息管理、办公和增加设备留有充分的空间。以往的建筑是分别、独立设计的，而在智能建筑中是利用局域网构成的综合系统。这些综合系统一旦发生故障，便会使整个建筑的功能陷于瘫痪。因此，在购置设备时，应特别注意选择性能可靠且发生故障后便于修复和更换的设备。

将计算机、数字交换机用局域网（LAN）等通信网络将各终端器、设施相连，共享资源，处理、传递信息；使用（台式计算机、可视电话、管理控制装置、安全系统控制装置）标准化接口，进行相互间的信息交换，将各种功能有机地结合才是理想的智能建筑。

（2）确保安全

对防火、防盗、防震采取必要的措施，防止楼板超载造成事故。

（3）办公环境

合理布局，要具备必要的娱乐设施、舒适的家具和装修，防止噪声和振动，设置空调和充足的照明。

（4）确保各设备间的信息畅通

传递线路与信息量相符。

（5）确保供电

供电系统留有余量、保证供电质量和线路可靠并有备用电源。

22. 智能建筑工程施工现场管理应符合哪些要求？

智能建筑工程施工现场质量管理应符合《智能建筑工程质量验收规范》（GB 50339—2003）的规定并应符合表1-1的要求。

施工现场质量管理检查记录

表 1-1

编号：

系统名称			施工许可证（开工证）	
建设单位			项目负责人	
设计单位			项目负责人	
监理单位			总监理工程师	
施工单位		项目经理	项目技术负责人	
序号	项 目		内 容	
1	现场质量管理检查制度			
2	施工安全技术措施			
3	主要专业工种操作上岗证书			
4	分包方确认与管理制度			
5	施工图审查情况			
6	施工组织设计、施工方案及审批			
7	施工技术标准			
8	工程质量检验制度			
9	现场设备、材料存放与管理			
10	检测设备、计量仪表检验			
11	开工报告			
12	其 他			

检查结论：

总监理工程师
（建设单位项目负责人） 年 月 日

施工现场质量管理应有相应的施工技术标准、健全的质量管理体系、施工质量检验制度和施工质量水平评定制度。

23. 智能建筑质量验收包括哪些内容？

1）智能建筑质量验收应包括工程实施及质量控制、系统检测和竣工验收。

2）智能建筑分部工程包括通信网络系统、信息网络系统、建筑设备监控系统、火灾自动报警及消防联动系统、安全防范系统、智能化系统集成、电源与接地、环境、住宅小区智能化、综合布线系统。

智能建筑工程质量验收应按"先产品，后系统；先各系统，后系统集成"的顺序进行。

24. 智能建筑工程检测验收如何进行？

1）检验批及分项工程应由监理工程师（建设单位项目技术负责人）组织施工单位项目专业质量（技术）负责人等进行验收。

2）分部工程应由总监理工程师（建设单位项目负责人）组织施工单位项目负责人和技术、质量负责人等进行验收；地基与基础、主体结构分部工程验收，应有各方签字。

3）单位工程完工后，施工单位自行组织有关人员进行检查评定合格后，向建设单位提交工程验收报告；建设单位收到工程验收报告后，由建设单位项目负责人组织设计单位、监理单位、施工单位（含分包单位）项目负责人进行单位（子单位）工程验收。

4）当单位工程有分包单位时，分包单位对所承包的工程项目应按标准规定的程序检查评定，总包单位应派人参加。分包单位完成后应将工程资料整理交总包单位。

5）参加验收各方如对工程质量验收有不同意见，可请工程所在地建设主管部门或工程质量监督部门协调处理。

6) 单位工程质量验收合格后,建设单位应在规定的时间内将工程竣工验收报告和有关文件报建设行政管理部门备案。

25. 对智能建筑工程的产品有哪些要求?

智能建筑工程所涉及的产品应包括智能建筑工程各智能化系统中使用的材料、硬件设备、软件产品和工程中应用的各种系统接口。

1) 对产品质量检查应包括《中华人民共和国实施强制性产品认证的产品目录》中所列出的或实施生产许可证和上网许可证管理的产品,未列入强制性认证产品目录或未实施生产许可证和上网许可证管理的产品应按规定程序通过产品检测后方可使用。

2) 产品性能、功能等项目的检测应按现行国家产品相应标准进行;供需双方有特殊要求的产品,可按设计或合同要求进行。

3) 现场不具备产品检测条件时,可要求厂家进行检测并出具检测报告。

强制性产品认证目录(智能建筑相关部分)

根据《强制性产品认证管理规定》,国家质量监督检验检疫总局与国家认证认可监督管理委员会先后发布了五批《实施强制性产品认证的产品目录》,其中与智能建筑相关的部分产品如表1-2所示。

实施强制性产品认证的产品目录(智能建筑相关部分)　　表 1-2

大类号	大类名称	小类号	小 类 名 称
1	电线电缆 (共5种)	1	电线组件
		2	矿用橡套软电缆
		3	交流额定电压 3kV 及以下铁路机车车辆用电线电缆
		4	额定电压 450/750V 及以下橡皮绝缘电线电缆
		5	额定电压 450/750V 及以下聚氯乙烯绝缘电线电缆

续表

大类号	大类名称	小类号	小类名称
2	电路开关及保护或连接用电器装置（共6种）	1	家用及类似用途插头插座
		2	家用和类似用途固定式电气装置的开关
		3	工业用插头插座和耦合器
		4	家用及类似用途器具耦合器
		4	热熔断体
		5	家用和类似用途固定式电气装置电器附件外壳
		6	小型熔断器的管状熔断体
3	低压电器（共9种）	1	漏电保护器
		2	断路器（含 RCCB、RCBO、MCB）
		3	熔断器
		4	低压开关(隔离器、隔离开关、熔断器组合电器)
		5	其他电路保护装置（保护器类：限流器、电路保护装置、过流保护器、热保护器、过载继电器、低压机电式接触器、电动机启动器）
		6	继电器（36V＜电压＜1000V）
		7	其他开关（电器开关、真空开关、压力开关、接近开关、脚踏开关、热敏开关、液位开关、按钮开关、限位开关、微动开关、倒顺开关、温度开关、行程开关、转换开关、自动转换开关、刀开关
		8	其他装置（接触器、电动机启动器、信号灯、辅助触头组件、主令控制器、交流半导体电动机控制器和启动器）
		9	低压成套开关设备
4	小功率电动机（共1种）	1	小功率电动机（GB 12350）
		1	小功率电动机（GB 14711）
8	音视频设备类（不包括广播级音响设置和汽车音响设备共16种）	1	总输出功率在 500W（有效值）以下的单扬声器和多扬声器有源音箱
		2	音频功率放大器
		3	调谐器

续表

大类号	大类名称	小类号	小类名称
8	音视频设备类（不包括广播级音响设置和汽车音响设备共16种）	4	各种广播波段的收音机
		5	各类载体形式的音视频录制、播放及处理设备（包括各类光盘磁带等载体形式）
		6	以上设备的组合
		7	为音视频设备配套的电源适配器
		8	各种成像方式的彩色电视接收机
		9	监视器（不包括汽车用电视接收机）
		10	黑白电视接收机及其他单色的电视接收机
		11	显像（示）管
		12	录像机
		13	卫星电视广播接收机
		14	电子琴
		15	天线放大器
		16	声音和电视信号的电缆分配系统设备与部件
9	信息技术设备（共12种）	1	微型计算机
		2	便携式计算机
		3	与计算机连用的显示设备
		4	与计算机相连的打印设备
		5	多用途打印复印机
		6	扫描仪
		7	计算机内置电源及电源适配器充电器
		8	电脑游戏机
		9	学习机
		10	复印机
		11	服务器
		12	金融及贸易结算电子设备

续表

大类号	大类名称	小类号	小类名称
10	照明设备（共2种）（不包括电压低于36V的照明设备）	1	灯具
		2	镇流器
11	电信终端设备（共9种）	1	调制解调器（音频调制解调器、基带调制解调器、DS调制解调器L、含卡）
		2	传真机（传真机、电话语音传真卡、多功能传真一体机）
		3	固定电话终端（普通电话机、主叫号码显示电话机、卡式管理电话机、录音电话机、投币电话机、智能卡式电话机、IC卡公用电话机、免提电话机、数字电话机、电话机附加装置）
		4	无绳电话终端（模拟无绳电话机、数字无绳电话机）
		5	集团电话（集团电话、电话会议总机）
		6	移动用户终端［模拟移动电话机、GSM数字蜂窝移动台（手持机和其他终端设备）CDMA数字蜂窝移动台（手持机和其他终端设备）］
		7	ISDN终端［网络终端设备（NT 1、NT 1+）、终端适配器（卡）TA］
		8	数据终端（存储转发传真/语音卡、POS终端、接口转换器、网络集线器、其他数据终端）
		9	多媒体终端（可视电话、会议电视终端、信息点播终端、其他多媒体终端）
18	消防产品（共3种）	1	火灾报警设备（点型感烟火灾报警探测器、点型感温火灾报警探测器、火灾报警控制器、消防联动控制设备、手动火灾报警按钮）
		2	消防水带
		3	喷水灭火设备（洒水喷头、湿式报警阀、水流指示器、消防用压力开关）

续表

大类号	大类名称	小类号	小 类 名 称
19	安全技术防范产品（共4种）	1	入侵探测器（室内用微波多普勒探测器、主动红外入侵探测器、室内用被动红外探测器、微波与被动红外复合入侵探测器、磁开关入侵探测器、振动入侵探测器、室内用被动式玻璃破碎探测器）
		2	防盗报警控制器
		3	汽车防盗报警系统
		4	防盗保险箱（柜）
20	装饰装修材料（共3种）	1	溶剂型木器涂料
		2	瓷质砖
		3	混凝土防冻剂

智能建筑产品检查的其他要求

1）产品的检查涉及有关产品的国家现行产品标准；供需双方各方有特殊要求时，也可按合同规定或设计要求对产品进行质量检查。

2）智能建筑工程的产品大部分是以系统集成的方式用于工程的，必要时应进行仿真系统设备检测，这种检测对保证工程质量是十分重要的；当现场无检测条件时，也可向承包商或生产厂家索取检测报告。

3）对材料及硬件设备的质量检查重点应包括电磁兼容性、可靠性和安全性等项目，其可靠性可参考厂家检测报告。

4）软件产品质量检查

软件分为自编软件、用户应用软件和商业化软件，不同的软件应根据规范进行检测和验收。

（1）商业化软件，如数据库管理系统、应用系统、操作系统、信息安全、网管软件等应有产品说明书和使用许可证。

（2）对系统承包商编制的用户组态软件、接口软件、用户应用软件除进行系统、功能测试外，还应根据需要进行自诊断，对兼容性、可恢复性、可靠性、安全性、容量大小进行测试，以保证软件的可维护性。

(3）所有自编软件应提供完整的文档（包括使用和维护、安装调试、程序结构说明及软件资料等）。

5）系统接口的质量检查应符合以下要求：

（1）系统承包商应提交接口规范。接口规范应在合同签定前由合同签订机构进行审定。

（2）系统承包商应根据接口规范编制接口测试方案，经检测机构批准后实施；系统接口测试应符合设计要求，实现接口规范规定的各项功能；保证系统接口的制作和安装质量，不发生通信瓶颈及兼容性问题。

系统接口是智能建筑工程的重要环节，应严格按规范要求进行检查。

第3节 弱电工程施工

26. 弱电工程施工有哪些规范和标准？

对弱电工程施工国家颁布了以下规范标准：

(1)《建筑设计防火规范》(GB 50016—2006)

(2)《自动喷水灭火系统设计规范》(GB 50084—2001)

(3)《电视和声音信号的电缆分配系统》(GB 6510—1996)

(4)《光缆"第一部分"总规范》(GB/T 7424.1—2003)

(5)《民用闭路监视电视系统工程技术规范》(GB 50198—94)

(6)《建筑与建筑群综合布线系统工程施工验收规范》(GB/T 50312—2000)

(7)《建筑物电气装置 第5部分：电气设备的选择和安装 第53章：开关设备和控制设备》(GB 16895.4—1997)

(8)《建筑物电气装置 第5部分：电气设备的选择和安装 第52章：布线系统》(GB 16895.6—2000)

(9)《建筑与建筑群综合布线系统工程设计规范》(GB/T 50311—2000)

（10）《建筑物防雷设计规范》（GB 50057—2010）
（11）《火灾自动报警系统设计规范》（GB 50166—1998）
（12）《有线电视系统工程技术规范》（GB 50200—94）

27. 弱电工程施工组织总设计如何编制？

弱电工程施工组织总设计对大中型建筑编制的内容比较粗略和概括，可参考图 1-1 的程序进行编制。

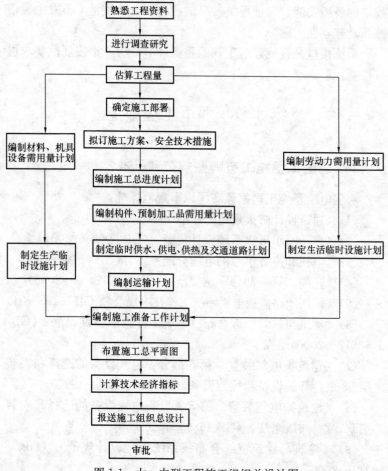

图 1-1　大、中型工程施工组织总设计图

施工组织设计是在施工组织总设计编制以后,以单位工程为对象进行详细描述,比施工组织总设计更加具体。如图 1-2 所示。

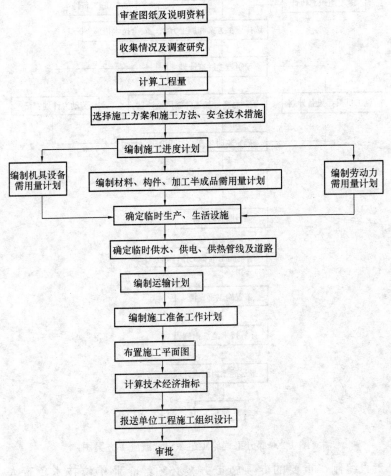

图 1-2 单位工程施工组织设计图

施工方案是单位工程中的分部工程或分项工程,是对一个专业工程如何实施的更详尽描述,如图 1-3 所示。施工方案中不可缺少安全技术措施和应急救援预案。施工方案必须由专业技术负

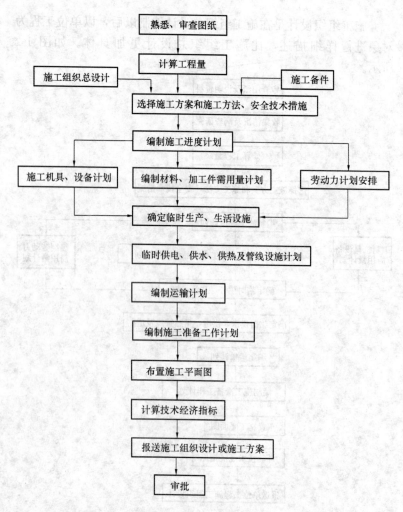

图 1-3 部分工程施工组织设计或施工方案图

责人编制,重要的专项施工方案必须经企业单位技术负责人审批。

危险性较大的分部分项施工方案还要进行专家论证,参加论证的专家应是建设行政主管部门的局或专家协会的专家库人员。专家组提出论证意见,监理机构应督促施工单位对原编制的方案进行逐条对应修改。并在施工过程中严格监视施工单位是否按施工方案进行施工。

28. 弱电工程施工前应做好哪些准备工作？

1) 图样会审 图样会审工作是保证工程质量，减少差错，节约人力、物力，保证工期的重要环节。图样会审前，专业人员首先应阅读和熟悉图样的内容和要求，记录其疑难问题；图样会审应有建设单位、监理单位、施工单位、材料和设备供应单位、设计单位参加，由总包单位组织。会审首先由设计单位进行设计交底，后由参加会审的各方提出问题，由设计单位逐一进行解答，最后形成纪要，并由参加会审的各方签字，分发各方。

2) 确定施工工期

分包单位应对工程量进行计算，并对人员、材料、设备进场计划进行安排，分包工期应服从总包计划工期的安排，在工期较紧的情况下，分包单位应增加相应的施工人员，采取必要的经济措施、流水施工等方法，以满足工期要求。整个施工进度计划应包括人员、设备进场、系统设计、管线施工、设备安装、单机调试、系统调试、工人培训和系统验收等所有占用的时间。另外，对各阶段与其他专业施工队伍工作面的交接和协调工作应细致研究并形成纪要。

3) 施工技术交底，被交底人有总包单位、安装分包单位、机电设备供应单位、各分系统分包单位；交底人为项目工程师和专业工程师。

交底内容：施工的特点、系统的划分、施工工艺、技术质量要求、施工要点、具体要求、施工程序、施工机具、安全技术措施和施工中工程所涉及的新工艺、新设备、新材料、新技术的性能，使用方法，预埋件等。

29. 弱电工程施工分几个阶段进行？

1) 建筑物土方开挖阶段

弱电集成系统施工单位应配合设计单位完成深化设计（包括线路的走向、孔洞的预留及线管的预埋等工作）。

2) 安装阶段

弱电线槽架的安装一般与给排水管及空调、水暖安装同步或晚于10个工作日进行；必须与水暖、空调、给排水管道在空间位置上配合得当，防止交叉部位造成影响。

3) 布线和穿线

弱电布线和穿线工作应与装饰装修工程同步进行，中控室应在装饰装修完成后方可将中控台、电视机、显示屏定位。中控室的门锁应提前安装好。

4) 弱电集成设备安装及连线

弱电集成设备安装及连线工作应在装饰装修及机电设备安装完毕以后进行。其顺序为：中控设备—现场控制器—报警探头—传感器—摄像机—读卡器—计算机网络设备。

5) 弱电集成系统调试

在中控设备安装完毕后便可按以下顺序进行调试：中控设备—现场控制器—分区域接好终端设备—程序演示—局部开通—全部开通。

弱电集成系统调试一般在30～45个工作日。

6) 试运行

30. 智能建筑工程施工质量控制有哪些方面？

1) 与土建施工单位的交接和施工前的准备、材料及设备的进场验收、隐蔽工程验收记录、自检记录、安装质量检查、试运行等。

2）施工要求：

（1）施工前应做好工序交接工作，并对装饰装修、给排水及采暖空调、电气、电梯等接口进行明确。

（2）施工前应核对设计图样的完备性，施工过程中应严格按施工图样及设计文件施工。出现洽商和设计变更应按规定要求严格控制。

完善施工现场质量检查制度和施工技术措施。

3）根据设计要求和合同文件规定，对进场材料和设备进行验收，并写好验收记录。

31. 智能建筑工程质量控制有哪些规定？

1）材料及设备进场验收应按表 1-2（第××页）中所列项目逐项填写齐全，且符合以下要求：

（1）产品外观完好、无损伤、无瑕疵，其品种、数量、产地应符合合同要求。

（2）设备和软件产品的质量检查应符合第 35 条对智能建筑工程产品的要求。

（3）按规定程序已获得许可使用的产品或材料还应提供主管部门规定要求的有关证明文件。

（4）国外进口的产品除符合《智能建筑工程质量验收规范》（GB 50339—2003）的规定以外，还应提供原产地证明、商检证明、合格证、检测报告、使用说明书等中文资料。

2）应做好隐蔽工程检查验收和过程检查记录，并经监理工程师验收签认，未经监理工程师签认的不得隐蔽。

隐蔽工程验收应填写验收表，如表 1-3 所示。

3）采用现场抽查测试，对照图样，使用现场观察等方法对工程设备安装质量和观感质量进行检查验收，根据《建筑工程施工质量验收统一标准》（GB 50300）第 4.0.5、5.0.5 条规定按检验批进行严格验收。并按表1-3的要求填写工程安装质量及观感质量验收记录。

4）系统承包单位安装调试完成后，在自检过程中应对检测项目逐项检测。

5）根据各系统的不同要求，应按《智能建筑工程质量验收规范》（GB 50339—2003）中各章规定的合理周期对系统进行不间断的连续试运行。并按表1-4的格式做好记录。

32. 系统检测应具备哪些条件？

1）完成系统安装调试，并按规定的时间进行试运行；
2）已具备相应的技术文件和工程施工及质量控制记录。

具备上述条件后，建设单位方可组织相关人员依据合同和技术文件及设计文件，根据《智能建筑工程质量验收规范》（GB 50339—2003）规定的检测方法、检测项目和检测数量，制定系统检测方案，并经监理机构批准后实施。

3）检测单位应按系统检测方案所列检测项目和检测规定进行检测。

4）检测单位应按《智能建筑工程质量验收规范》（GB 50339—2003）的规定并应按表1-3～表1-6的规定填写系统检测记录和汇总表。

5）系统检测的质量分合格和不合格。主控项目应全部合格，一般项目应有80%及以上的检查点符合要求，其余检查点的偏差应不影响使用功能。

6）系统检测不合格时应限期整改，然后重新检测直至合格为止，重新检测时抽检的数量应加倍；对检测不合格的项应进行整改，直到合格为止，并应在竣工验收时提交整改后重新检测合格的报告。

设备材料进场检验表　　　　　　　　表 1-3

编号：

系统名称：_____　　　　　　　工程施工单位：_____

序号	产品名称	规格、型号、产地	主要性能/功能	数量	包装及外观	检验结果 合格	检验结果 不合格	备注
施工单位人员签名：		监理工程师（或建设单位）签名：			检测日期：			

注：1. 在检查结果栏，按实际情况在相应空格内打"√"，左列打"√"视为合格，右列打"√"视为不合格。
　　2. 备注格内填写产品的检测报告和记录是否齐备和主要检测实施人姓名。

隐蔽工程（随工检查）验收表   表 1-4

系统名称：_____   编号：

建设单位	施工单位	监理单位

隐蔽工程（随工检查）内容与检查结果	检查内容	检查结果		
		安装质量	楼层（部位）	图号

验收意见	

建设单位/总包单位	施工单位	监理单位
验收人： 日期： 盖章	验收人： 日期： 盖章	验收人： 日期： 盖章

注：1. 检查内容包括：1）管道排列、走向、弯曲处理、固定方式；2）管道连接、管道搭铁、接地；3）管口安放护圈标识；4）接线盒及桥梁加盖；5）线缆对管道及线间绝缘电阻；6）线缆接头处理等。

2. 检查结果的安装质量栏内，按检查内容序号，合格的打"√"，不合格的打"×"，并注明对应的楼层（部位）、图号。

3. 综合安装质量的检查结果，在验收意见栏内填写验收意见并扼要说明情况。

工程安装质量及观感质量验收记录　　表1-5

编号：

系统（工程）名称：_____　　　　　工程安装单位：_____

设备名称	项目	要求	方法	主观评价	检查结果		抽查百分数
					合　格	不合格	
检查结果：				安装质量检查结论			
施工单位人员签名：				监理工程师（建设单位）签名：			验收日期：

注：1. 在检查结果栏，按实际情况在相应空格内打"√"（左列打"√"，视为合格；右列打"√"，视为不合格）。

2. 检查结果：K_s（合格率）＝合格数/项目检查数（项目检查数如无要求或实际缺项未检查的，不计在内）。

3. 检查结论：K_s（合格率）≥0.8，判为合格；K_s＜0.8，判为不合格；必要时作简要说明。

4. 主观评价栏内填写主观评价意见，分"符合要求"和"不符合要求"；不符合要求者注明主要问题。

系统试运行记录　　　　　　表 1-6

编号：

系统名称：_____　　　　　建设（使用）单位：_____
设计、施工单位：_____

日期/时间	系统运行情况	备　注	值班人
值班长签名：		建设（监理）单位签名：	

注：系统运行情况栏中，注明正常/不正常，并每班至少填写一次；不正常的在备注栏内扼要说明情况（包括修复日期）。

33. 各系统竣工验收包括哪些条件？

1) 系统已经检测合格；
2) 工程施工及质量控制检查记录；
3) 已组建运行管理队伍，并健全了管理制度；
4) 运行管理人员已经过培训，并具备独立操作的能力；
5) 具备了完整的竣工验收资料；
6) 系统检测的抽检及复核符合设计要求；
7) 根据《智能建筑设计标准》(GB/T 50314—2006) 的规定，智能建筑的等级应符合设计要求。

34. 各类建筑智能化系统的功能要求及配置规定有哪些？

1) 商业智能化系统的功能要求及配置规定

(1) 商业智能化系统的功能应符合以下要求：构建集商业经营及面向顾客服务的综合管理平台；满足对商业建筑信息化管理的需要；符合商业建筑的经营性质、管理方式、服务对象及规模等级的要求。

(2) 商业建筑智能化系统的配置应符合表 1-7 的规定。

商业建筑智能化系统配置选项表　　　　表 1-7

智能化系统		商场建筑	宾馆建筑
智能化集成系统		○	○
信息设施系统	通信接入系统	●	●
	电话交换系统	●	●
	信息网络系统	●	●
	综合布线系统	●	●
	室内移动通信覆盖系统	●	●
	卫星通信系统	○	○
	有线电视及卫星电视接收系统	○	●
	广播系统	●	●
	会议系统	●	●
	信息导引及发布系统	●	●
	时钟系统	○	●
	其他相关的信息通信系统	○	○

续表

智能化系统			商场建筑	宾馆建筑
信息化应用系统	商业经营信息管理系统		●	—
	宾馆经营信息管理系统		—	●
	物业运营管理系统		●	●
	公共服务管理系统		●	●
	公共信息服务系统		○	●
	智能卡应用系统		●	●
	信息网络安全管理系统		●	●
	其他业务功能所需的应用系统		○	○
建筑设备管理系统			●	●
公共安全系统	火灾自动报警系统		●	●
	安全技术防范系统	安全防范综合管理系统	○	●
		入侵报警系统	●	●
		视频监控系统	●	●
		出入口控制系统	●	●
		巡查管理系统	●	●
		汽车库（场）管理系统	○	○
		其他特殊要求技术防范系统	○	○
	应急指挥系统		○	○
机房工程	信息中心设备机房		○	●
	数字程控电话交换机系统设备机房		○	●
	通信系统总配线设备机房		●	●
	智能化系统设备总控室		○	○
	消防监控中心机房		●	●
	安防监控中心机房		●	●
	通信接入设备机房		●	●
	有线电视前端设备机房		●	●
	弱电间（电信间）		●	●
	应急指挥中心机房		○	○
	其他智能化系统设备机房		○	○

注：● 需配置；○ 宜配置。

2) 办公建筑智能化系统功能要求及配置规定

（1）办公建筑智能化系统功能应符合以下要求：应适应建筑物办公业务信息化应用的需要；具备高效办公环境的基础保障；应满足对各类现代办公信息化管理的需要。

（2）办公建筑智能化系统的配置应符合表 1-8 的规定。

办公建筑智能化系统配置选项表　　　　表 1-8

智能化系统			商务办公	行政办公	金融办公
智能化集成系统			○	○	○
信息设施系统		通信接入系统	●	●	●
		电话交换系统	●	●	●
		信息网络系统	●	●	●
		综合布线系统	●	●	●
		室内移动通信覆盖系统	●	●	●
		卫星通信系统	○	○	○
		有线电视及卫星电视接收系统	●	●	●
		广播系统	●	●	●
		会议系统	●	●	●
		信息导引及发布系统	○	○	○
		时钟系统	○	○	○
		其他相关的信息通信系统	○	○	○
信息化应用系统		办公工作业务系统	●	●	●
		物业运营管理系统	●	●	●
		公共服务管理系统	●	○	○
		公共信息服务系统	●	●	●
		智能卡应用系统	○	●	●
		信息网络安全管理系统	○	●	●
		其他业务功能所需求的应用系统	○	○	○
建筑设备管理系统			●	●	●
公共安全系统		火灾自动报警系统	●	●	●
	安全技术防范系统	安全防范综合管理系统	○	○	○
		入侵报警系统	●	●	●
		视频安防监控系统	●	●	●
		出入口控制系统	●	●	●
		电子巡查管理系统	●	●	●
		汽车库（场）管理系统	●	●	●
		其他特殊要求技术防范系统	○	○	○
	应急指挥系统		○	○	○

续表

智能化系统		商务办公	行政办公	金融办公
机房工程	信息中心设备机房	○	●	●
	数字程控电话交换机系统设备机房	○	○	○
	通信系统总配线设备机房	●	●	●
	智能化系统设备总控室	●	●	●
	消防监控中心机房	●	●	●
	安防监控中心机房	●	●	●
	通信接入设备机房	●	●	●
	有线电视前端设备机房	●	●	●
	弱电间（电信间）	●	●	●
	应急指挥中心机房	○	○	○
	其他智能化系统设备机房	○	○	○

注：● 需配置；○ 宜配置。

3）文化建筑智能化系统功能要求及配制规定

（1）文化建筑智能化系统功能应符合以下规定：满足文化建筑对文物及文献的存储、查阅、陈列、学术研究、信息传递、展示等的需要；满足面向社会、公众信息的发布与传播，实现文化信息加工、交流、增值等文化窗口的信息化应用的需要。

（2）文化建筑智能化系统应符合表1-9的规定。

文化建筑智能化系统配置选项表　　　　表1-9

智能化系统		图书馆	博物馆	会展中心	档案馆
智能化集成系统		○	○	○	○
信息设施系统	通信接入系统	●	●	●	●
	电话交换系统	●	●	●	●
	信息网络系统	●	●	●	●
	综合布线系统	●	●	●	●
	室内移动通信覆盖系统	●	●	●	●
	卫星通信系统	○	○	○	○

续表

智能化系统			图书馆	博物馆	会展中心	档案馆
信息设施系统	有线电视及卫星电视接收系统		●	●	●	○
	广播系统		●	●	●	●
	会议系统		●	●	●	●
	信息导引及发布系统		●	●	●	●
	时钟系统		○	○	○	○
	其他业务功能所需相关系统		○	○	○	○
信息化应用系统	工作业务系统		●	●	●	●
	物业运营管理系统		○	○	●	○
	公共服务管理系统		●	●	●	●
	公共信息服务系统		●	●	●	●
	智能卡应用系统		●	●	●	●
	信息网络安全管理系统		●	●	●	●
	其他业务功能所需的应用系统		○	○	○	○
建筑设备管理系统			●	●	●	●
公共安全系统		火灾自动报警系统	●	●	●	●
	安全技术防范系统	安全防范综合管理系统	○	●	●	●
		入侵报警系统	●	●	●	●
		视频安防监控系统	●	●	●	●
		出入口控制系统	●	●	●	●
		电子巡查管理系统	●	●	●	●
		汽车库（场）管理系统	○	○	●	○
		其他特殊要求技术防范系统	○	○	○	○
	应急指挥系统		○	○	●	○
机房工程	信息中心设备机房		●	●	●	●
	数字程控电话交换机系统设备机房		●	●	●	●
	通信系统总配线设备机房		●	●	●	●
	消防监控中心机房		●	●	●	●
	安防监控中心机房		●	●	●	●
	智能化系统设备总控室		●	●	●	●
	通信接入设备机房		●	●	●	●
	有线电视前端设备机房		○	○	○	○
	弱电间（电信间）		●	●	●	●
	应急指挥中心机房		○	○	●	○
	其他智能化系统设备机房		○	○	○	○

注：● 需配置；○ 宜配置。

4）媒体建筑智能化系统功能要求及配置规定

（1）满足媒体业务信息化应用与媒体建筑信息化管理的需要；具备媒体业务设施的基础保障条件。

（2）媒体建筑智能化应符合表 1-10 的规定。

媒体建筑智能化系统配置选项表　　　　表 1-10

智能化系统		剧(影)院建筑	广播电视业务建筑
智能化集成系统		○	○
信息设施系统	通信接入系统	●	●
	电话交换系统	●	●
	信息网络系统	●	●
	综合布线系统	●	●
	室内移动通信覆盖系统	●	●
	卫星通信系统	○	●
	有线电视及卫星电视接收系统	●	●
	广播系统	●	●
	会议系统	○	●
	信息导引及发布系统	●	●
	时钟系统	●	●
	无线屏蔽系统	●	●
	其他相关的信息通信系统	○	○
信息化应用系统	工作业务系统	●	●
	物业运营管理系统	●	●
	公共服务管理系统	●	●
	自动寄存系统	●	○
	人流统计分析系统	●	○
	售检票系统	●	○
	公共信息服务系统	●	●
	智能卡应用系统	●	●
	信息网络安全管理系统	●	●
	其他业务功能所需的应用系统	○	○

续表

智能化系统			剧(影)院建筑	广播电视业务建筑
建筑设备管理系统			●	●
公共安全系统		火灾自动报警系统	●	●
	安全技术防范系统	安全防范综合管理系统	○	○
		入侵报警系统	●	●
		视频安防监控系统	●	●
		出入口控制系统	●	●
		电子巡查管理系统	●	●
		汽车库(场)管理系统	●	●
		其他特殊要求技术防范系统	○	○
	应急指挥系统		●	●
机房工程		信息中心设备机房	●	●
		数字程控电话交换机系统设备机房	○	○
		通信系统总配线设备机房	●	●
		智能化系统设备总控室	○	○
		消防监控中心机房	●	●
		安防监控中心机房	●	●
		通信接入设备机房	●	●
		有线电视前端设备机房	●	●
		弱电间(电信间)	●	●
		应急指挥中心机房	○	○
		其他智能化系统设备机房	○	○

注：● 需配置；○ 宜配置。

5）体育建筑智能化系统功能要求及配置规定

（1）满足体育竞赛业务信息化应用和体育建筑信息化管理的需要；具备体育竞赛和其他多功能使用环境设施的基础保障；统筹规划、综合利用，充分考虑体育项目竞赛后的多方面使用及运营发展。

（2）体育建筑智能化系统应符合表 1-11 的规定。

体育建筑智能化系统配置选项表 表 1-11

智能化系统		体育场	体育馆	游泳馆
智能化集成系统		○	○	○
信息设施系统	通信接入系统	●	●	●
	电话交换系统	●	●	●
	信息网络系统	●	●	●
	综合布线系统	●	●	●
	室内移动通信覆盖系统	●	●	●
	卫星通信系统	○	○	○
	有线电视及卫星电视接收系统	○	○	○
	广播系统	●	●	●
	会议系统	●	●	●
	信息导引及发布系统	●	●	●
	竞赛信息广播系统	●	●	●
	扩声系统	●	●	●
	时钟系统	○	○	○
	其他相关的信息通信系统	○	○	○
信息化应用系统	体育工作业务系统	●	●	●
	计时记分系统	●	●	●
	现场成绩处理系统	○	○	○
	现场影像采集及回放系统	○	○	○
	售验票系统	●	●	●
	电视转播和现场评论系统	○	○	○
	升降旗控制系统	○	○	○
	物业运营管理系统	○	○	○
	公共服务管理系统	●	●	●
	公共信息服务系统	●	●	●
	智能卡应用系统	●	●	●
	信息网络安全管理系统	●	●	●
	其他业务功能所需的应用系统	○	○	○

续表

智能化系统			体育场	体育馆	游泳馆
建筑设备管理系统			●	●	●
公共安全系统	火灾自动报警系统		●	●	●
	安全技术防范系统	安全防范综合管理系统	○	○	○
		入侵报警系统	●	●	●
		视频安防监控系统	●	●	●
		出入口控制系统	●	●	●
		电子巡查管理系统	●	●	●
		汽车库（场）管理系统	●	●	●
		其他特殊要求技术防范系统	○	○	○
	应急指挥系统		●	○	○
机房工程	信息中心设备机房		●	●	●
	数字程控电话交换机系统设备机房		●	●	●
	通信系统总配线设备机房		●	●	●
	智能化系统设备总控室		●	○	○
	消防监控中心机房		●	●	●
	安防监控中心机房		●	●	●
	通信接入设备机房		●	●	●
	有线电视前端设备机房		●	●	●
	弱电间（电信间）		●	●	●
	应急指挥中心机房		●	○	○
	其他智能化系统设备机房		○	○	○

注：● 需配置；○ 宜配置。

6）医院建筑智能化系统功能要求及配置规定

（1）满足医院内信息、规范、高效化管理的需要；能向医患者提供节约能源、保护环境、有效控制感染、构建以人为本的就医环境的技术保障。

（2）医院建筑智能化系统应符合表 1-12 的规定。

医院建筑智能化系统配置选项表　　　　表 1-12

智能化系统			综合性医院	专科医院	特殊病医院
智能化集成系统			○	○	○
信息设施系统		通信接入系统	●	●	●
		电话交换系统	●	●	●
		信息网络系统	●	●	●
		综合布线系统	●	●	●
		室内移动通信覆盖系统	●	●	●
		卫星通信系统	○	○	○
		有线电视及卫星电视接收系统	●	●	●
		广播系统	●	●	●
		会议系统	○	○	○
		信息导引及发布系统	●	●	●
		时钟系统	●	●	●
		其他相关的信息通信系统	○	○	○
信息化应用系统		医院信息管理系统	●	●	●
		排队叫号系统	●	●	●
		探视系统	●	●	●
		视屏示教系统	●	●	●
		临床信息系统	●	●	●
		物业运营管理系统	○	○	○
		办公和服务管理系统	●	●	●
		公共信息服务系统	●	●	●
		智能卡应用系统	●	●	●
		信息网络安全管理系统	●	●	●
		其他业务功能所需的应用系统	○	○	○
建筑设备管理系统			●	●	●
公共安全系统		火灾自动报警系统	●	●	●
	安全技术防范系统	安全防范综合管理系统	●	○	○
		入侵报警系统	●	●	●
		视频安防监控系统	●	●	●
		出入口控制系统	●	●	●
		电子巡查管理系统	●	●	●
		汽车库(场)管理系统	○	○	○
		其他特殊要求技术防范系统	○	○	○
	应急指挥系统		○	—	—

48

续表

智能化系统		综合性医院	专科医院	特殊病医院
机房工程	信息中心设备机房	●	●	●
	数字程控电话交换机系统设备机房	●	●	●
	通信系统总配线设备机房	●	●	●
	智能化系统设备总控室	○	○	○
	消防监控中心机房	●	●	●
	安防监控中心机房	●	●	●
	通信接入设备机房	●	●	●
	有线电视前端设备机房	●	●	●
	弱电间（电信间）	●	●	●
	应急指挥中心机房	○	—	—
	其他智能化系统设备机房	○	○	○

注：● 需配置；○ 宜配置。

7）学校建筑智能化系统功能要求及配置规定

（1）满足各类教学规模、性质、服务对象和管理方式的需要；适应各类教学、管理、科研及学生学习、生活、科研等信息化应用的发展；为高效的教学、科研、学习和办公环境提供基础保障。

（2）学校建筑智能化系统应符合表 1-13 的规定。

学校建筑智能化系统配置选项表　　　　表 1-13

智能化系统		普通全日制高等院校	高级中学和高级职业中学	初级中学和小学	托儿所和幼儿园
智能化集成系统		○	○	○	○
信息设施系统	通信接入系统	●	●	●	●
	电话交换系统	●	●	●	●
	信息网络系统	●	●	●	●
	综合布线系统	●	●	●	●
	室内移动通信覆盖系统	●	○	○	○
	有线电视及卫星电视接收系统	●	●	●	●
	广播系统	●	●	●	●
	会议系统	●	●	○	○
	信息导引及发布系统	●	●	●	○
	时钟系统	●	○	○	○
	其他相关的信息通信系统	○	○	○	○

续表

智能化系统			普通全日制高等院校	高级中学和高级职业中学	初级中学和小学	托儿所和幼儿园
信息化应用系统		教学视、音频及多媒体教学系统	●	●	○	○
		电子教学设备系统	●	●	●	●
		多媒体制作与播放中心系统	●	●	○	○
		教学、科研、办公和学习业务应用管理系统	●	○	○	○
		数字化教学系统	●	○	○	○
		数字化图书馆系统	●	●	○	○
		信息窗口系统	●	●	○	○
		资源规划管理系统	●	○	○	○
		物业运营管理系统	●	●	●	○
		校园智能卡应用系统	●	●	○	○
		信息网络安全管理系统	●	●	○	○
		指纹仪或智能卡读卡机电脑图像识别系统	○	○	○	○
		其他业务功能所需的应用系统	○	○	○	○
建筑设备管理系统			●	○	○	○
公共安全系统		火灾自动报警系统	●	●	○	○
	安全技术防范系统	安全防范综合管理系统	●	●	●	●
		周界防护入侵报警系统	●	●	●	●
		入侵报警系统	●	●	●	●
		视频安防监控系统	●	●	●	●
		出入口控制系统	●	●	●	○
		电子巡查系统	●	●	○	○
		停车库管理系统	○	○	○	○
机房工程		信息中心设备机房	●	●	●	●
		数字程控电话交接机系统设备机房	●	●	●	●
		通信系统总配线设备机房	●	●	●	●
		智能化系统设备总控室	○	○	○	○
		消防监控中心机房	●	●	○	○
		安防监控中心机房	●	●	○	○
		通信接入设备机房	○	○	○	○
		有线电视前端设备机房	●	●	●	●
		弱电间（电信间）	●	●	●	●
		其他智能化系统设备机房	○	—	—	—

注：●需配置；○宜配置。

8) 交通建筑智能化系统功能要求及配置规定

(1) 满足各类交通运营业务的需要；为高效交通运营业务环境环境设施提供基础保障；满足各类交通现代管理信息化的需求。

(2) 交通建筑智能化应符合表 1-14 的规定。

交通建筑智能化系统配置选项表　　　　表 1-14

智能化系统		空港航站楼	铁路客运站	城市公共轨道交通站	社会停车库（场）
智能化集成系统		●	●	●	○
信息设施系统	通信接入系统	●	●	●	○
	电话交换系统	●	●	●	○
	信息网络系统	●	●	●	●
	综合布线系统	●	●	●	●
	室内移动通信覆盖系统	●	●	●	●
	卫星通信系统	●	○	○	—
	有线电视及卫星电视接收系统	●	○	○	—
	广播系统	●	●	●	●
	会议系统	●	●	●	○
	信息导引及发布系统	●	●	●	●
	时钟系统	●	●	●	○
	其他相关的信息通信系统	○	○	○	○
信息化应用系统	交通工作业务系统	●	●	●	●
	旅客查询系统	●	●	●	—
	综合显示屏系统	●	●	●	○
	物业运营管理系统	●	●	○	○
	公共服务管理系统	●	●	●	○
	公共服务系统	●	●	●	○
	智能卡应用系统	●	●	●	●
	信息网络安全管理系统	●	●	●	●
	自动售检票系统	●	●	●	○
	旅客行包管理系统	●	●	○	○
	其他业务功能所需的应用系统	○	○	○	○

续表

智能化系统			空港航站楼	铁路客运站	城市公共轨道交通站	社会停车库(场)
建筑设备管理系统			●	●	●	○
公共安全系统	火灾自动报警系统		●	●	●	●
	安全技术防范系统	安全防范综合管理系统	●	●	●	○
		入侵报警系统	●	●	●	●
		视频安防监控系统	●	●	●	●
		出入口控制系统	●	●	●	●
		电子巡查管理系统	●	●	●	●
		汽车库(场)管理系统	●	●	○	●
		其他特殊要求技术防范系统	○	○	○	○
	应急指挥系统		●	●	●	—
机房工程	信息中心设备机房		●	●	●	—
	数字程控电话交接机系统设备机房		●	●	—	—
	通信系统总配线设备机房		●	●	●	●
	智能化系统设备总控室		●	●	○	○
	消防监控中心机房		●	●	●	●
	安防监控中心机房		●	●	●	●
	通信接入设备机房		●	●	●	●
	有线电视前端设备机房		●	●	●	○
	弱电间(电信间)		●	●	●	●
	应急指挥中心机房		●	●	○	—
	其他智能化系统设备机房		○	○	○	○

注：● 需配置；○ 宜配置。

9) 通用工业建筑智能化系统功能要求及配置规定

(1) 满足通用生产要求的能源供应和作业环境的管理及控制；能提供生产组织、办公管理所需的信息通信的基础条件；符合节能和降低生产成本的要求；能提供建筑物所需要的信息管理。

(2) 通用工业建筑的配置规定：根据管理、生产的需要配置智能化集成系统，实现对各智能化子系统的协同控制和设施资源的综合管理；采用先进的通信信息技术手段，提供有效可靠及时的信息传递，满足生产指挥调度、办公管理、经营的需要；企业生产、管理信息系统符合通用工业建筑生产辅助、生活及办公部分的应用功能；建筑设备管理系统应符合要求（对生产废气、废水、废渣排放等的监控和管理，对生活、生产、办公所需的空调、通风、排风、给排水及照明等环境工程系统的监控和管理，对生活、生产、办公所需的水源、气源、电源、热源供应系统的监控和管理）；机房工程宜包括企业网络及综合管理中心机房和公用与生产辅助设备控制管理机房。

10）住宅建筑智能化系统功能要求与配置规定

（1）体现以人为本，做到节能、舒适、便利、安全；应符合构建健康和环保的绿色建筑环境的要求；推进对住宅建筑规范化的管理。

（2）住宅建筑智能化系统配置应符合表 1-15 的规定。

住宅建筑智能化系统配置选项表　　　　表 1-15

智能化系统		住宅	别墅
智能化集成系统		○	○
信息设施系统	通信接入系统	●	●
	电话交换系统	○	○
	信息网络系统	○	●
	综合布线系统	○	●
	室内移动通信覆盖系统	○	○
	卫星通信系统	—	—
	有线电视及卫星电视接收系统	●	●
	广播系统	○	○
	信息导引及发布系统	●	●
	其他相关的信息通信系统	○	○

续表

智能化系统			住宅	别墅
信息化应用系统	物业运营管理系统		●	●
	信息服务系统		●	●
	智能卡应用系统		○	○
	信息网络安全管理系统		○	○
	其他业务功能所需的应用系统		○	○
建筑设备管理系统				
公共安全系统	火灾自动报警系统		○	○
	安全技术防范系统	安全防范综合管理系统	○	○
		入侵报警系统	●	●
		视频安防监控系统	●	●
		出入口控制系统	●	●
		电子巡查管理系统	●	●
		汽车库（场）管理系统	○	○
		其他特殊要求技术防范系统	○	○
机房工程	信息中心设备机房		○	○
	数字程控电话交换机系统设备机房		○	○
	通信系统总配线设备机房		●	●
	智能化系统设备总控室		○	○
	消防监控中心机房		●	●
	安防监控中心机房		●	●
	通信接入设备机房		●	●
	有线电视前端设备机房		●	●
	弱电间（电信间）		○	○
	其他智能化系统设备机房		○	○

注：● 需配置；○ 宜配置。

35. 对系统检测机构的要求有哪些？

系统检测机构应按表 1-16～表 1-19 的格式填写检测记录和汇总表并按检测方案所列项目进行检测。

智能建筑工程分项工程质量检测记录表　　　　表 1-16

编号：

单位(子单位)工程名称		子分部工程	
分项工程名称		验收部位	
施工单位		项目经理	
施工执行标准名称及编号			
分包单位		分包项目经理	
检测项目及抽检数量		检测记录	备　注
检测意见：			
监理工程师签字 　　（建设单位项目专业技术负责人） 　　　　日期		检测机构负责人签字 日期	

子系统检测记录表 表1-17

编号：

系统名称		子系统名称		序号		检测部位	
施工单位						项目经理	
执行标准名称及编号							
分包单位				分包项目经理			

	系统检测内容	检测规范的规定	系统检测评定记录	检测结果		备注
				合格	不合格	
主控项目						
一般项目						
强制性条文						

检测机构的检测结论

检测负责人   年 月 日

注：1. 检测结果栏中，左列打"√"为合格，右列打"√"为不合格。
　　2. 备注栏内填写检测时出现的问题。

强制措施条文检测记录 表 1-18

编号：

工程名称			结构类型	
建设单位			受检部位	
施工单位			负责人	
项目经理		技术负责人	开工日期	
检测依据 GB 50339—2003《智能建筑工程质量验收规范》				
条号	项　目		检查内容	判定
5.5.2	防火墙和防病毒软件		检查产品销售许可证及符合相关规定	
5.5.3	智能建筑网络安全系统检查		防火墙和防病毒软件的安全保障功能及可靠性	
7.2.6	检测消防控制室向建筑设备监控系统传输、显示火灾报警信息的一致性和可靠性		1. 检测与建筑设备监控系统的接口 2. 对火灾报警的响应 3. 火灾运行模式	
7.2.9	新型消防设施的设置及功能检测		1. 早期烟雾火灾报警系统 2. 大空间早期火灾智能检测系统 3. 大空间红外图像矩阵火灾报警及灭火系统 4. 可燃气体泄漏报警及联动控制系统	
7.2.11	安全防范系统对火灾自动报警的响应及火灾模式的功能检测		1. 视频安防监控系统的录像、录音响应 2. 门禁系统的响应 3. 停车场（库）的控制响应 4. 安全防范管理系统的响应	
11.1.7	电源与接地系统		1. 引接验收合格的电源和防雷接地装置 2. 智能化系统的接地装置 3. 防过流与防过压元件的接地装置 4. 防电磁干扰屏蔽的接地装置 5. 防静电接地装置	

系统（分部工程）检测汇总表 表1-19

编号：

系统名称：_____　　　　　　　　设计、施工单位_____

子系统名称	序　号	内容及问题	检　测　结　果	
			合　格	不合格
检测机构项目负责人签名：		检测结论	
检测人员签名：			检测日期：	

注：在检测结果栏，按实际情况在相应空格内打"√"（左列打"√"，视为合格；右列打"√"，视为不合格）。

36. 智能建筑竣工验收有哪些要求?

1) 智能建筑工程分为合格和不合格。

合格标准：各系统竣工验收的项目应全部符合要求，否则为不合格。

智能建筑工程各系统竣工验收合格则为智能建筑工程竣工验收合格。

验收过程中发现不合格的系统或子系统时，应责呈施工单位限期整改，直到整改后重新验收合格；如整改后仍不能满足安全和使用功能要求时，该系统则不得通过竣工验收。

智能建筑竣工验收应符合表 1-20 和表 1-21 的格式，并按要求填写资料审查结果和竣工验收结论。

资 料 审 查　　　　　　　　　　表 1-20

系统名称：＿＿＿＿＿＿　　　　　　　　　编号：

序号	审查内容	审查结果				备注
		完整性		准确性		
		完整（或有）	不完整（或无）	合格	不合格	
1	工程合同技术文件					
2	设计更改审核					
3	工程实施及质量控制检验报告及记录					
4	系统检测报告及记录					
5	系统的技术、操作和维护手册					
6	竣工图及竣工文件					
7	重大施工事故报告及处理					
8	监理文件					
审查结果统计：		审查结论				
审核人员签名：			日期：			

注：1. 在审查结果栏，按实际情况在相应的空格内打"√"（左列打"√"，视为合格；右列打"√"，视为不合格）。
　　2. 存在的问题，在备注栏内注明
　　3. 根据行业要求，验收组可增加竣工验收要求的文件，填在空格内。

竣工验收结论汇总　　　　表 1-21

编号：

系统名称：_____　　　　　　　设计、施工单位：_____

工程实施及质量控制检验结论		验收人签名：	年 月 日
系统检测结论		验收人签名：	年 月 日
系统检测抽检结果		抽检人签名：	年 月 日
观感质量验收		验收人签名：	年 月 日
资料审查结论		审查人签名：	年 月 日
人员培训考评结论		考评人签名：	年 月 日
运行管理队伍及规章制度审查		审查人签名：	年 月 日
设计等级要求评定		评定人签名：	年 月 日
系统验收结论		验收小组（委员会）组长签名： 日期：	
建议与要求： 验收组长、副组长（主任、副主任）签名：			

注：1. 本汇总表须附本附录所有表格、行业要求的其他文件及出席验收会与验收机构人员名单（签到）。

　　2. 验收结论一律填写"通过"或"不通过"。

2）当竣工验收出现个别系统无法满足安全和使用功能要求时，可经建设主管部门或质量监督部门批准，对个别不合格系统待整改合格后再进行专项验收，以避免影响整个项目的投入使用。专项验收合格后，则智能建筑工程竣工验收通过。

第 2 章 通信网络系统

37. 通信网络系统由哪些部分组成？

通信网络系统由通信系统、有线电视系统、紧急广播系统、公共广播系统、卫星数字电视等子系统及相关设备组成。其中通信系统由会议电视系统、接入网设备、电话交换系统组成。

38. 电话机房的环境、安全、电源有哪些具体要求？

电话机房的环境除应符合《智能建筑工程质量验收规范》（GB 50339—2003）第 12 章的规定外，还应符合以下规定：

1）机房温湿度条件应符合表 2-1 的要求。
2）交换机房除尘应符合表 2-2 的要求。
3）电话站机房照明的照度应符合表 2-3 的标准。
4）机房安全
（1）电池室、油机室、电力室应符合《邮电建筑防火设计规范》（YD 5002—2005）的有关规定。
（2）机房内应配备足够数量并且有效的消防灭火器材和火灾报警设备。
（3）机房装修材料、预留孔洞及地槽板必须是非延燃的。
（4）机房严禁存放易燃、易爆危险品。
5）机房电源
（1）不间断电源设备（UPS）通电测试检验应符合以下要求：
①市电及不间断电源（UPS）输出的转换时间应符合技术规定指标的要求。
②输出、输入交流电压、输出波形、谐波含量、频率精度及

稳压精度应符合技术规定指标的要求。

③不间断电源（UPS）设备过载能力应符合技术规定指标的要求。

④远地及本地监控接口性能应正常。

⑤输出过压、欠压、过流、欠流，输入电压过高、过低，短路，不间断电源（UPS）设备过载，蓄电池欠压，熔断器熔断等自动保护器动作应灵敏有效，声光报警设备应工作正常。

（2）蓄电池的容量及数量

①电话交换机蓄电池容量应按下式计算：

$$C = KI$$

式中　C——蓄电池容量，单位：A·h；

K——计算系数，取值可见表2-4、表2-5；

I——近期通信设备忙时平均耗电电流，单位：A。

②蓄电池组内电池个数应按以下原则配置：

a. 碱性镉镍电池放电终期电压取1V，浮充电压取1.40～1.50V。

b. 酸性蓄电池放电终期电压取1.8～1.9V，浮充电压取2.15～2.20V。

c. 当不采用尾电池时，24V、38V及60V碱性、酸性蓄电池每组的电池个数可按表2-6配置。

机房温、湿度要求　　表2-1

机房名称	温度（℃）	相对湿度（%）
	长期工作条件	短期工作条件
交换机室	18～28	10～30
控制室	18～28	10～30
话务员室	10～30	
传输设备室	10～30	0～30
用户模块室	10～30	0～32
配线室	10～30	

续表

机房名称	温度（℃）	相对湿度（%）
	长期工作条件	短期工作条件
交换机室	50～55	30～75
控制室	50～55	30～75
话务员室	50～75	
传输设备室	20～80	10～85
用户模块室	20～80	10～85
配线室	20～80	

允许尘埃数　　　　　　表 2-2

灰尘颗粒的最大直径/μm	0.5	1	3	5
灰尘颗粒的最大浓度/（粒子数/m^3）	1.4×10^7	7×10^5	2.4×10^6	13×10^5

注：灰尘粒子应是不导电、非铁磁性和非腐蚀性的。

电话站机房照明的照度标准值　　　　　表 2-3

序号	名　称	照度标准值（lx）	计算点高度（m）	注
1	自动交换机室	100～150～200	1.40	垂直照度
2	话务台	75～100～150	0.80	水平照度
3	总配线架室	100～150～200	1.40	垂直照度
4	控制室	100～150～200	0.80	水平照度
5	电力室配电盘	75～100～150	1.40	垂直照度
6	蓄电池槽上表面、电缆进线室电缆架	30～50～75	0.80	水平照度
7	传输设备室	100～150～200	1.40	垂直照度

蓄电池容量计算系数　　　　　　　表 2-4

	T/h	4	5	6	7	8	9	10
K	15℃	5.50	6.52	7.33	8.29	9.35	10.09	10.87
	5℃	6.03	7.15	8.03	9.08	10.24	11.90	11.05
	T/h	11	12	13	14	15	20	
K	15℃	11.88	12.97	14.05	15.14	16.30	21.74	
	5℃	13.10	14.26	15.48	16.67	17.89	23.81	

注：1. 电池室内有供热设备时用 15℃ 的 K 值，无供热设备时用 5℃ 的 K 值。
　　2. T 为蓄电池组供电小时数，按表 4-6 取定。

蓄电池组供电小时数（T）值　　　　表 2-5

交流负荷等级	直流供电方式	
	浮充制	直供方式
一级、二级负荷	4～6	10～15
三级负荷	10	20

蓄电池组的电池个数　　　　　　　表 2-6

电压种类（V）	电压变动范围（V）	浮充制（个）	直供方式（个）
24	21.6～26.4	12（24）	13（26）
48	43.2～52.8	24（48）	26（52）
60	56～66	30（60）	32（64）

注：括号内为碱性蓄电池个数。

6）机房接地装置

（1）机房接地装置的位置、埋设深度应符合设计要求。

（2）机房接地装置所使用的材料，其材质、数量、规格、型号、重量应符合设计要求。

（3）接地体与各部件连接应牢固焊接、焊缝处应作防腐处理。当接地体采用扁钢时，其扁钢搭接长度应大于扁钢宽度的2倍，当接地体采用圆钢时，其搭接长度应为圆钢直径的10倍。

(4) 接地体至机房的接地引入线应作防腐处理，接地引入线与机房接地汇集排应连接牢靠并作镀锡处理。

(5) 接地引入线应从地网中心就近引出，且引入线不应少于两根，引入线在机房入孔装置内应留有余长。

(6) 接地汇集排安装的位置应符合设计要求，与接地引入线连接应牢靠、端正并设明显标志。

(7) 接地引入线不宜与暖气管同沟或在防水管沟下敷设，引入线进入建筑物部位应用钢管或塑料管作套管。

39. 通信电话配线有哪些要求？

1）电话电缆的选择应符合表2-7的规定。
2）建筑物电话电缆的配线方式如图2-1所示。
3）楼层管线的敷设方式应符合表2-8的规定。
4）暗敷设线路系统上升部分的建筑方式应符合表2-9的规定。
5）上升电缆的配线方式及适用范围应符合表2-10的规定。

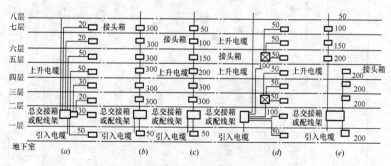

图 2-1 建筑物电话电缆的配线方式
(a) 单独式；(b) 复接式；(c) 递减式；(d) 交接式；(e) 合用式

表 2-7 电话电缆的选择

结构型号	主干电缆 中继电缆		配线电缆				成端电缆	
	管道	直埋	管道	直埋	架空、沿墙	室内、产管	MDF	交接箱
铜芯线线径(mm)	0.32,0.4,0.5 0.6,0.8	0.32,0.4,0.5 0.6,0.8	0.4,0.5 0.6	0.4,0.5 0.6	0.4,0.5 0.6	0.4,0.5	0.4,0.5 0.6	0.4,0.5 0.6
芯线绝缘	实心聚烯烃, 泡沫聚烯烃 泡沫/实心 皮聚烯烃	实心聚烯烃, 泡沫聚烯烃 泡沫/实心 皮聚烯烃	实心聚烯烃, 泡沫/实心 皮聚烯烃	实心聚烯烃, 泡沫/实心 皮聚烯烃	实心聚烯烃, 泡沫/实心 皮聚烯烃	宜聚氯乙烯	阻燃聚烯烃	实心聚烯烃, 泡沫/实心 皮聚烯烃
电缆护套	涂塑铝带粘 接屏蔽聚乙烯	涂塑铝带粘 接屏蔽聚乙烯	涂塑铝带粘 接屏蔽聚乙烯	涂塑铝带粘 接屏蔽聚乙烯	涂塑铝带粘 接屏蔽聚乙烯	宜铝箔层聚 氯乙烯	宜铝箔层聚 乙烯	涂塑铝带 粘接屏蔽聚 乙烯
电缆型号	HYA HYFA HYPA 或 HYAT HYFAT HYPAT	HYAT 铠装 HYFAT 铠装 HYPT 铠装 或 HYA 铠装 HYFA 铠装 HYPA 铠装	HYAT HYPAT 或 HYA HYPA	HYAT 铠装 HYPAT 铠装 或 HYA 铠装 HYPA 铠装	HYA HYAT HYAC	宜 HPVV	HPVVZ	HYA
PCM 电缆	HYAG 或 HYAGT	HYAGY 铠装 或 HYAG 铠装	—	—	—	—	—	—

楼层管路的分布方式

表 2-8

分布方式名称	特 点	优、缺点	适用场合
放射式	从上升管路或上升房分支出楼层管路,由楼层管路连通分线设备,以分线设备为中心,用户线管路作放射式的分布	(1) 楼层管路长度短,弯曲次数少 (2) 节约管路材料和电缆长度及工程投资 (3) 用户线管路为斜穿的不规则则路由,易与房屋建筑结构发生矛盾 (4) 施工中容易发生敷设管路困难	(1) 大型公共房室建筑 (2) 高层办公楼 (3) 技术业务楼
格子形	楼层管路有规则地互相垂直形成有规律的格子形	(1) 楼层管路长度长,弯曲次数较多 (2) 能适应房屋建筑结构布局 (3) 易于施工和安装管路及配线设备 (4) 管路长度增加,设备也多,工程投资增加	(1) 大型高层办公楼 (2) 用户密度集中,要求较高,布置较固定的金融、贸易、机构办公用房 (3) 楼层面积很大的办公楼
分支式	楼层管路较规则,有条理地分布,一般互相垂直,斜穿敷设较少	(1) 能适应房屋建筑结构布置,配合方便 (2) 管路布置有规则,使用灵活,较易管理 (3) 管路较长,弯角角度大,次数较多,对施工和维护不便 (4) 管路长,弯曲多使工程造价增加	(1) 大型高级宾馆 (2) 高层住宅建筑 (3) 高层办公大楼

表 2-9 暗敷管路系统上升部分的几种建筑方式

上升部分的名称	是否装设配线设备	上升电缆条数	特　点	适用场合
上升房	设有配线设备，并有电缆接头。配线设备可以则装或暗装，上升管路与各楼层管路连接	8条电缆以上	能适应今后用户发展变化，灵活性大，便于施工和维护，要占用从顶层到底层的连续管路，占用房间面积较多，受到房屋建筑的限制因素多	大型或特大型的高层房屋建筑，电话用户数较多而集中，用户发展变化较大，通信业务多种类多的房屋建筑
竖井（上升通道或通道）	竖井内一般不设配线设备，在竖井附近设置楼层配线设备，以便连接楼层管路	5～8条电缆	能适应今后用户发展变化，灵活性较大，便于施工和维护，占用房间面积少，受房屋建筑的限制因素较少	中型的高层房屋建筑，电话用户发展较固定、变化不大的情况
上升管路（上升管）	管路附近设置配线设备，以便连接楼层管路	4条以下	基本能适应今后用户发展，不受房屋建筑面积限制，一般不占房间面积，施工维护均有不便	小型的高层房屋建筑（如塔楼），用户比较固定的高层住宅建筑

表 2-10 上升电缆的几种配线方式特点和适用场合

种类	单独式	复接式	递减式	交接式	混合式
特点	(1)各楼层电话电缆分别独立地直接供线 (2)各楼层电缆对之间毫无连接关系 (3)各楼层电缆对数根据需要分别确定	电缆线对在各楼层之间部分或全部复接，复接对数根据各楼层需要确定，每对线的复接次数一般不超过两次，每楼层电缆是由同一条上升电缆接出，不是单独供线	各楼层电缆对相互不复接，各楼层电缆引出使用后，每楼层逐段递减电缆容量	整个高层配线区域分为几个交接配线区域，除离MDF或交接供线外，层单独供线外，其他各楼层均需经过交接箱连接楼层配线电缆	将上述四种方式混合组成
适用场合					

续表

种类	单独式	复接式	递减式	交接式	混合式
优点	(1) 各楼层电缆线路互不影响,如发生障碍只涉及一个楼层 (2) 发生障碍容易判断和检修 (3) 扩建或改建简单,与其他楼层无关	(1) 电缆线路网灵活性较高,各层线对接关系,可以适当调度 (2) 电缆长度较短,且对数集中,工程造价较低	(1) 各楼层电缆由同一上升电缆引出,线对互不复接,发生障碍容易判断和检修 (2) 电缆长度较短,线对集中,工程造价较低	(1) 各楼层电缆线路互不影响,如发生障碍影响范围小,只涉及相关楼层 (2) 提高电缆芯线使用率,灵活性高,调度线对方便 (3) 发生障碍容易判断和检修	适应各种楼层的需要
缺点	(1) 电缆长度增加,工程造价高 (2) 灵活性差,各楼层线路无法调度	(1) 各楼层电缆因有复接,发生障碍涉及范围广,影响面大 (2) 不易判断检修 (3) 扩建或改建时,会影响其他楼层	(1) 电缆线路网灵活性差,各层线对无法调度,利用率不高 (2) 扩建或改建较为复杂,要影响其他楼层	(1) 增加交接箱和电缆长度,工程造价较高 (2) 对施工和维护要求高	扩建和改建较为复杂
适用范围	各楼层需要电缆线对较多,且较为固定不变的房屋建筑,如高级宾馆的标准层或办公大楼的办公室	各楼层需要电缆线对数量不同,变化频繁的场合,如商贸中心、交易市场及办公大楼的办公室等	各楼层所需电缆线对数量不均,且变化较小的场合,如规模较小的宾馆、办公大楼及高级公寓等	各层需要电缆线对数量不同,且变化较大、变化较多的办公楼、高级宾馆、科技贸易中心等	适用场合较多,可因地制宜,尤其适于体量较大的建筑

40. 《城市住宅区和办公电话通信设施验收规范》（YD 5048—1997）对通信缆线的敷设有哪些规定？

1) 建筑物内通信光缆终端装置的安装应符合以下要求：
（1）按设计规定留足光缆余量。
（2）设在光端机房内的光缆终端安装应牢靠安全，且不可靠近热源。
（3）光缆终端盒（盘）的规格形式应符合设计要求，安装时应严格按施工方案和产品说明书的要求进行。
（4）从光缆终端接头引出的光缆或单芯光缆所带的连接器插入光配线箱的安装应符合设计要求。

2) 光缆终端箱（盒）及室内通信光缆安装后应进行以下检测：
（1）对铜导线进行直流电阻、绝缘电阻检测且其检测值应满足设计要求。
（2）用光时域反射仪（OTDR）对光纤逐根检测，连接应可靠，其总衰减应符合设计要求。
（3）其他各项连接应正确并牢靠。

3) 建筑物内配线电缆应符合以下要求：
（1）敷设暗管电缆时应使用石蜡油类无机润滑剂，不得使用滑石粉或有机油润滑剂对电缆进行润滑以防止电缆被划伤，垂直设置的电缆应按设计要求的间距进行固定。
（2）敷设嵌式箱（盒）电缆应符合以下要求：
①在通信电缆嵌式箱（盒）内敷设电缆时，应尽量放置在箱（盒）的侧壁或四周，将接线端子板布置在箱（盒）的中间部位。
②进箱电缆应留有足够的余长，并安装牢靠整齐，尽量不使电缆交叉重叠。
（3）采用扣式接线端子，不得使用纽绞接续，当电缆接续管接头封闭时可用热可缩套管，但应以冷包为主。

4) 常用全塑电缆规格
（1）泡沫、泡沫皮聚烯烃绝缘电缆的最大外径如表 2-11 所示。

（2）实心聚烯烃绝缘电缆的最大外径如表 2-12 所示。

泡沫、泡沫皮聚烯烃绝缘电缆的最大外径（单位：mm）　　表 2-11

标称线径	电缆最大外径									
	0.32		0.40		0.50		0.60		0.80	
标称对数	填充	非填充	填充	非填充	填充	非填充	填充	非填充	填充	非填充
10	—	—	11.5	11.5	12.5	12.5	14.0	13.0	17.0	15.5
20	—	—	13.5	13.0	15.0	14.5	17.0	15.5	20.5	19.0
30	—	—	15.0	14.5	17.0	16.5	19.5	17.5	24.0	21.5
50	—	—	17.5	17.0	20.0	19.5	23.0	21.0	28.5	25.5
100	—	—	23.0	22.0	25.5	24.5	29.5	26.0	38.5	34.0
200	—	—	28.5	26.0	33.5	32.0	39.5	34.5	52.0	45.5
300	—	—	34.0	30.0	39.5	37.5	46.5	41.5	61.5	54.5
400	—	—	38.5	33.5	45.0	41.5	53.5	46.5	69.0	61.5
600	—	—	45.5	39.0	53.0	49.5	63.5	56.0	82.0	73.0
800	—	—	52.0	44.5	60.5	55.5	71.5	63.0	—	—
900	—	—	54.5	47.0	63.5	58.5	75.0	66.5	—	—
1000	—	—	57.0	49.0	66.0	61.0	78.0	69.5	—	—
1200	—	—	61.5	52.5	71.5	66.0	—	76.0	—	—
1600	—	—	69.0	59.5	81.0	74.5	—	—	—	—
1800	—	—	73.0	62.0	—	79.0	—	—	—	—
2000	60.5	52.5	76.0	65.5	—	—	—	—	—	—
2400	66.0	56.5	82.5	70.5	—	—	—	—	—	—
2700	69.5	60.0	—	74.5	—	—	—	—	—	—
3000	73.0	63.0	—	78.5	—	—	—	—	—	—
3300	76.5	65.5	—	82.5	—	—	—	—	—	—
3600	80.0	68.0	—	—	—	—	—	—	—	—
4000	—	72.0	—	—	—	—	—	—	—	—

注：当大对数电缆的最大外径超过 72.0mm 时，为了适应管道的具体情况，在保持电缆的性能符合 YD 5048—97《城市住宅区和办公电话通信设施验收规范》规定的情况下，电缆的最大外径值可由用户与制造厂协商确定。

实心聚烯烃绝缘电缆的最大外径（单位：mm） 表 2-12

标称线径	电缆最大外径									
	0.32		0.40		0.50		0.60		0.80	
标称对数	填充	非填充	填充	非填充	填充	非填充	填充	非填充	填充	非填充
10	—	—	12.5	11.5	14.0	12.5	15.0	14.0	19.0	17.5
20	—	—	15.0	13.5	17.0	15.0	19.0	17.0	23.5	21.0
30	—	—	17.0	15.0	19.5	17.0	21.5	19.5	27.0	24.5
50	—	—	20.0	17.5	23.0	20.0	25.0	23.0	32.5	29.0
100	—	—	25.5	22.5	29.0	25.5	33.0	29.0	44.0	38.5
200	—	—	32.5	28.0	38.5	32.5	44.5	38.5	59.5	52.5
300	—	—	38.0	32.5	45.5	38.0	53.5	46.0	70.5	62.0
400	—	—	42.5	36.5	52.0	43.5	60.5	52.5	79.5	70.0
600	—	—	50.0	42.5	61.0	51.5	72.0	62.5	—	82.0
800	—	—	57.5	49.0	69.5	58.5	81.0	70.5	—	—
900	—	—	60.5	51.5	73.0	61.5	—	74.0	—	—
1000	—	—	62.5	53.0	76.0	64.5	—	77.0	—	—
1200	—	—	67.0	57.5	—	69.5	—	—	—	—
1600	—	—	76.5	65.0	—	78.5	—	—	—	—
1800	—	—	81.0	68.0	—	—	—	—	—	—
2000	66.5	59.5	85.5	71.0	—	—	—	—	—	—
2400	72.5	64.0	—	75.0	—	—	—	—	—	—
2700	77.5	67.0	—	81.0	—	—	—	—	—	—
3000	80.0	70.0	—	85.5	—	—	—	—	—	—
3300	—	72.5	—	—	—	—	—	—	—	—
3600	—	75.5	—	—	—	—	—	—	—	—
4000	—	79.5	—	—	—	—	—	—	—	—

注：当大对数电缆的最大外径超过 72.0mm 时，为了适应管道的具体情况，在保持电缆的性能符合 YD 5048—1997《城市住宅区和办公电话通信设施验收规范》规定的情况下，电缆的最大外径值可由用户与制造厂协商确定。

表 2-13 常用同轴电缆的主要数据

序号	性能参数		外导体有金属线编织层,屏蔽 P_2 或 P_4			物理发泡(W聚乙烯绝缘(Y)式电缆		外导体为铝管		竹节式(D)空气介质电缆 壁厚≥0.35mm	
			SYWV 75-5P	SYWV 75-7P	SYWV 75-9P	SYWLY 75-9	SYWLY 75-12	SYDLY 75-9	SYDLY 75-12	SYDLY 75-14
1	护套最大直径/mm		7.5	10.6	12.6	12.6	15.4	11.9	15	16.7
		5MHz	2.0	1.30	1.0	1.0	0.6	1.0	0.60	0.50
	损耗	65MHz	5.61	3.67	2.88	2.88	2.2	2.6	2.10	1.8
2	(dB)	87MHz	6.50	4.25	3.33	3.33	2.5	3.0	2.40	2.1
	100m	550MHz	15.8	10.3	8.5	8.0	6.0	7.40	5.87	5.10
	20℃	750MHz	19.1	12.5	9.80	9.80	7.40	8.9	7.0	6.20
		862MHz	20.4	13.4	10.5	10.5	7.90	9.60	7.5	6.60
		1000MHz	22.0	14.4	11.30	11.30	8.50	10.30	8.10	7.10
3	最小弯曲半径/mm		50	60	75	150	200	150	200	250
4	环路电阻/(Ω/km)		—	—	—	7.1	≤10.7	≤10.5	≤9.2	≤5.2
5	温度系数/(1/℃)		—	—	—	0.2%			0.18%	
6	传播速率			82%				92%		
7	使用场合		建筑物内无源网络; 明装系统的无源网络					干线、支干线		

注:1. 主要数据引自 GY/T 135—1998《有线电视系统物理发泡聚乙烯同轴电缆入网技术条件和测量方法》和 GY/T 136—1998《有线电视系统竹节式聚乙烯绝缘同轴电缆入网技术条件和测量方法》。

2. 电缆在指定频率 f(MHz)的损耗 $L(f)$ 用下列经验方式计算:

$$L(f) = L(1000) \times \sqrt{\frac{f}{1000}}$$ (4-2)

式中 $L(1000)$ 是国际给定的电缆在 1000MHz 时的损耗。
频率的单位为 MHz,损耗的单位为 dB。

3. 单间用两屏蔽(记作 P_2)电缆,双向网采用四屏蔽(记作 P_4)电缆。
4. 通过工频电流的电缆必须采用外导体为铝管(记作 L)的电缆。

41. 射频同轴电缆的特点有哪些？

射频同轴电缆的作用是在电视系统中传输电视信号。它是由同轴内外两个导体组成，外导体为金属编织网，内导体为单股实心导线，内外导体用高频绝缘介质隔开，外层用塑料作保护层，如图 2-2 所示。

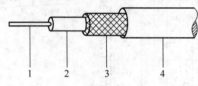

图 2-2　射频同轴电缆
1—单芯（或多芯）铜线；2—聚乙烯绝缘层；
3—铜丝编织（即外导体导屏蔽层）；
4—绝缘保护层

射频同轴电缆具有电视信号衰减小、抗干扰性好、温度系数低、机械弯曲特性好、价格便宜、接收杂散干扰信号少等特点。

对射频同轴电缆的基本要求是损耗尽可能低，对系统内的电视信号衰减要小，传输的效率尽量高。

1）常用同轴电缆的主要数据如表 2-13 所示。
2）CATV 常用同轴电缆的类型与特点如表 2-14 所示。

CATV 常用同轴电缆的类型与特点　　　表 2-14

类　型	绝缘材料	产品型号示例	特点与应用
实心同轴电缆	填充实心聚乙烯绝缘材料	SYV 型	（1）介电常数高，传输损耗大 （2）CATV 中基本被淘汰，但在 CCTV 中用作视频同轴电缆
耦芯同轴电缆	聚乙烯纵孔（耦芯）	SYKV 型 SDVC 型	（1）传输损耗较小，但防潮、防水性能较差 （2）目前在 CATV 中最常用
物理高发泡同轴电缆	聚乙烯绝缘材料发泡	SDGFV 型 SYWFV 型 美国 QR 型	（1）传输损耗小，不易受潮、老化 （2）用于较大型 CATV 中作干线
竹节同轴电缆	聚乙烯绝缘介质加工成竹节状	SYDV 型 美国 MC 型	（1）有上述发泡电缆同样优点，但环境条件要求高 （2）一般作 CATV 干线用

42. 通信系统工程的安装和检测有哪些规定？

1) 通信系统工程的施工按规定的安装、移交及验收施工流程进行。

2) 通信系统检测包括系统检查测试、初验测试、试运行验收测试。通信系统测试包括以下内容：

（1）系统检查测试包括硬件通电测试，系统功能测试。

（2）初验测试包括接通率、可靠性、基本功能（通信系统的业务接续、信令、计费、传输指标、系统负荷能力、维修管理、环境条件适应能力、故障诊断等）。

（3）试运行验收测试包括联网运行（接入用户及电路）故障发生率。试运行验收测试应在初验测试合格后进行，试运行周期（应不少于3个月）按合同规定的时间执行。

通信系统检测应符合现行国家标准规范、设计文件及产品说明书的要求，其测试方法、程序、步骤应根据国家现行规定并经建设单位和生产厂家协调确定。

智能建筑通信系统安装工程检测内容、阶段、方法及性能指标应符合《固定电话交换设备安装工程验收规范》（YD/T 5077）等现行国家标准的规定。

通信系统接入公用通信网信号的转输速率、信号方式、物理接口和接口协议应符合设计要求。通信系统的工程施工和质量控制及系统检测内容应符合表 2-15 的规定。

通信系统工程检测项目表　　　　　表 2-15

\multicolumn{2}{c}{Ⅰ　程控电话交换设备安装工程}	
序　号	检　测　内　容
1	安装验收检查
1)	机房环境要求
2)	设备器材进场检验
3)	设备机柜加固装检查

续表

| 程控电话交换设备安装工程	
序 号	检 测 内 容
4)	设备模块配置检查
5)	设备间及机架内缆线布放
6)	电源及电力线布放检查
7)	设备至各类配线设备间缆线布放
8)	缆线导通检查
9)	各种标签检查
10)	接地电阻值检查
11)	接地引入线及接地装置检查
12)	机房内防火措施
13)	机房内安全措施
2	通电测试前硬件检查
1)	按施工图设计要求检查设备安装情况
2)	设备接地良好，检测接地电阻值
3)	供电电源电压及极性
3	硬件测试
1)	设备供电正常
2)	告警指示工作正常
3)	硬件通电无故障
4	系统检测
1)	系统功能
2)	中继电路测试
3)	用户连通性能测试
4)	基本业务与可选业务
5)	冗余设备切换
6)	路由选择
7)	信号与接口
8)	过负荷测试
9)	计费功能

续表

| 程控电话交换设备安装工程	
序号	检测内容
5	系统维护管理
1)	软件版本符合合同规定
2)	人机命令核实
3)	报警系统
4)	故障诊断
5)	数据生成
6	网络支撑
1)	网管功能
2)	同步功能
7	模拟测试
1)	呼叫接通率
2)	计费准确率

Ⅱ 会议电视系统安装工程	
序号	检测内容
1	安装环境检查
1)	机房环境
2)	会议室照明、音响及色调
3)	电源供给
4)	接地电阻值
2	设备安装
1)	管线敷设
2)	话筒、扬声器布置
3)	摄像机布置
4)	监视器及大屏幕布置
3	系统测试
1)	单机测试
2)	信道测试
3)	传输性能指标测试

77

续表

|| 会议电视系统安装工程	
序 号	检 测 内 容
4)	画面显示效果与切换
5)	系统控制方式检查
6)	时钟与同步
4	监测管理系统检测
1)	系统故障检测与诊断
2)	系统实明显示功能
5	计费功能

Ⅲ 接入网设备（非对称数字用户环路 ADSL）安装工程	
序 号	检 测 内 容
1	安装环境检查
1)	机房环境
2)	电源供给
3)	接地电阻值
2	设备安装验收检查
1)	管线敷设
2)	设备机柜及模块安装检查
3	系统检测
1)	收发器线路接口测试（功率谱密度，纵向平衡损耗，过压保护）
2)	用户网络接口（UNI）测试
	a. 25.6Mbit/s 电接口
	b. 10BASE-T 接口
	c. 通用串行总线（USB）接口
	d. PCI 总线接口
3)	业务节点接口（SNI）测试
	a. STM-1（155Mbit/s）光接口
	b. 电信接口（34Mbit/s、155Mbit/s）
4)	分离器测试（包括局端和远端）

续表

Ⅲ 接入网设备（非对称数字用户环路 ADSL）安装工程	
序号	检 测 内 容
	a. 直流电阻
	b. 交流阻抗特性
	c. 纵向转换损耗
	d. 损耗/频率失真
	e. 时延失真
	f. 脉冲噪声
	g. 话音频带插入损耗
	h. 频带信号衰减
5)	传输性能测试
6)	功能验证测试
	a. 传递功能（具备同时传送 IP、POTS 或 ISDN 业务能力）
	b. 管理功能（包括配置管理、性能管理和故障管理）

43. 现代建筑通信信息的结构是怎样的？

现代建筑通信信息的结构是在数字交换机的基础上，与其他外部通信设施联网，利用高速数字传输网络或卫星系统传输信息，使用户享受到各种类型的通信服务。

现代建筑通信信息的结构如图 2-3 所示。

现代建筑通信信息控制中心程控数字交换机系统将计算机技术、微电子技术、数字通信技术集成为一体，成为高度模块化设计的全分散控制系统。以适应现代化通信（包括已有的模拟通信环境、提供多媒体通信、数据通信，在增加不同功能模块的基础上实现多种通信业务）的需求，最终实现多媒体化。人们可以通过计算机和宽带传输多媒体信息，使大家像坐在一起一样进行工作和交谈。

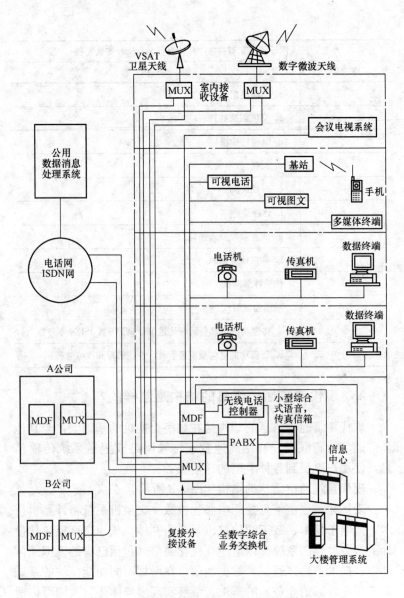

图 2-3 现代建筑中通信信息的基本构成

44. 程控用户交换机的工作原理是怎样的?

程控用户交换机分为程控数字交换机和程控模拟交换机。其中程控数字交换机的应用比较广泛。

1) 程控数字交换机简称数字交换机,它是用软件经过交换机的语音数字化信号,硬件简化来完成交换功能。数字化信号通过语音存储器和控制存储器进行交换,当交换机容量增大时,受到存储器容量的限制,故大容量交换机就要安装几级存储器。数字交换模块(数字交换网络)可根据容量的增大来适当增加模块的数量。程控数字交换机的组成如图 2-4 所示。

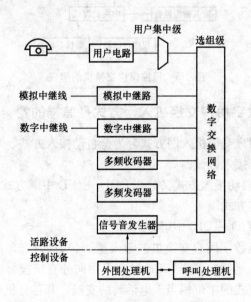

图 2-4 程控数字交换的组成

2) 程控模拟交换机是采用纵横交换机的空分交换网络,集中控制则由中央处理机进行。简称程控空分制交换机,其采用计算机控制,用存储器中的程序控制接续和完成维护与管理(软件控制），如图 2-5 所示。

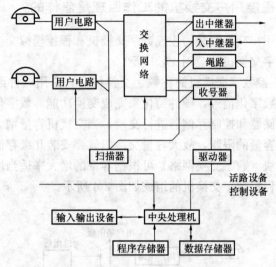

图 2-5 程控模拟交换机的组成

45. 数字用户交换机入网方式是怎样的？

数字用户交换机入网方式分为全自动接入方式、半自动接入方式和混合接入方试。

1) 全自动接入方式又分为 DOD_1＋DID 中继方式、和 DOD_2＋DID 中继方式。

(1) DOD_1＋DID 中继方式

在程控数字用户交换机的呼入量≥40Eri 时宜采用向内直接拨号方式，当呼出量≥40Eri 时宜采用向外直接拨号方式；采用这种中继方式的单位相当于电话局的支局，其各分机用户的电话号码应纳入当地电话网的编号中，所有用户的呼出和呼入均接在电话局的选组极上，在电话局和数字用户交换机相连的中断线路上采用中国 1 号信令方式。如图 2-6 所示。

(2) DOD_2＋DID 中继方式

在程控用户交换机的呼出量＜40Erl 时，可采用直拨呼出待

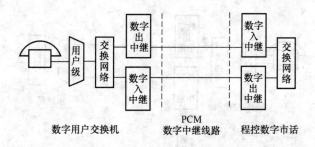

图 2-6 DOD_1+DID 中继方式

二次拨号音的中继方式；呼出的中继方式不接在选组极上，而接在电话局的用户电路上，故出局呼叫需听二次拨号音，设定在用户交换机内的设备可以消除电话局传来的二次拨号音；呼入时仍使用 DID 方式，用这种方式出局呼叫电话网时要加拨字冠"9"或"0"方可使用。如图 2-7 所示。

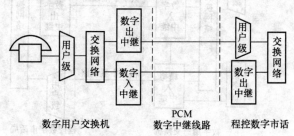

图 2-7 DOD_2+DID 中继方式

2）半自动中继方式（DOD_2+BID）

适用于数字用户交换机的呼出话务量<40Erl 和呼入话务量>40Erl 时使用，分别为 DOD_2 和 BID 方式。其呼出接入电话局的用户线，呼入则接入通过电话局到用户交换机的话务台，再由话务员接通分机，如图 2-8 所示。

3）混合接入式（$DOD_1+DID+BID$）

数据用户交换机采用数字中继电路并以半自动接入方式（BID）为辅；以全自动直拨方式（DOD_1+DID）为主，其增大了呼入的可靠性和灵活性。如图 2-9 所示。

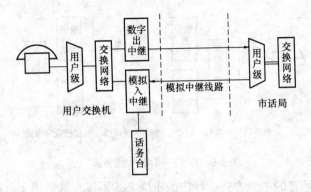

图 2-8 半自动接入方式

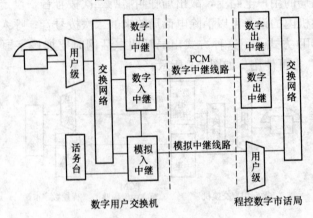

图 2-9 混合接入方式

46. 数字用户交换机的损耗和分配是怎样的？

1）用户线的传输损耗

用户交换机接在市话端局用户级时便为市话端局的用户线。本地网全程传输损耗及分配如图 2-10 所示。

2）用户交换机的传输损耗分配

（1）程控数字用户交换机与市话端局之间采用 2 线中继线传输损耗分配，如图 2-11 所示。

①用户交换机具有可变损耗并接在市话端的模拟局时，用户

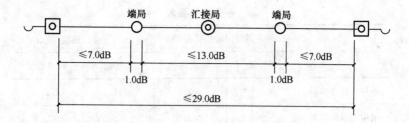

图 2-10 本地网全程传输损耗及分配

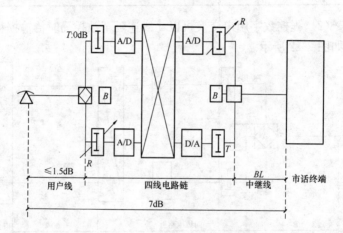

图 2-11 局间采用 2 线中继线时传输损耗分配

交换机的接收支路 R 自动调节为 3dB，发送支路 T 则为 0dB。

当用户交换机接在市话端的数控局时，用户交换机与端局之间的传输损耗小于 1dB，接收支路 R 为 3dB，发送支路 T 为 0dB。

②用户交换机无可变损耗时，接收支路损耗器采用人工调整，调整范围在 2～7dB，每档调整 0.5dB。

③在用户交换机与端局的中继线较长且传输损耗大于 2.5dB 时，可用 4 线延长到端局，其接收支路 R 为 3.5dB。

④在数控用户交换机转换点（2/4 线）的平衡回损应符合表 2-16 的规定。

平衡回损要求　　　　　　　　　　　　　　表 2-16

类　别	稳定平衡回输损耗/dB		回声平衡回输损耗/dB	
	平均值	标准偏差	平均值	标准偏差
采用二线传输时	≥6.0	≤3.5	≥11.0	≤2.5
采用四线传输时	≥9.0	≤3.5	≥15.0	≤2.5
对非电话业务	≥10			

（2）程控数字用户交换机以 4 线连延至数控局时传输损耗分配如图 2-12 所示。

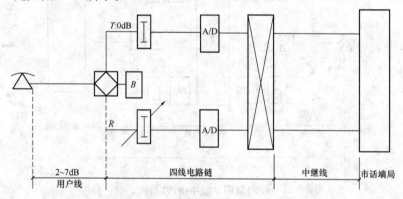

图 2-12　局间采用 4 线传输时传输损耗分配

（3）接用户交换机的用户线传输损耗分配

用户交换机中继线大部分接在市话端局交换机用户线上，从用户交换机中继线通过用户交换机到分机用户均为市话端局用户线，这段线路的传输损耗最大为 7dB。用户交换机用户线传输损耗分配在《自动电话交换网技术体制》中作了明确规定，如图 2-13 所示。

分配给用户交换机的损耗为 1dB（指空分程控或机电制用户交换机），程控数字用户交换机分配给内部用户线和用户交换机中继线的损耗可在两者之间适当调整。

①分机用户至用户交换机之间的传输损耗应在 2～7dB 之

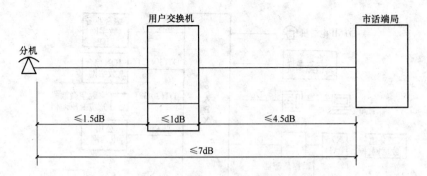

图 2-13 具有用户交换机时用户线传输损耗分配

间,分机用户线损耗则小于 7dB,所以,必须用假线在分机用户电话机中补偿到 2～3dB。

②用户交换有可变损耗功能,当长途通话时 R 自动调整为 7dB 损耗;当市内通话发送支路 T 为 0dB,接收支路 R 自动调整为 3.5dB。

③用户交换机不具有可变损耗功能时,则在四线电路链的接收支路 R 为 7dB,发送支路 T 为 0dB 的固定损耗。

47. 程控数字用户交换机的系统结构与设计是怎样的?

1) 程控数字用户交换机一般是一部由计算机软件控制的数字通信交换机,依靠现有公用交换网络技术,现代建筑物内数字用户交换机大部分系统结构如图 2-14 所示。

2) 电话机房内中继线的设计原则是满足智能建筑中,楼内用户之间和通过入中继线与公用电话交换网上的其他用户通信联系的需要。提高电话局设备及线路的利用率,节约用户开支,最终达到长途通信自动化和传输标准化的目的。

通信机房中继线与当地公用交换网连接的设计,应与当地电话局充分协商后进行。

3) 电话机房中继线分为单向、双向、单双混合型。双向中继线对仅用于需要中继线群较少的通信设备及建筑物内通信设备与公用电话网的连接。

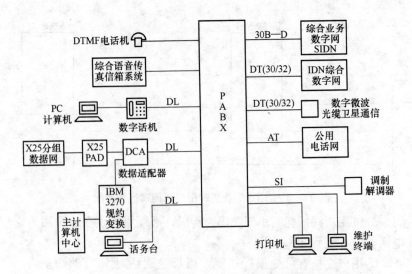

图 2-14 程控数字用户交换机一般性系统结构
AT—模拟中继　DL—数字用户　DT—数字中继
SI—RS232C 串行接口　DTMF—双音多频　PAD—X25 分组拆装

4) 电话机房内 50 门以上的用户交换机采用单向中继线对；50 门以下的用户交换机采用双向中继线对。电话回线设计标准数可参考表 2-17 所示。

电话回线的设计标准数　　　　表 2-17

类　别	使用面积每 10m²	
	外线回线数	内线回线数
公司办公楼	0.5	1.5
政府机关	0.5	1.5
商务大楼	0.5	1.5
证券公司	0.5	1.5
广播电视楼	0.2	1
百货公司	（商场）0.02 （办公室）0.5	（商场）0.2 （办公室）1.5
报社	0.5	2
银行	0.5	1.5
医院	（病房）0.03 （办公室）0.2	（病房）0.03 （办公室）0.5
公寓住宅	1~2	1

注：公寓住宅按每户为单位设置外线和内线（对讲机）数量。

5）数字用户交换机实装内线分机应为交换机容量门数的80%。单向、双向中继线安装数量参见表2-18所示。

单向、双向中继线安装数量　　　　　　　表 2-18

用户交换机容量/门	接口中继线数量/对	
	呼出至端局中继	端局来话呼入中继
50线以内	采用双向中继1~5话路	
50	3	4
100	6	7
200	10	11
300	13	14
400	15	16
500	18	19

（1）用户交换机初装容量计算公式：

初装容量 = 1.3 × [目前所需门数 + （3~5）年近期增容数]

（2）用户交换机终装容量计算公式：

终装容量 = 1.2 × [目前所需门数 + （10~20）年远期扩展总增容数]

用户交换机中继线安装的数量不应少于电话局核定的最低数量，当用户公用网话务量大时，中继线的安装数量应大于表2-18中规定的数值；当用户交换机入网分机数大于500线用户时，安装中继线的数量应经过计算确定。

实际设计时，用户交换机中继线数量一般取总机容量的10%或查用户交换机说明书中规定的中继线配置。当分机用户对公用网话务量较大时，可取总机容量的15%~20%确定。表2-18中所列数量不包括建筑物内各通信设备与公用电话网直接连接的用户线。

48. 国外电话系统功能是怎样的？

全电子数字式程控交换机具有各种数字、模拟接口，可连接多功能电话机和现代化的通信终端及数字电话机,系统的所有功能均通过软件系统灵活控制和实现,如图 2-15 所示。

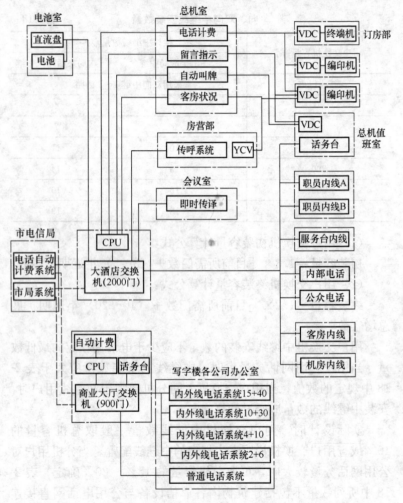

图 2-15 某大酒店电话系统图

图 2-15 中电话交换机有两台交换机并排摆放,一台 900 门用于写字楼,一台 2000 门用于酒店,两台交换机间设联络线 20 对,可用于共享中继和长途自动拨号线,9 个主接线交换台,

200对出入中继线，50对香港长途自动拨号线，并预留2对澳门长途自动拨号线，10对国内长途自动拨号线，10对国际直拨可进行全球通信，并设有250对用户电报线，200对市直拨电话线，其电报是为客人提供对香港电传服务用的。直通电话供对外业务使用。出租写字楼每公司设一电话分机，未租用前先设内外线分机，交换总机提供一定数量的分机用户线，公司可根据需要适当选用所需内外线。15表示有15对通总机用户线，40表示有40对内部分机线。

49. 桌面型会议电视系统有哪些功能？

桌面型会议电视系统（多媒体通信会议电视系统）通过计算机通信技术满足办公自动化数据通信和视频多媒体通信的需求。

桌面型会议电视系统是在计算机基础上安装摄像机多媒体接口卡、图像卡、多媒体应用软件及输出/输入设备，将文本图像显示在屏幕上，供有关人员修改并用书写电话或传真机将文件资料传给对方，如图2-16所示。

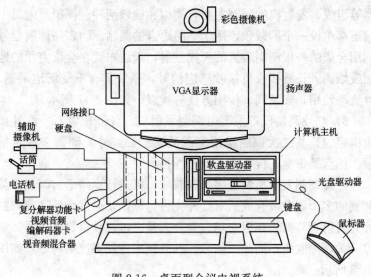

图2-16 桌面型会议电视系统

桌面型会议电视系统具有一般计算机网络通信功能，动态彩色视频图像、声音文字、数据资料实时双向双工同步传输及交互式通信功能，点与点或多点间的视信会议，实时在线档案传输，同步传送文件和带有视频图像及声音的电子邮件，远程遥控对方摄像机的画面位置，装配投影仪将图文信号通过电话传给对方等功能。

50. 同声传译系统结构是怎样的？

会议系统信号采用有线或无线传输两种传输方式，同声传译系统主要以无线传输，其特点有以下方面：

1) 有线传输

以线路经过同声翻译将信号传送到耳机或扬声器，优点是信息保密性强，缺点是线路影响人的行动，仅适用于语种较少的同声传译系统。

2) 射频传送

长波同声传译主要以调制发射机、接收机、天线、中央控制器等组成。发射机的调制主要有调幅和调频两种。调制器内每个通道都单设一个副载频，用于一路语言的调制。而多路调制信号则用合成的一根调制装置的天线发射，天线布置在会议室厅的地面或墙面。长波接收机接收感应信号，系统具有不受场地限制、可流动使用，安装调试使用方便等优点，如图2-17所示。

3) 红外调制设备主要由调制发射机、红外辐射器、红外接收机组成。其二次调制是用副载波调频、红外光调幅来传送信号。优点是带宽、抗干扰、保密性强。

红外调制发射机设有多个副载波，可进行多路语言调制，将调制的多个副载波合成后对红外光进行调幅，通过会场顶部的红外光发射管阵列板辐射全场。与会人员通过接收机收听信号，通过开关调频收听不同频道信号。红外同声传译系统结构原理如图2-18所示。

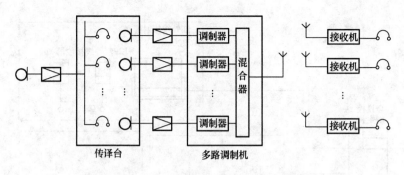

图 2-17 无线同声传译系统结构原理框图

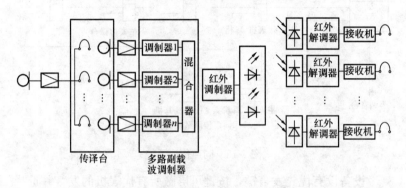

图 2-18 红外同声传译系统结构原理图

51. 同声传译系统的工作原理是怎样的?

现以某会议中心同声传译系统（如图 2-19 所示）进行说明。

1＋2 表示 1 种语言翻译成两种语言并通过红外发射器发射，与会者用耳机和接收机接收翻译的语言。其主要由会议控制主机、主席话筒、代表话筒、翻译台话筒、红外线辐射器、红外线接收器、耳机等组成。

（1）会议控制主机

主要是处理、接收演讲人的语言，并通过翻译台、红外辐射器发送红外信号。

（2）主席话筒语言选择器

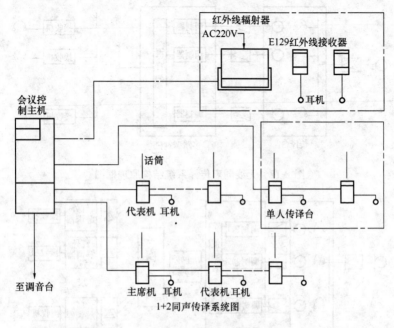

图 2-19 同声传译系统

设备设有优先发言键,按键可屏蔽所有代表机的发言并选择需要的语言。

(3) 代表话筒语言选择器

按动话筒开关键,光环闪亮,代表语言送入主机,主席可选择需要的语言倾听其发言的内容。

(4) 翻译台

翻译员戴上耳机听取发言内容并翻译成所需要的语言,通过话筒选择相应通道送往主机,主机通过红外辐射器送至大厅。

(5) 话筒

是翻译、主席、代表的共用话筒,按键 ON 时可讲话,OFF 为关闭。

(6) 红外辐射器

是利用红外信号将语言覆盖全场。

(7) 耳机

是主席、会议代表、译员、红外线接收器单元共用设备,翻译的语言通过耳机送给所有人。

52. 数字会议网络(DCN)有哪些特点?

数字会议网络(DCN)利用网络系统传输和处理数字信号,一种是以软件对设备实施调整与控制,另一种是自动控制。均具有操作方便的特点。

DCN 在多语言、多人员、多功能、高音质、保密等方面占相当优势,并可随时扩大规模和增加功能。DCN 系统的功能包括代表认证和登记、电子表决、资料分配和显示、多种语言同声传译、话筒管理等(如图 2-20 所示)。

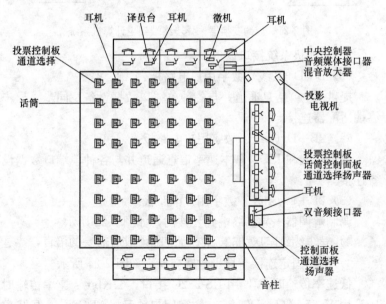

图 2-20 大型会议用 DCN 系统

该系统采用的模块化结构包括即席发言设备、中央控制设备、同声传译和语种分配设备、专用软件模块、资料显示系统和安装设备；并可以补充外部设备，如电视和点阵显示器、监听器、个人电脑、前置放大器、打印机、音箱等。

53. 数据通信设备包括哪些？

1）异步数据终端至主计算机系统，如图 2-21 所示。

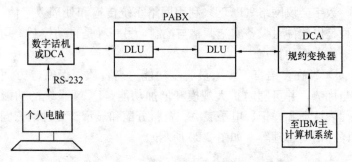

图 2-21 规约变换器—异步终端到主计算机系统

2）交换机系统接口设备

（1）B+D（2线）数字用户电路板

提供 B+D 信息通道并与各种单端口数据设备及同步、异步终端适配器连接。

（2）2B+D（2线）数字用户电路板

提供 2 线和 ISDN 基本速率信息通道并与各种单端口数据设备连接。

（3）2B+D（4线）数字用户电路板

调制解调器—异步终端到公共网，如图 2-22 所示。

3）异步终端至 X.25 网络，如图 2-23 所示。

4）同步固定连接与异步数据交换，如图 2-24 所示。

低速率传输时 P/E 用 RS-232C 接口，64Kbit/s 速率传输时 P/E 用 V.35 接口，DLU——数字用户单元，ADCA——异步数据通信适配器，SDCA——同步数据通信适配器，MUX——时分多路复用器，异步端口可以是专用的或固定的；在两套数字用户交换机之间使用 2.048Mbit/s 数字中继连接。

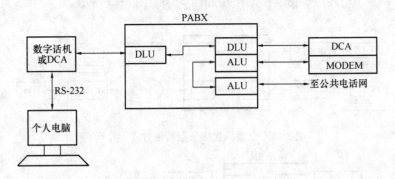

图 2-22 调制解调器—异步终端到公共网

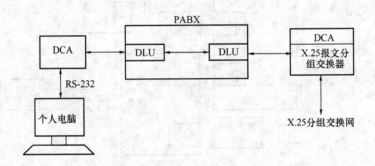

图 2-23 异步终端至 X.25 网络

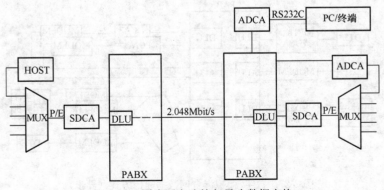

图 2-24 同步固定连接与异步数据交换

5）其他数据通信的应用如图 2-25～图 2-29 所示。

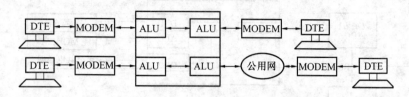

图 2-25　全模拟连接数据通信方式（异步）

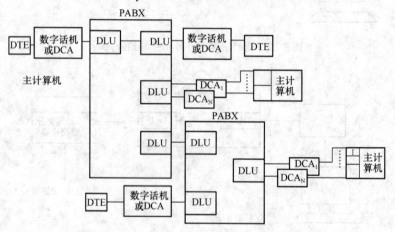

图 2-26　全数字连接数据通信方式

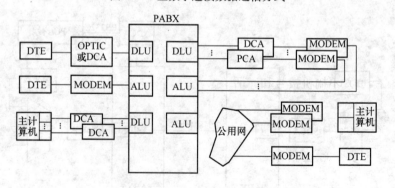

图 2-27　数字/模拟混合网数据通信方式（异步）

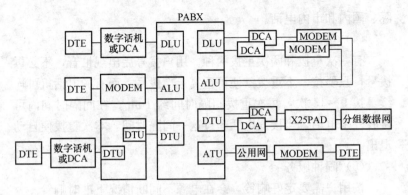

图 2-28 大型会议用 DCN 系统

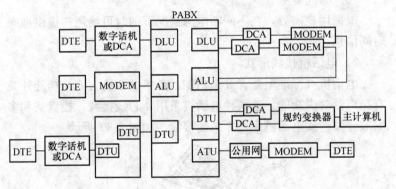

图 2-29 大型会议用 DCN 系统

54. 电话机功能有哪些？接线形式是怎样的？

1）电话机功能如下：

（1）不摘机拨号和通话

通话时不必持手柄，通话过程仅用扬声器进行。

（2）电话号码储存

可将十几个或几十个电话号码存在电话机里，使用时只按一个键便可拨号通话。

（3）缩位拨号

常用的电话号码，仅按两位代号便代替多位原号码接通国际、国内和市内电话。

(4) 重拨

有一次重拨和两次重拨两种。用户拨号后出现忙音，不必再拨号，只要按一下重拨键便可重复上次拨号，而有的电话机可连续重拨 9～15 次，每次重拨间隔时间约 1min，在间隔时间内可接收外来电话，当接入电话超过这一间隔时间，本次重拨便自动退出。

(5) 闹钟服务

按用户需要定好响铃，会在电源不间断情况下准时响铃。

(6) 时间服务

根据用户需要，在不间断电源情况下随时可给用户提供准确时间信息。

2) 电话机接线形式

电话机（标准型）含 8 个功能，豪华电话机含 8 个功能外又有扬声器对讲功能。这两种电话机采用 4 芯线接线，拨盘式和多频双音按键式电话机采用 2 芯线接线。如图 2-30 所示。

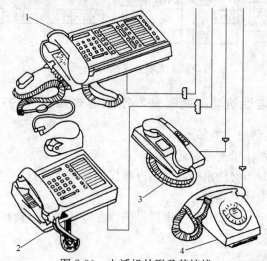

图 2-30　电话机外形及其接线

1—话务台豪华型电话机；2—标准型电话机；3—按键电话机；4—拨盘式电话机

55.《固定电话交换设备安装工程验收规范》

（YD/T 5077—2005）中对工程验收有哪些规定？

（1）系统功能建立

①系统初始化；

②系统程序、自动或人工数据交换；

③系统自动或人工再启动。

（2）系统交换功能

①市话出局及本局，其中包括移动局呼叫；

②市话汇接呼叫；

③与各类用户交换机的来往电话呼叫；

④国际、国内来往电话呼叫（包括全自动、半自动、人工）；

⑤长—市或市—长局间中继电路呼叫及局间呼叫；

⑥计费功能，监控计费标准和准确性；

⑦非话业务；

⑧特殊业务呼叫；

⑨新业务扩展性能；

⑩对 SSP 应检测智能网功能；

⑪ISDN 功能。

（3）系统维护管理功能

①软件版本是否符合合同规定；

②人机命令复核；

③报警系统测试；

④话务监察和统计；

⑤例行检测；

⑥用户线和中继线的人工检测；

⑦局数据、用户数据生成规范化管理；

⑧故障诊断；

⑨冗余设备的自动置换；

⑩输出、输入设备性能检测。

（4）系统信号方式及网络

①用户信号方式（数字、模拟）；
②局间信令方式（共路、随路）；
③系统网同步功能；
④系统网管功能。

56. 固定电话交换设备安装工程初验测试有哪些要求？

1）初验测试应在安装验收和软件检查合格的基础上进行；软件修改必须征得验收主管部门同意。

2）当初验测试主要指标（接通率、计费准确率及可靠性等）达不到要求时，应由供货厂家负责整改处理；并按安装、移交和验收工作流程（如图 2-31 所示）的顺序进行重新验收。

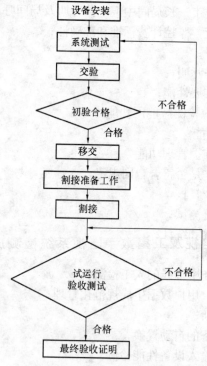

图 2-31 安装、移交和验收工作流程图

57. 工程最终验收（竣工验收）有哪些要求？

1) 竣工验收技术文件

施工单位应在竣工验收前将一式五份竣工技术文件向建设单位移交。竣工技术文件包括以下内容：

(1) 安装工程量清单；
(2) 工程概况；
(3) 各种测试报告；
(4) 竣工图样；
(5) 施工检查记录和阶段性验收报告；
(6) 设计变更；
(7) 重大工程质量事故记录；
(8) 已安装设备清单；
(9) 开工、停（复工）报告；
(10) 工程验收证书。

2) 工程竣工验收内容

(1) 确认各阶段检测报告；
(2) 验收组认为应复验的项目；
(3) 设备清点；
(4) 工程评定及签收。

3) 工程竣工验收

对不合格项验收组查明原因，分清责任并提出处理意见。

58. 有线电视及卫星数字电视系统检测应符合哪些要求？

1) 有线电视及卫星数字电视系统的安装质量应符合现行国家标准的相关规定。

2) 卫星天线的安装质量、功放器和接收站的位置、高频头至室内单元的线距、电视线连接的可靠性应符合设计要求。

3) 卫星数字电视的输出电平应符合现行国家标准的相关

规定。

4) 有线电视系统的性能指标应符合表 2-19 的规定；电视图像质量主观评价标准见表 2-20，且不低于 4 分。

有线电视主要技术指标　　　　　表 2-19

序号	项目名称	测 试 频 道	主观评测标准
1	系统输出电平 /dBμV	系统内的所有频道	60～80
2	系统载噪比	系统总频道的 10%且不少于 5 个，不足 5 个全检，且分布于整个工作频段的高、中、低段	无噪波，即无"雪花干扰"
3	载波互调比	系统总频道的 10%且不少于 5 个，不足 5 个全检，且分布于整个工作频段的高、中、低段	图像中无垂直、倾斜或水平条纹
4	交扰调制比	系统总频道的 10%且不少于 5 个，不足 5 个全检，且分布于整个工作频段的高、中、低段	图像中无移动、垂直或斜图案，即无"串台"
5	回波值	系统总频道的 10%且不少于 5 个，不足 5 个全检，且分布于整个工作频段的高、中、低段	图像中无沿水平方向分布在右边一条或多条轮廓线，即无"重影"
6	色/亮度时延差	系统总频道的 10%且不少于 5 个，不足 5 个全检，且分布于整个工作频段的高、中、低段	图像中色、亮信息对齐，即无"彩色鬼影"
7	载波交流声	系统总频道的 10%且不少于 5 个，不足 5 个全检，且分布于整个工作频段的高、中、低段	图像中无上下移动的水平条纹，即无"滚道"现象
8	伴音和调频广播的声音	系统总频道的 10%且不少于 5 个，不足 5 个全检，且分布于整个工作频段的高、中、低段	无背景噪声，如嗒嗒声、哼声、蜂鸣声和串音等

图像的主观评价标准 表 2-20

等级	图像质量损伤程度
5 分	图像上未觉察有损伤或干扰存在
4 分	图像上有稍可觉察的损伤或干扰,但不令人讨厌
3 分	图像上有明显觉察的损伤或干扰,令人讨厌
2 分	图像上损伤或干扰较严重,令人相当讨厌
1 分	图像上损伤或干扰极严重,不能观看

5) HFC 网络和双向数字电视系统正向测试相位抖动和调制误差率,反向测试的脉冲噪声、侵入噪声、隔离度的参数指标应符合设计要求;并应检测其 VOD、图文播放、数据通信等功能;系统的频率配置、抗干扰性能,用户输出电平应为 62~68dBμV;HFC 用户分配网应采用中心分配结构,应有上行信号汇集均衡及可寻址路权控制等功能。

59. 我国广播电视频道的频率是如何配制的?

1) 我国波段的划分如表 2-21 所示。

波段的划分 表 2-21

波 段	频率范围/MHz	业务内容
Ⅰ 波段	48.5~92.0	电视
FM 波段	87.0~108.0	声音
A 波段	111.0~167.0	电视
Ⅲ 波段	167.0~223.0	电视
B 波段	223.0~295.0	电视
Ⅳ 波段	470.0~566.0	电视
Ⅴ 波段	606.0~958.0	电视

注:A、B 波段为增补频道专用波段。

2) 电视频道的频率配置如表 2-22 所示。

电视频道的频率配置 表 2-22

波段	频道	频率范围/MHz	图像载波频率/MHz	伴音载波频率/MHz
Ⅰ波段	DS-1	48.5~56.5	49.75	56.25
	DS-2	56.5~64.5	57.75	64.25
	DS-3	64.5~72.5	65.75	72.25
	DS-4	76.0~84.0	77.25	83.75
	DS-5	84.0~92.0	85.25	91.75
A波段	Z-1	111.0~119.0	112.25	118.75
	Z-2	119.0~127.0	120.25	126.75
	Z-3	127.0~135.0	128.25	134.75
	Z-4	135.0~143.0	136.25	142.75
	Z-5	143.0~151.0	144.25	150.75
	Z-6	151.0~159.0	152.25	158.75
	Z-7	159.0~167.0	160.25	166.75
Ⅲ波段	DS-6	167.0~175.0	168.25	174.75
	DS-7	175.0~183.0	176.25	182.75
	DS-8	183.0~191.0	184.25	190.75
	DS-9	191.0~199.0	192.25	198.75
	DS-10	199.0~207.0	200.25	206.75
	DS-11	207.0~215.0	208.25	214.75
	DS-12	215.0~223.0	216.25	222.75
B波段	Z-8	223.0~231.0	224.25	230.75
	Z-9	231.0~239.0	232.25	238.75
	Z-10	239.0~247.0	240.25	246.75
	Z-11	247.0~255.0	248.25	254.75
	Z-12	255.0~263.0	256.25	262.75
	Z-13	263.0~271.0	264.25	270.75
	Z-14	271.0~279.0	272.25	278.75
	Z-15	279.0~287.0	280.25	286.75
	Z-16	287.0~295.0	288.25	294.75

续表

波段	频道	频率范围/MHz	图像载波频率/MHz	伴音载波频率/MHz
Ⅳ波段	DS-13	470.0~478.0	471.25	477.75
	DS-14	478.0~486.0	479.25	485.75
	DS-15	486.0~494.0	487.25	493.75
	DS-16	494.0~502.0	495.25	501.75
	DS-17	502.0~510.0	503.25	509.75
	DS-18	510.0~518.0	511.25	517.75
	DS-19	518.0~526.0	519.25	525.75
	DS-20	526.0~534.0	527.25	533.75
	DS-21	534.0~542.0	535.25	541.75
	DS-22	542.0~550.0	543.25	549.75
	DS-23	550.0~558.0	551.25	557.75
	DS-24	558.0~566.0	559.25	565.75
Ⅴ波段	DS-25	606.0~614.0	607.25	613.75
	DS-26	614.0~622.0	615.25	621.75
	DS-27	622.0~630.0	623.25	629.75
	DS-28	630.0~638.0	631.25	637.75
	DS-29	638.0~646.0	639.25	645.75
	DS-30	646.0~654.0	647.25	653.75
	DS-31	654.0~662.0	655.25	661.75
	DS-32	662.0~670.0	663.25	669.75
	DS-33	670.0~678.0	671.25	677.75
	DS-34	678.0~686.0	679.25	685.75
	DS-35	686.0~694.0	687.25	693.75
	DS-36	694.0~702.0	695.25	701.75
	DS-37	702.0~710.0	703.25	709.75
	DS-38	710.0~718.0	711.25	717.75
	DS-39	718.0~726.0	719.25	725.75

续表

波段	频道	频率范围/MHz	图像载波频率/MHz	伴音载波频率/MHz
V波段	DS-40	726.0~734.0	727.25	733.75
	DS-41	734.0~742.0	735.25	741.75
	DS-42	742.0~750.0	743.25	749.75
	DS-43	750.0~758.0	751.25	757.75
	DS-44	758.0~766.0	750.25	765.75
	DS-45	766.0~774.0	767.25	773.75
	DS-46	774.0~782.0	775.25	781.75
	DS-47	782.0~790.0	783.25	789.75
	DS-48	790.0~798.0	791.25	797.75
	DS-49	798.0~806.0	799.25	805.75
	DS-50	806.0~814.0	807.25	813.75
	DS-51	814.0~822.0	815.25	821.75
	DS-52	822.0~830.0	823.25	829.75
	DS-53	830.0~838.0	831.25	837.75
	DS-54	838.0~846.0	839.25	845.75
	DS-55	846.0~854.0	847.25	853.75
	DS-56	854.0~862.0	855.25	861.75
	DS-57	862.0~870.0	863.25	869.75
	DS-58	870.0~878.0	871.25	877.75
	DS-59	878.0~886.0	879.25	885.75
	DS-60	886.0~894.0	887.25	893.75
	DS-61	894.0~902.0	895.25	901.75
	DS-62	902.0~910.0	903.25	909.75
	DS-63	910.0~918.0	911.25	917.75
	DS-64	918.0~926.0	919.25	925.75
	DS-65	926.0~934.0	927.25	933.75
	DS-66	934.0~942.0	935.25	941.75
	DS-67	942.0~950.0	943.25	949.75
	DS-68	950.0~958.0	951.25	957.75

注：1. Z-1 至 Z-16 频道系电缆分配系统增补频道，不能申请保护。
   2. DS-5 频道尽量不采用。

3）FM 调频广播电视频道的频率配置。87.0MHz 至 107.9MHz，载频间隔 100kHz，共 210 个载频点。

4）电缆分配系统的导频频率配置如下：

（1）一导频：47.0MHz。

（2）二导频：110.7MHz。

（3）三导频：229.5MHz。

其中一、三导频适用于双导频电缆分配系统，二号频适用于单导频电缆分配系统。其电视频道的配置如图 2-32 所示。

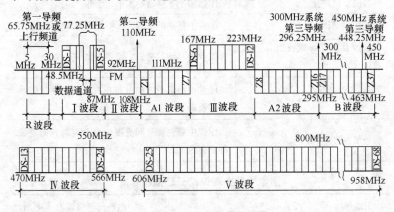

图 2-32　电视频道配置图

60. 电视图像质量分级的标准有哪些？

电视图像质量分级标准包括场强范围划分、主观评价项目和图像质量五级损伤标准。

1）场强范围划分如表 2-23 所示。

场强范围的划分　　　　　　　表 2-23

场强划分	VHF		UHF		SHF
	μV/m	dBμV/m	mV/m	dBμV/m	dBμV/m
强场强	50	＞94	199	＞106	
中场强	5	74	199～19	86～106	约 109
弱场强	0.5	54	19～1.99	66～86	约 114
微场强	0.10	＜40	＜1.99	＜66	约 120

2) 主观评价项目如表 2-24 所示。
3) 图像质量主观评价五级损伤标准如表 2-25 所示。

主观评价项目　　　　　　　　　　　表 2-24

项 目 名 称	现 象
载噪比	图像中的噪波即"雪花干扰"
电视伴音和调频广播的声音质量	背景噪声，如咝咝声，哼声，蜂声和串音等
载波交流声比	图像中上下移动的水平条纹即"滚道"
交扰调制比	图像中移动的垂直或倾斜的图案即"串台"
载波互调比，载波组合三次差拍比	图像中移动的垂直、倾斜或水平条纹
回波值	图像中沿水平方向分布在右边的重复轮廓线即"重影"
色度/亮度时延差	图像中彩色信息和亮度信息没有对齐的现象即"彩色鬼影"

图像质量主观评价五级损伤标准　　　　表 2-25

图像等级 Q	图像质量损伤程度	电视信号强弱 / (dBμV/m)	信噪比 (S/N)
5级（优）	图像上未觉察有损伤或干扰存在	大于60	45.5
4级（良）	图像上有稍可觉察的损伤或干扰，但并不令人讨厌	45～60	34.5
3级（中）	图像上有明显觉察的损伤或干扰，令人感到讨厌	30～45	30
2级（差）	图像上损伤或干扰较严重，令人相当讨厌	20～30	25
1级（劣）	图像上损伤或干扰极严重，不能观看	小于20	23

61. 卫星电视接收系统有哪些技术参数?

1) 卫星电视广播频率范围及应用区域如表 2-26 所示。
2) 卫星电视频道的划分如表 2-27 和表 2-28 所示。
3) 卫星电视地面接收系统的指标如表 2-29 所示。

卫星电视广播频率范围及应用区域　　　　表 2-26

波　段		频率范围/GHz	带宽/MHz	应用地区
L		0.62~0.79	170	全球各地使用
S		2.5~2.69	190	全球各地使用
KU	K_1	11.7~12.2	500	第二、三区使用
		11.7~12.5	800	第一区使用
		12.5~12.75	250	第三区使用
	K_2	22.5~23	600	第二、三区使用
O_2		40.5~42.5	2000	全球各地使用
85		84~85	2000	全球各地使用
C		3.7~4.2		中国使用

注：第一区为欧洲、非洲、土耳其、阿拉伯半岛、原苏联的亚洲地区、蒙古；第二区为南、北美洲；第三区为亚洲大部分（除上述第一区外）和大洋洲。

C 波段卫星电视广播频道划分（中心频率 MHz）　　表 2-27

频道	频率	频道	频率	频道	频率	频道	频率
1	3727.48	7	3842.56	13	3957.64	19	4072.72
2	3746.66	8	3861.74	14	3976.82	20	4091.90
3	3765.84	9	3880.92	15	3996.00	21	4111.08
4	3785.02	10	3900.10	16	4015.18	22	4130.26
5	3804.20	11	3919.28	17	4034.36	23	4149.44
6	3823.38	12	3938.46	18	4053.54	24	4168.62

K_1 波段卫星电视广播频道划分（中心频率 MHz） 表 2-28

频道	频率	频道	频率	频道	频率	频道	频率
1	11727.48	11	11919.28	21	12111.08	31	12302.88
2	11746.66	12	11938.46	22	12130.26	32	12322.06
3	11765.84	13	11957.64	23	12149.44	33	12341.24
4	11785.02	14	11976.82	24	12168.62	34	12360.42
5	11804.20	15	11996.00	25	12187.80	35	12379.60
6	11823.38	16	12015.18	26	12206.98	36	12398.78
7	11842.56	17	12034.36	27	12226.16	37	12417.96
8	11861.74	18	12053.54	28	12245.34	38	12437.14
9	11880.92	19	12072.72	29	12264.52	39	12456.32
10	11900.10	20	12091.90	30	12283.70	40	12475.50

注：1. 第一区使用的 K_1 波段 11.7～12.5GHz 频率划分为 40 个频道，第三区使用的波段 11.7～12.2GHz 频率划分为 24 个频道。

2. 第一区用于欧洲、非洲、土耳其、阿拉伯半岛、前苏联亚洲地区、蒙古，第三区用于亚洲大部分（除一区所列外）和大洋洲。

卫星电视地面接收系统的指标 表 2-29

序号	技术参数	天线口径 /m	技术指标 优等	技术指标 一等	技术指标 合格	条件要求	备 注
1	接收频段 /GHz	—	3.7～4.2			—	—
2	品质因数 (G_0/T) /(dB/K)	3	20.3	19.3	18.2	必测天线仰角为 20°	$(G_0/T)>(G/T)$ $+20\lg\dfrac{f(\text{GHz})}{3.95}$
2	品质因数 (G_0/T) /(dB/K)	4	22.8	21.8	20.7	必测天线仰角为 20°	$(G_0/T)>(G/T)$ $+20\lg\dfrac{f(\text{GHz})}{3.95}$
2	品质因数 (G_0/T) /(dB/K)	4.5	24.3	23.2	22.2	必测天线仰角为 20°	$(G_0/T)>(G/T)$ $+20\lg\dfrac{f(\text{GHz})}{3.95}$
2	品质因数 (G_0/T) /(dB/K)	5	25.3	24.1	23.1	必测天线仰角为 20°	$(G_0/T)>(G/T)$ $+20\lg\dfrac{f(\text{GHz})}{3.95}$
2	品质因数 (G_0/T) /(dB/K)	6	26.7	25.7	24.7	必测天线仰角为 20°	$(G_0/T)>(G/T)$ $+20\lg\dfrac{f(\text{GHz})}{3.95}$
2	品质因数 (G_0/T) /(dB/K)	7.5	28.7	27.7	26.6	必测天线仰角为 20°	$(G_0/T)>(G/T)$ $+20\lg\dfrac{f(\text{GHz})}{3.95}$
3	静态门限值 (C/N)/dB 不大于	—	7	8	8	必测	—

续表

序号	技术参数	天线口径/m	技术指标 优等	技术指标 一等	技术指标 合格	条件要求	备注
4	增益稳定性/(dB/h)不大于	—		0.36		—	—
5	微分增益失真(DG)(%)不次于	—	±5	±8	±10	必测	
6	微分相位失真(DP)/(°)不次于	—	±3	±4	±5	必测	
7	亮度/色度增益不等(ΔK)(%)不次于	—	±5	±8	±10	必测	
8	亮度/色度延时不等(Δγ)/ns不次于	—		±50		必测	
9	图像信杂比(S/N)/dB不小于	—		34.2 或 32.2（不加权值）		必测	
10	伴音信噪比/dB不小于	—		有效值测量48.4 准峰值测量43.4（加权值）		必测	
11	谐波失真(%)不大于	—	1.5	2	2	必测	
			1	1.5	1.5		
12	接收机功耗/W不大于	—	30				

注：本表依据《卫星电视地球接收站通用技术条件》(GB 11442—1989)卫星电视接收站通用技术条件(C波段)规定了地面接收系统的指标。这些要求不仅是设计和制造的依据，也是选用系统和安装调试的标准。

62. 对卫星电视接收天线有哪些技术要求？

1）不同口径卫星电视接收天线技术参数如表 2-30 所示。

不同口径的卫星电视接收天线的技术参数　　表 2-30

天线口径（m）	1.8	2.4	3	3.2	3.5	4.5	6	7.6
增益（dB）	35.5	37.8	40	40.5	41.5	43.5	47	57
焦距（mm）	720	960	1125	1125	前 1135 后 1180	前 1800 后 1630	前 2100 后 1906	后 2000
俯仰调整（°）	0～90							
方位调整（°）	360						（±80）电动	
使用环境（℃）	－30～50							
频率范围（GHz）	3.7～4.2							
抗风	8 级正常工作；10 级保证精度；12 级不被损坏							
质（重）量（kg）	80	95	180	195	250	480	1500	2200

2）卫星电视接收系统天线口径与图像质量的关系如表 2-31 所示。

卫星电视接收系统接收天线口径与图像质量的关系　　表 2-31

Q 等级	30	33	36	38
3.5	6	4.3	3	2.4
4	8	6	4.3	3.4

3）卫星电视接收系统各种口径天线的增益、效率及噪声温度如表 2-32 所示。

卫星电视接收系统各种口径天线的增益、效率和噪声温度

表 2-32

天线口径/m		7.5	6	5	4.5	4	3	2.4	2.0	1.8	1.5	1.2
增益（G）（dB）不小于	优等	48.3	46.3	44.8	43.8	42.5	40.0	38.7	36.49	35.57	33.63	31.7
	一等	48.0	46.0	44.4	43.5	42.2	39.7	37.72	36.14	35.22	33.25	31.31
	合格	47.6	45.7	44.1	43.2	41.8	39.3	37.35	35.34	34.43	32.84	30.9

续表

天线口径/m		7.5	6	5	4.5	4	3	2.4	2.0	1.8	1.5	1.2
效率（η）(%) 不小于	优等	70	70	70	70	65	65	65	65	65	60	60
	一等	65	65	65	65	60	60	60	60	60	55	55
	合格	60	60	60	60	55	55	55	50	50	50	50
噪声温度 T_a/K（仰角为20°）不大于	优等	25	25	25	25	28	28	31	31	31	36	36
	一等	32	32	32	32	35	35	38	38	38	43	43
	合格	41	41	41	41	44	44	47	47	47	47	47

63. 对卫星电视接收站的性能有哪些要求？

1）对卫星电视接收站的性能一般要求如表 2-33 所示。

卫星电视接收站的一般要求　　　表 2-33

项　目	性　能　要　求
图像输出形式	端口数：≥3（专业型含一路复合基带输出） ≥2（普及型） 阻抗：75Ω（不平衡）　电平：1V_{p-p}（正极性）
伴音输出形式	端口数：≥2 阻抗：600Ω（不平衡）　电平：0±6dB（可调）
连接电缆	损耗：≤5dB　长度（m）：10、20、30 室外、室内单元间连接 30m 电缆时，不影响接收质量
功率分配器	连接端口：FL_{10}-ZY1（输出，输入） 端口数：2、4　隔离度：≥2dB　插入损耗：≤0.5dB 回波损耗：≥17dB（输入、输出口）
天线的抗风能力与环境要求	8 级风：正常工作　10 级风：降低精度工作　12 级风：不被破坏（天线朝天锁定） 环境温度：-25～55℃　相对湿度：5％～95％　气压：86～106kPa

2）卫星电视接收站用电性能要求如表 2-34 所示。

卫星电视接收站的电性能要求　　表 2-34

技 术 数 据	要　求			
	专业型		普及型	
接收频段	3.7～4.2GHz		3.7～4.2GHz	
品质因数（G_0/T） 注：$(G/T) \geqslant (G_0/T)$ $+20\lg \dfrac{f(\text{GHz})}{3.95}$ 天线仰角为 20°，晴天	天线口径/m	dB/km	天线口径/m	dB/km
	3	20.6	1.2	12.03
	4	23.1	1.5	13.97
	4.5	24.6	1.8	15.56
	5	25.6	2.0	16.47
	6	27.2	2.4	18.48
	7.5	29.1		
静态门限值（C/N）	≤8dB		≤8dB	
增益稳定性	≤0.36dB/h		≤0.36dB/h	
微分增益失真（DG）	±10%		±12%	
微分相位失真（DP）	±5°		±8°	
亮度/色度增益不等（ΔK）	±10%		±15%	
亮度/色度延时不等（ΔY）	±50ns		±80ns	
图像信噪比（不加数值）	≥35.5dB		≥33dB	
伴音信噪比（不加数值）	≥50.5dB		≥48dB	
伴音谐波失真	$0.04 \leqslant f(\text{kHz}) \leqslant 0.13$	≤2%		≤2%
	$0.13 \leqslant f(\text{kHz}) \leqslant 3.0$	≤1.5%		≤1.5%
	$3.0 \leqslant f(\text{kHz}) \leqslant 7.5$	≤1.5%		≤2.5%
接收机功耗	≤30W		≤30W	

3）卫星电视天线的电性能要求如表 2-35 所示。

天线的电性能要求　　　　表2-35

技术数据	天线口径/m	要 求	备 注
接收频段	—	3.7~4.2GHz	
天线增益（G_0）	1.2	≥30.90dB	$G \geqslant G_0 + 20\lg \dfrac{f\,(\mathrm{GHz})}{3.95}$
	1.5	≥32.84dB	
	1.8	≥34.43dB	
	2.0	≥35.34dB	
	2.4	≥37.35dB	
	3.0	≥39.30dB	
	4.0	≥41.80dB	
	4.5	≥43.20dB	
	5.0	≥44.10dB	
	6.0	≥45.70dB	
	7.5	≥47.50dB	
天线分系统效率（η）	1.2, 1.5, 1.8, 2.0	≥55%	
	2.4, 3.0, 4.0	≥55%	
	4.5, 5.0, 6.0, 7.5	≥60%	适用于1.2~2.4m偏馈天线
圆极化电压轴化	—	≤1.35	
天线噪声温度	1.2~2.4	≤51K	仰角10°时
	3.0, 4.0	≤48K	
	4.5~7.5	≤45K	
	1.2~2.4	≤47K	仰角20°时
	3.0, 4.0	≤44K	
	4.5~7.5	≤41K	
驻波系数	1.2~2.4	≤1.35	单偏置天线1.20
	3.0~7.5	≤1.30	
交叉极化鉴别率	1.2~3.0	≥23dB	
	4.0~7.5	≥25dB	

续表

技术数据	天线口径/m	要　求	备　注
天线第一旁瓣电平	—	≤−14dB	单偏置天线应比前馈天线低 8dB
天线广角旁瓣包络	波瓣峰值 90％点不应超过包络线		
天线指向调整范围	1.2～2.4	俯仰 5°～85° 方位 0°～360°	
	3.0～5.0	俯仰 0°～90° 方位±90°	
	6.0～7.5	俯仰 0°～90° 方位±70°	

64. 有线电视（CATV）系统的原理是怎样的？

有线电视（CATV）系统原理是在建筑物或建筑群的适当位置安装天线将电视信号混合放大，再通过传输和分配网络送入用户电视接收机，使各位用户都能得到满意的接收效果。因为有线电视系统是有线分配网络，配备设备便可传送调频广播，转播卫星电视节目，配备摄像机通过视频调制器进入系统构成保安闭路电视；装上电视放像机便可自制电视节目。

65. 有线电视（CATV）系统的组成是怎样的？

有线电视（CATV）系统通常由前端、干线和分配分支 3 个部分组成（如图 2-33 所示）。

1）前端部分包括 UHF-VHF 变换器、导频信号发生器、调制器、混合器、传输电缆、自播节目设备、频道放大器、电视接收天线，个别系统还配有卫星电视接收设备。

2）干线部分（室外远距离传输线路）将信号中心与远程几个接收群相连，偏远地区有的长达数公里，信号的衰减随线路的延长而增大，温度越低衰减越大。其干线放大器是补偿电平衰

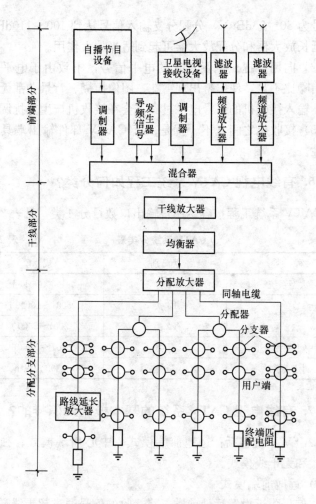

图 2-33 典型 CATV 系统的组成

减,使末端信号有足够电平的设备;均衡器可使干线末端各种频道信号电平基本相同。

3)分配分支部分主要包括线路延长放大器、分支器、分配器、输出端、分配放大器。其作用有:

(1)使干线传来的信号达到满足需要的电平,干线电缆的输出信号为 80~95dBμV，分配分支输入信号达到 100~110dBμV，线路延长放大器和分配放大器可起到适当放大作用。

（2）向用户提供满足要求的电平信号，不致由于电平信号低、信噪比不足，使屏幕出现雪花、图像模糊、背景杂乱无章等干扰；输入接收机的信号电平过高又会在接收机产生交扰调制。

（3）接收机之间互不干扰是由于 CATV 部件输出端具有隔离特性。

66. 有线电视 CATV 系统工程如何分类？

CATV 系统工程按容纳用户输出口数量分 4 类，见表 2-36。

CATV 系统分类表　　　　　表 2-36

种 类	类 别	规 模
大型系统	A 类	10000 户以上
中型系统	B1 类	5001~10000 户
	B2 类	2001~5000 户
中小型系统	C 类	301~2000 户
小型系统	D 类	300 户以下

67. 有线电视 CATV 系统的基本模式是怎样的？

CATV 系统包括：远地前端模式、中心前端模式、独立前端模式和无干线模式。

1）远地前端模式

在信号附近设置远地前端，将接收的信号通过超干线送达本地前端，一般本地前端距信号源较远，如图 2-34 所示。

2）中心前端模式

中心前端设在本地前端的后面，用干线或超干线相连；各中心前端再用干线与支线或用户相连，一般规模较大，如图 2-35 所示。

3）独立前端模式

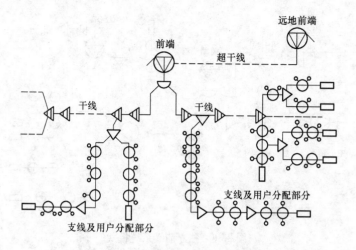

图 2-34 有远地前端的系统模式

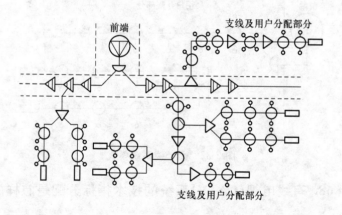

图 2-35 有中心前端的系统模式

用电缆从前端、干线、支线至用户分配网相连,一般规模中等,如图 2-36 所示。

4) 无干线模式

由前端直接引入用户分配网,一般规模较小,不需要设置干线,如图 2-37 所示。

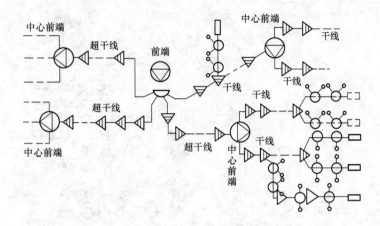

图 2-36 独立前端系统模式

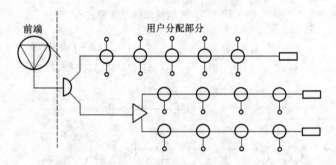

图 2-37 无干线系统模式

68. 有线电视(CATV)系统的技术指标分配是怎样的？

1) 中心前端和远程前端系数指标分配系数应符合表 2-37 的规定。

中心前端和远地前端系统指标分配系数　　　表 2-37

项　目	本地前端	远地前端 中心前端	本地干线 （超干线）	中心干线	分配网络
载噪比	2.5/10	2.5/10	2/10	2/10	1/10
交扰调制比	0.5/10	0.5/10	2.5/10	2.5/10	4/10
载波互调比	0.5/10	0.5/10	2.5/10	2.5/10	4/10

2）独立前端系统指标分配系数应根据干线衰减量 dB 在表 2-38 中选用。

独立前端系统指标分配系数　　　表 2-38

项目	前端		干线		分配网络	
	$A<100dB$	$A>100dB$	$A<100dB$	$A>100dB$	$A<100dB$	$A>100dB$
载噪比	7/10	5/10	2/10	4/10	1/10	1/10
交扰调制比	2/10	1/10	2/10	5/10	6/10	4/10
载波互调比	2/10	1/10	2/10	5/10	6/10	4/10

3）无干线系统指标分配系数应符合表 2-39 的规定。
4）系统载噪比、交扰调制比、载波互调比的最小设计值应符合表 2-40 的规定。

无干线系统指标分配系数　　表 2-39

项目	前端	分配网络
载噪比	4/5	1/5
交扰调制比	1/5	4/5
载波互调比	1/5	4/5

系统载噪比、交扰调制比、载波互调比的最小设计值　表 2-40

项目	设计值(dB)
载噪比（C/N）	44
交扰调制比（CM）	47
载波互调比（IM）	58

5）载噪比、交扰调制比、载波互调比的分贝值可按下式计算：

$$[C/N]\ X=44-10\lg a$$
$$[CM]\ X=47-20\lg b$$
$$[IM_2]\ X=58-10\lg c$$

69. 有线电视（CATV）系统的技术参数有哪些？

1）系统输出口频道间电平差应符合表 2-41 的规定。

系统输出口频道间电平差（单位：dB） 表 2-41

频　道	频　段	系统输出口电平差
任意频道	超高频段	13
	甚高频段	10
	甚高频段中任意 60MHz 内	6
	超高频段中任意 100MHz 内	7
相邻频道		2

2）系统载噪比、交扰调制比的最小设计值应符合表 2-42 的规定。

系统载噪比、交扰调制比、载波互调比的最小设计值（单位：dB） 表 2-42

项　目	设计值	项　目	设计值
载噪比（C/N）	44	载波互调比（IM）	58
交扰调制比（CM）	47		

3）有线电视下行传输系统主要技术参数应符合表 2-43 的规定。

有线电视下行传输系统主要技术参数 表 2-43

项　目		电视广播	调频广播
系统输出口电平（dBμV）		60～80	47～70(单声道或立体声)
系统输出口频道间载波电平差	任意频道间(dB)	≤10 ≤8(任意 60MHz 内)	≤3(VHF 段)
	相邻频道间(dB)	≤3	≤6(任意 600kHz 内)
	伴音对图像(dB)	−14～−23(邻频传输系统) −7～−20(其他)	—
频道内幅度频率特性(dB)		任何频道内幅度变化不大于±2；在任何 0.5MHz 频率范围内，幅度变化不大于 0.5	任何频道内幅度变化不大于 2；在载频的 75kHz 频率范围内，变化斜率每 10kHz 不大于 0.2

续表

项　目		电视广播	调频广播
载噪比(dB)		≥43(B=5.75MHz)	≥41(单声道) ≥51(立体声)
载波互调比(dB)		≥57(对电视频道的单频干扰) ≥54(电视频道内单频互调干扰)	≥60(频道内单频干扰)
载波组合三次差拍比(dB)		≥54(对电视频道的多频互调干扰)	—
交扰调制比(dB)		46+10lg(N-1) (式中 N 为电视频道数)	
载波交流声比(dB)		≥46	
邻频道抑制(dB)		≥60	
带外寄生输出抑制(dB)		≥60	
色度—亮度时延差(ns)		≤100	
回波值(%)		≤7	
微分增益(%)		≤10	
微分相位(°)		≤10	
频率稳定度	频道频率(kHz)	±25	±10(24h内) ±20(长时间内)
	图像(伴音)频率间隔(kHz)	±5	—
系统输出口相互隔离度		≥30(VHF段) ≥22(其他)	
特性阻抗(Ω)		75	
相邻频道间隔		8MHz	≥400kHz
数据传输质量	群时延(ns)	≥50	—
	数据反射波比(%)	≥10	—

续表

项目		电视广播	调频广播
辐射与干扰	寄生辐射	待定	
	中频干扰（dB）	比最低电视信号电平低10	—
	抗扰度（dB）	待定	
	其他干扰	按相应国家标准	

注：GB 50200—1994《有线电视系统工程技术规范》对CATV系统的主要参数和指标要求如下：
（1）系统载噪比、交扰调制比和载波互调比的最小设计值应符合表4-44的规定。
（2）系统输出口电平设计值宜符合下列要求：
　　①非邻频系统可取 70 ± 5dBμV。
　　②采用邻频传输的系统可取 64 ± 4dBμV。
（3）系统输出口频道间的电平差的设计值不应大于表4-45的规定。

4）电缆分配系统主要技术参数应符合表2-44的规定。

电缆分配系统主要技术参数　　　　表2-44

项目			电视广播	调频广播
频率范围(MHz)			30~1000	88~108
系统输出口电平	电平范围(dBμV)		57~83(VHF)频段 60~83(UHF)频段	37~80(单)声道 47~80(立)体声
	频道间电平差	任意频道(dB)	≤15(UHF)频段 ≤12(VHF)频段 ≤8(VHF段中任意60MHz内) ≤9(UHF段中任意100MHz内)	8≤(VHF)
		相邻频道(dB)	≤3	≤6(VHF段中任意600kHz)
	图像与伴音差(dB)		≤3	
系统输出口电平	频道内幅度/频率特性(dB)		任何频道内幅度变化不大于±2dB，在任何0.5MHz内，幅度变化不大于0.5dB	任何频道内幅度变化不大于3dB，在载频75kHz范围内，变化斜率每10kHz不大于0.36dB

续表

项 目		电视广播	调频广播
辐射与干扰	寄生辐射	待定	—
	中频干扰	比最低电视信号电平低 10dB(VHF) 不高于最低电视信号电平(UHF)	—
	其他干扰按相应国家标准		
	抗扰度		
信号质量	载噪比(dB)	≥43(B=5.75MHz)	≥41
	载波互调比(dB)	≥57(宽带系统单频干扰) ≥54(频道内干扰)	—
	交扰调制比(dB)	≥46	—
	信号交流声比(dB)	≥46	—
	回波值(%)	≤7	
	微分增益(%)	≤10	
	微分相位(度)	≤12	
	色/亮度时延差(ns)	≤100	
频率稳定度	频道频率(kHz)	±75(本地) ±20(邻道)	±12
	图像伴音差(kHz)	±20(邻道)	—
系统输出口相互隔离(dB)		≥22	
特性阻抗(Ω)		75	
相邻频道间隔		8MHz	>400kHz

5) CATV 系统输入端接口标准应符合表 2-45 的规定。

CATV 系统输入端接口标准　　　　　　　　　　表 2-45

项　目	阻　抗	电　平	备注
射频接口电特性要求	75Ω	—	—
视频接口电特性要求	75Ω	$1V_{p-p}$	正极性
音频接口电特性要求	600Ω（平衡/不平衡）或≥10kΩ	$-6\sim+6$dBm	电平连续可调

6) 邻频道系统的频道划分及应用应符合表 2-46 的规定。

邻频道系统的频道划分及应用　　　　　　　　　表 2-46

系统类型	传输频道数目	可传输的频道号	备　注
450MHz 邻频系统	43 个频道	DS6-12+Z1-37	(1) 根据《有线电视广播系统技术规程》（GY/T 106—1999）广电行业标准，1~5 频道放弃使用 (2) 小城镇的住宅小区、企业，可选用 450MHz 或 550MHz 邻频系统 (3) 大中城市的住宅小区、企业，应选择 750MHz 或 862MHz 系统，有条件的部门宜选择 1GHz 系统
550MHz 邻频系统	53 个频道	DS6-23+Z1-37	
600MHz 邻频系统	60 个频道	DS6-24+Z1-41	
750MHz 邻频系统	80 个频道	DS6-43+Z1-42	
862MHz 邻频系统	93 个频道	DS6-56+Z1-42	

7) 有线电视系统按传输频带分类应符合表 2-47 的规定。

有线电视系统按传输频带的分类　　　　　　　　表 2-47

隔频传输系统	邻频传输系统
VHF 系统、UHF 系统、全频道系统（VHF+UHF）	300MHz 系统、450MHz 系统、550MHz 系统、750MHz 系统、862MHz 系统

8) CATV 系统 5~1000MHz 上行、下行波段划分应符合表 2-48 的规定。

CATV系统5~1000MHz上行、下行波段划分　　表2-48

序号	波段名称	标准频率分割范围（MHz）	使用业务内容
1	R	5~65	上行业务
2	X	65~87	过渡带
3	FM	87~108	调频广播
4	A	110~1000	模拟电视、数字电视、数据通信业务

70. 有线电视（CATV）系统有哪些主要部件？

有线电视（CATV）系统主要部件有放大器、接收天线、混合器与分波器、分配器、分支器、串接单元和用户插座。

放大器有频道放大器、分配放大器、线路放大器、天线放大器、干线放大器；通常在电视电缆线路过长需要补偿损耗的情况下使用。

(1) 频道放大器

有单频道和宽频道两种，单频道的带宽为8MHz，用于放大某一频道电视信号；宽频道放大器一般增益在35dBV，最高可达110dBV以上。

(2) 分配放大器

其输出电平为100dBμV，作用是满足分配器和分支器的需要。

(3) 线路放大器

用于补偿分支器损耗及电缆损耗，通常安装在支干线上，输出端不设分配器，输出电平在103~105dBμV之间。

(4) 天线放大器

用来放大弱信号，一般用于发射台远、磁场弱的环境和信号场强<80dBμV/m时使用，兼有雷电消波作用。

(5) 干线放大器

用于干线能量损耗的补偿，最高频道增益为 22～25dB，用多个放大器在干线上串联具有自动增益控制功能。

71. 混合器与分波器有哪些区别？

混合器将几个信号合为一路，通过宽频带放大器放大，且互不产生影响，并阻止其他信号通过；也可将多个单频道放大器输出的不同信号合为一路，供用户适当选用。

分波器与混合器相反，将一个输入端的多个信号分多路输出，混合器的输出输入端反安装便成了分波器；但有源混合器不得反装。有源混合器和无源混合器可用二分配器进行混合，如图2-38所示。

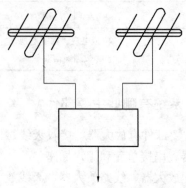

图 2-38　用二分配器进行混合

72. 分配器有哪些功能？

分配器可分配高频信号电能，将放大器或混合器传来的信号平均分配给几条线路，并能保证各传输干线及各输出端之间有 20dB 以上的隔离度。分配损耗在 3.5dB 左右，在 UHF 频段的损耗约为 4dB。分配器有二分配器、三分配器、四分配器和六分配器。常用的为二、三分配器。3 个二分配器可组成一个四分配器，一个二分配器加 2 个三分配器组成一个六分配器。

1）二分配器的组成及工作原理如图 2-39 所示。要求分配器输出输入的阻抗均为 75Ω，图中 T1 是匹配变压器，可构成匹配电路，T2 是分配变压器与 R 组成分配电路，电视信号从 A 点输入，通过匹配变压器到 Q 点，再通过分配变压器 T2 平均将信号能量分配给输出端 B 和 C。

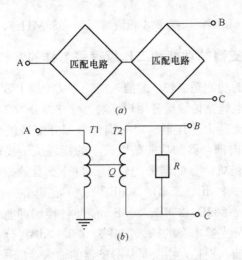

图 2-39
(a) 二分配器的组成；(b) 二分配器的工作原理

2) 三分配器的工作原理如图 2-40 所示，图中 T1 为匹配变压器，T2、T3、T4 为分配变压器，B、C、D 三个输出端所得到的信号是相等的。

按使用场所分为户外型和户内型，按频率分有 UHF 和 VHF 频段分配器。任何一种分配器均可作为混合器使用（但比带通滤波器的抗干扰能力差，选择性差），只是将输出输入端反安装便可。并可在 UHF 或 VHF 频率下工作，在输入端则不受限制。

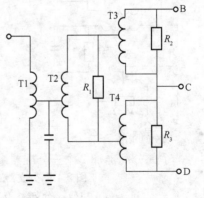

图 2-40 三分配器工作原理图

二分配器的衰减一般为 3.5～4.5dB，性能好的可达 3dB；四分配器的衰减一般为 7～8dB，性能好的可达 6dB。分配器的频段范围为 1～68 频道（4.8

~223MHz)和调频广播FM频段(470~958MHz)。

73. 分支器的功能和工作原理是怎样的?

分支器的功能是以较小的插入损耗,从干线上取出部分信号用高电平馈电线路传输给各用户终端。分支器分为二分支器和四分支器,分支器由变压器、定向耦合器和分配器组成,如图2-41所示。定向耦合器的功能是以较小的损耗从干线取出部分信号功率,经衰减由分配器分配输出。四分支器的损耗为10dB、13dB、16dB、20dB、25dB、30dB;二分支器的损耗为8dB、12dB、16dB、20dB、25dB、30dB。能使各楼层都能得到理想的电视信号,分支器本身的插入损耗为0.5~2dB。分支器在接入系统后会有插入损耗,主要是从分支器的输入端信号电平移至输出端信号电平的损耗,如图2-42所示。电视信号从A端进入,从B端和C端输出。从B端输出的信号点大。

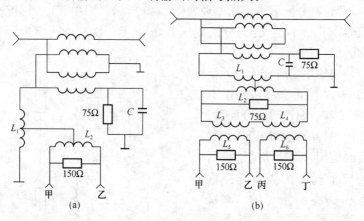

图 2-41 分支器工作原理图
(a) 二分支器;(b) 四分支器

在一个分支线路上的输出端接二分配器成为二分支器;接四分配器便成为四分支器。分支器的带宽为25~240MHz,当UHF频段时为45~960MHz。

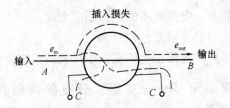

图 2-42 分支器的插入损失

分支器的反向衰减（反向损失），当分支端出现倒流信号形成干扰时，反向隔离对干扰产生抗力；分支器的频率范围及种类与分配器基本相同。分支器的技术数据如表 2-49 所示。

分支器的技术数据　　表 2-49

分支器型号	输入输出及分支标称阻抗（Ω）	分支数	分支衰减（dB）	插入损耗（dB）		反向隔离（dB）		相互隔离（dB）		电压驻波比	
			VHF-UHF	VHF	UHF	VHF	UHF	VHF	UHF	VHF	UHF
Y3708-8dB	75	1	8±2	4	4.5	26	24	—	—	1.4	2
T3708-14dB	75	1	14±2	1.4	2	26	24	—	—	1.4	2
T3708-17dB	75	1	17±2	1.4	2	26	24	—	—	1.4	2
T3708-20dB	75	1	20±2	1.4	2	26	24	—	—	1.4	2
T3708-24dB	75	1	24±2	1.4	2	26	24	—	—	1.4	2
T3709-7dB	75	2	7±2	4	4.5	24	20	20	18	1.4	2
T3709-14dB	75	2	14±2	1.5	2.5	24	22	20	18	1.4	2
T3709-17dB	75	2	17±2	1.4	2	26	24	20	18	1.4	2
T3709-20dB	75	2	20±2	1.4	2	26	24	20	18	1.4	2
T3709-24dB	75	2	24±2	1.4	2	26		20	18	1.4	2

74. 用户插座安装有哪些规定？

1）用户插座处的电平应为 $70±5\text{dB}\mu\text{V}$；

2）用户插座安装的高度一般距地面 $0.3\sim1.8\text{m}$；

3) 用户插座与电源插座的距离不应太远;
4) 其颜色应和墙壁颜色相协调;
5) 有的用户插座面板上还安一个接收调频广播插座。

75. 串接单元（一分支器、分支终端器）的技术性能和规格有哪些?

串接单元（一分支器、分支终端器）与用户插座合为一体使用，串接单元是将一分支器——串联在支线上的，其优点是价格低廉、安装方便简单，缺点是可靠性和耐久性比分支终端器较差。另一种是二分支串接单元（二分支终端器），自身有插座并另分接一用户插座。应注意一分支器的输出输入端不得反接，且串联不宜太多。部分常用分支器的技术性能和规格如表 2-50 所示。

部分常用分支器技术性能和规格　　　表 2-50

名称	型号	使用频率范围(MHz)	分支耦合衰减(dB)	插入损失(dB)	反向隔离(dB)	输入输出阻抗(Ω)	电压驻波比	分支隔离(dB)
串接一分支器	SCF-0571-D		5	≤4	>26		≤1.6	
	SCF-0971-D		9	≤2				
	SCF-1571-D		15	≤0.9				
	SCF-2071-D		20	≤0.6				
	SCF-2571-D		25	≤0.6				
二分支器	SFZ-1072	48.5~223	10	2	25	75	1.6	20
	SFZ-1372		11	1.0				
	SFZ-1672		16	1.0				
	SFZ-2072		20	0.7				
	SFZ-2572		25	0.5				
	SFZ-3072		30	0.5				
四分支器	SFZ-1074		10	4				
	SFZ-1474		14	2.5				
	SFZ-1774		17	1.6				
	SFZ-2074		20	1.0				
	SFZ-2574		25	1.0				
	SFZ-3074		30	1.0				

76. 有线电视系统设计前的准备工作有哪些？

有线电视系统的组成包括天线、线路分配、用户分配、前端等。

1) 系统设计前应广泛收集以下资料：
(1) 建筑物的类型（如饭店、医院、旅馆等）；
(2) 建筑物周边的地形、地貌、建筑物反射遮挡，是否有高大建筑物、干扰源、污染情况及气候条件；
(3) 建筑物的性质（包括原有旧建筑和新建筑）；
(4) 用户分布及系统规模；
(5) 准备接收的电视频道及方位；
(6) 实测接收点电视信号的场强；
(7) 是否有自办节目及其他内容；
(8) 系统发展前景规划。

2) 有线电视系统设计内容包括：

区域的划分、用户数量的预测、转播电视节目的套数、传递其他信息的计划、系统的组成、电视站要求及发展计划、自动节目录像室、天线架设、信号传输方案、设备的选型，以及天线系统所需的建筑物，供电方案，投资效果预测和建设顺序等。

有线电视接收系统应根据现场条件及用户数量的要求，以最节约的方式在能满足需要的前提下适当确定系统的组成，向电视用户提供清晰的图像和最佳的信号电平。

有线电视系统设计的最终目标是为用户提供最佳的电视信号，故系统电平分配的设计和计算具有重要意义。

77. 接收天线选择应掌握哪些原则？

共用天线电视接收系统所用的天线与一般家用接收天线基本相同，只是在材料的质量、电气的性能及机械强度等方面的要求更加严格、所以接收天线的选用应掌握以下原则。

1) 当电视台处在同一方向，电场强度也足够用，各频道电平差较小，且无任何干扰时，用全频带或宽频带天线接收方法。

2）当用于特定频道，现场电场强度较弱、有重像干扰，电波方向与其他频道不同时用单频带和宽频带天线组合使用。

3）当现场干扰较多且低电平时，应使用各频道专用天线。

4）选择接收天线还应考虑现场的气候条件（气温、湿度）及大气污染（海风、海盐、硫化、酸）的侵蚀和腐蚀。这些地域则不宜使用多单元的接收天线，应采用结构坚固简单且增益高的接收天线。

5）彩色电视节目接收机不宜使用频带过窄的高增益电视接收天线。

为提高电视天线输出电平，可使天线增益 Ga 适当高些，一般在共用天线系统中采用多单元高增益天线。

（1）1~4 频道采用 5 单元天线，$Ga \geq 6dB\mu V$。

（2）5 频道采用 5、8 单元天线，强场用 5 单元天线，弱场用 8 单元天线。在场强较弱的海滨区应采用 5 单元天线。

在场强过强或天线方向不够准确使电视产生重影时，可采用同类型天线组成垂直或水平叠层天线。

（3）6~12 频道采用 8 单元天线，$Ga \geq 9.5dB\mu V$。

（4）《建筑电气设计技术规程》规定：大型共用天线电视系统应针对每一接收频率选择单一频道专用接收天线。

78. 前端设备的组成及技术性能有哪些？

1）前端设备的组成

天线放大器、混合器、频道转换器、调制器、导致信号发生器，如图 2-43 所示。

2）前端设备的技术性能

（1）抑制频带内的同频干扰信号和频带外的干扰信号，消除重影信号。

（2）保证输出的电视信号具有一定的信噪比。

（3）保证传输系统具有适宜的信号频谱分布，以及分配系统

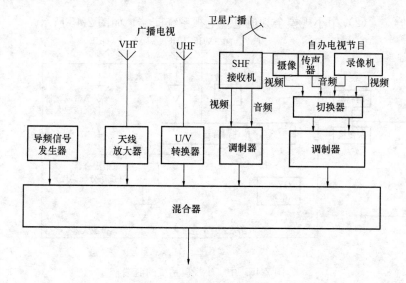

图 2-43 前端系统组成框图

所需要的输出电平。

(4) 前端各频道相邻频道间的电平差＜3dB。在设计有线电视系统前端时，必须考虑噪声的影响与信号电平的关系，在低电平信号时，应计机内噪声，在信号电平较高时，可不计。

3) 全频道共用天线前端设备示例

(1) 小规模共用天线系统前端，如图 2-44 所示。

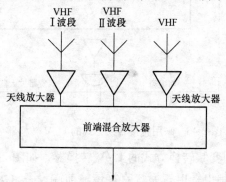

图 2-44 小规模系统的前端设备

(2) 中小规模全频道电缆电视系统前端,如图 2-45 所示。

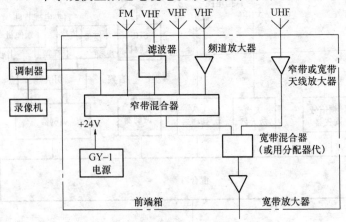

图 2-45　中、小规模系统的前端

(3) 采用直接转换方式的 U/V 转换器,如图 2-46 所示。

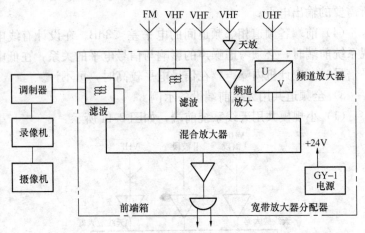

图 2-46　采用直接转换方式的 U/V 转换器

(4) 采用变频转换方式的 U/V 转换器,如图 2-47 所示。

4) 全频道电缆电视系统直接传输前端设备(大型有线电视广播站),如图 2-48 所示。

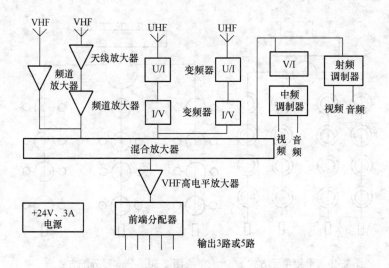

图 2-47 采用变频转换方式的 U/V 转换器

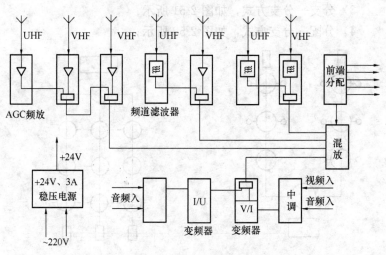

图 2-48 全频道电缆电视系统直接传输前端

79. 常见的共用天线电视接收系统分配方式有哪些？

1) 串接单元方式，如图 2-49 所示；
2) 分支器分配方式，如图 2-50 所示；

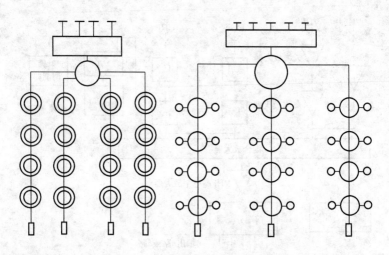

图 2-49 串接单元方式　　图 2-50 分支器分配方式

3) 分支—分支方式,如图 2-51 所示;
4) 分配—分支方式,如图 2-52 所示;

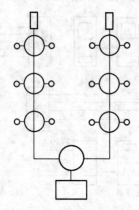 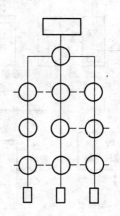

图 2-51 分支—分支方式　　图 2-52 分配—分支方式

5) 分支—分配方式,如图 2-53 所示;
6) 分配—分配方式,如图 2-54 所示;
7) 典型分配方式,如图 2-55 所示。

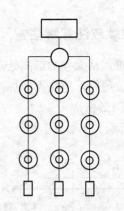

图 2-53 分支—分配方式　　图 2-54 分配—分配方式

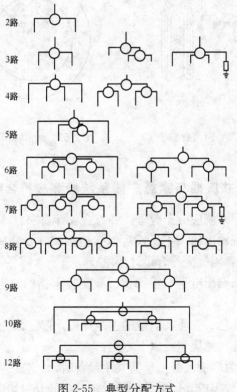

图 2-55 典型分配方式

80. 有线电视系统天线避雷安装应注意哪些?

有线电视系统天线避雷安装应注意，从大楼的最高处避雷针尖至入地防雷接地装置有良好的高电位通路，连接点应焊接并要焊接牢靠。各层钢筋与大板结构钢筋网最低焊1~2次。避雷针做法及保护范围如图2-56和图2-57所示。

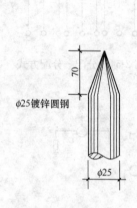
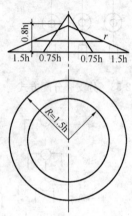

图 2-56 避雷针做法　　图 2-57 避雷针保护范围

81. 公共广播与紧急广播系统检测应符合哪些要求?

1) 放声系统应分布合理，并符合设计要求。

2) 系统输出输入不平衡度、接地形式、安装质量、音频线的敷设、设备阻抗应符合设计要求。

3) 最高输出电平、信噪比、频宽技术指标、声压级应符合设计要求。

4) 对音色、音质、响度的主观评价，评定系统的音响效果。

5) 功能检测应包括以下方面：

（1）紧急广播与公用广播共用设备时，紧急广播受消防分机控制，当有火灾或其他突发事件发生时，能及时切换为紧急广播以最大音量播出；紧急广播功能检测应符合《智能建筑工程质量验收规范》(GB 50339—2003)第七章的相关规定。

(2) 背景音乐、公共寻呼插播、业务宣传。

(3) 功率放大器应冗余配置，并在主机发生故障时，备用机能自动启动。

(4) 公共广播系统分区控制的划分不得与消防分区的分区控制相矛盾。

82. 有线广播系统设置的场所有哪些规定？

有线广播系统根据用途设置场所应符合表 2-51 的规定。

有线广播系统的用途及设置场所　　　　表 2-51

类别	用途	设置场所
业务性广播系统	以播放语言为主	办公楼、院校等建筑物
		商业楼、车站、客运码头及航空港等建筑物
服务性广播系统	播放背景音乐或客房音乐	星级宾馆、酒店、旅馆、大型公共活动场所（宾馆、酒店、旅馆的服务性广播节目不宜超过五套）
		商业楼、车站、客运码头及航空港等建筑物
火灾应急广播系统	在火灾发生时，播放指挥、引导建筑物内人员疏散的广播	民用建筑内（设置原则应符合《火灾自动报警及联动控制系统的有关规定》）

83. 火灾应急广播系统与业务广播、服务广播系统的切换方式有哪些不同？

火灾应急广播系统与业务广播、服务广播系统的切换方式如表 2-52 所示。

火灾应急广播系统与业务、服务广播系统的切换方式　　表 2-52

合用设备	控制方式	
馈电线路和扬声器	当火灾发生时,由消防控制室切换馈电线路,使业务性广播系统、服务性广播系统按照设定的疏散广播顺序对相应层或区域进行火灾应急广播	在客房床头控制柜设有音乐广播时,不论控制柜内扬声器在火灾时处于何种工作状态（开、关）,都应能紧急切换进行火灾疏散广播
扩音设备、馈电线路和扬声器等装置	当火灾发生时,可遥控业务性广播系统、服务性广播系统,强制投入火灾应急广播；如果广播扩音设备不是安装在消防控制室内,也必须采用遥控播音方式,在消防控制室都能用话筒直接播音和遥控扩音设备的开、关,自动或手动控制相应的广播分路,播送火灾应急广播,并能监视扩音设备的工作状态	

84. 广播音响系统的传声器有哪些技术特性？

1）灵敏度

在 1000Hz 频率下，0.1Pa 规定声压从正面 0°主轴上输入时，开路输出电压为 10mV/Pa。以分贝表示时，10V/Pa 为 0dB，因传声器输出级为毫伏级，则灵敏度的分贝值为负值。

2）频响特性

传声器在 0°主轴上灵敏度随着频率的变化而变化，在合适的频响范围内，特性曲线应尽量平缓，以改善音质和抑制声反馈。

同样的声压下，当频率不同的声音施加在膜片上时，传声器的灵敏度也就不同。频响特性在通频带范围内通常以灵敏度高低差表示。通频带越宽，相差的分贝数越少，其传声器的频率失真也就越小。

3）输出阻抗

传声器引线两端的阻抗称作输出阻抗，阻抗有高低之分，高阻抗在 1000～2000Ω 时可直接与放大器相连；低阻抗在 50～

1000Ω 时要通过变压器后才能与放大器相连。引线电容的旁路作用随高阻抗电压的升高而变大,使高频下降而易受其他电磁场的干扰,故传声器引线不宜过长,一般以 10~20m 为宜。在低阻抗时则无这些缺陷,引线可适当加长到 100m。超过 100m 时应加前级放大器。国产传声器高阻抗的输出阻抗(kΩ)规格有 1、3、10、20、50;低阻抗输出阻抗(Ω)规格有 150、200、250、600。

4) 方向性

传声器对于来自各方向的声音其灵敏度有所不同,这一特性称作传声器的方向性。频率越高其方向性越强。为保证音质,要求传声器在频响范围内有一致的方向性,强方向性传声器正面方向和背面 180°方向上的灵敏度的差值大于 15dB。产品说明书给出的主频率方向极坐标响应曲线图案有:

(1) 动圈式传声器的单方向性心形图案;
(2) 铝带式传声器的双方向性 8 字形图案;
(3) 动圈式、电容式传声器的无方向性圆形图案;
(4) 电容式的超心型图案。

85. 国产传声器有哪些技术特性?

国产传声器技术特性如表 2-53 所示。

国产部分传声器主要技术特性表   表 2-53

产品名称	发射频率(MHz)	调制形式	频率特性(kHz)	传声器尺寸(mm)	频率响应范围(Hz)	最大频偏(kHz)	发射距离(m)	说 明
CSW-6型微型无线电传声器	102,104,105.5,108,112,114,116,118	直接调频式/FM	≥±300 −10℃ ~ +45℃	φ10 电容传声器	50~12000(400~7000)提升 8~13dB	≤±100(120dB声压级)	约 150(野外)	文艺演出时可直接佩戴在演员身上,也可用于工业生产电视、教学、医疗卫生、科研等短距离联络

续表

产品名称	发射频率(MHz)	调制形式	频率特性(kHz)	传声器尺寸(mm)	频率响应范围(Hz)	最大频偏(kHz)	发射距离(m)	说明
CSW-14型无线电传声器	72~118,150~160	音频调制	≤±200 −10℃~+45℃	φ10驻极体电容传声器	80~12000	≤±100(120dB声压级)	≥150(野外)	工矿、建筑、航运等调度联络以及电化教育文艺演出用

86. 人工混响器和延时器有哪些应用？

声音来自物体的振动，人工混响器是利用金箔、弹簧、钢板等振动体来产生混响声的，处理声音前后层次、改变空间感觉并制造特殊效果的电声装置。它的问世使电扩声技术不局限于保真，而是用电声技术对原音进行加工、整合，从而得到更具特色的更美的音色。

延时器的作用是将声音信号延时输出，其延时时间可随意调整，延时器的品种有弹簧式、分管式、磁性式、电子式等多种。

近年来电子延时器可在几秒至几十微秒间进行调整，让音响失真少，使远处扬声器与近处扬声器到达人耳的时间差小于50ms，让人听后更清晰。人工混响器和延时器合用的人工混响系统如图 2-58 所示。

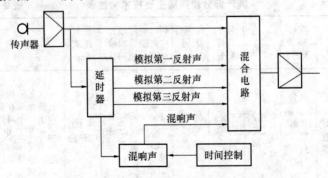

图 2-58 混响器和延时器合用的人工混响系统

87. 扩声系统有哪些实用功能？

扩声系统是把声音信号转化为电信号并进行放大和加工整理的电子设备。传输线是把电功率信号转化为声信号到扬声器和听众区的声学环境，如图 2-59 所示。

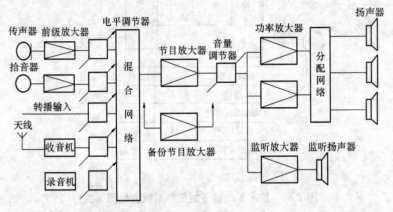

图 2-59　扩声系统示意图

扩声系统包括传声器、扩音器、扬声器、连接电缆、传感器等，其效果与现场声源的声学特性和声学条件有关。

扩声系统具有放大、电平调节、监听、监察、转换等功能，如图 2-60、图 2-61 所示。

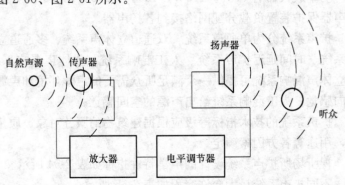

图 2-60　扩声系统设备的低频系统方框图（一）

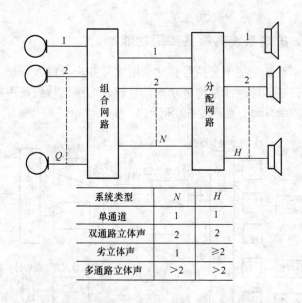

图 2-61 扩声系统设备的低频系统方框图(二)

扩声系统分为传声器、声源前级控制台、功率放大器、扬声器、电源等部分。声源前级控制台的作用有:放大、混合、编组、调音和监听;功率放大器的输出功率可根据需要适当调整。

功率放大器有 50W、100W、150W、250W 和 500W,通过扬声器保护装置负载分配网络接到各扬声器。

扩声系统分为单通道系统、双通道立体声系统、多通道立体声系统、时间延迟扩声系统、人工混响系统、立体声混响系统。其立体声混响系统可提供一个满足听众需要的声学环境和声源的方向感觉;人工混响系统给出声源的空间感觉。

扩声系统的技术指标等级应根据建筑物的服务对象、质量标准、用途等各方因素确定。

视听场所扩声系统设计的声学特性指标如表 2-54 所示。

不同扩声系统最大允许容积如表 2-55 所示。

表 2-54 视听场所扩声系统设计的声学特性指标

声学特性＼扩声系统类别分级	音乐扩声系统一级	音乐扩声系统二级	语言和音乐兼用扩声系统一级	语言和音乐兼用扩声系统二级	语言扩声系统一级	语言和音乐兼用扩声系统二级	语言扩声系统二级
最大声压级（空场稳态准峰值声压级）	0.1～6.3kHz 范围内平均声压级≥100dB	0.125～4.0kHz 范围内平均声压级≥95dB		0.25～4.0kHz 范围内平均声压级≥90dB		0.25～4.0kHz 范围内平均声压级≥85dB	
传输频率特性	0.05～10kHz，以0.1～6.3kHz 的平均声压级为0dB，允许+4～－12dB，且在0.1～6.3kHz 内允许≤±4dB	0.063～8.0kHz，以0.125～4.0kHz 的平均声压级为0dB，允许+4～－12dB，且在0.125～4.0kHz 内允许≤±4dB		0.1～6.3kHz，以0.25～4.0kHz 的平均声压级为0dB，允许+4～－10dB，且在0.25～4.0kHz 内允许+4～－6dB		0.25～4.0kHz，以其平均声压级为0dB，允许+4～－10dB	
传声增益	0.1～6.3kHz 的平均值≥－4dB（戏剧演出）≥－8dB（音乐演出）	0.125～4.0kHz 的平均值≥－8dB		0.25～4.0kHz 的平均值≥－12dB		0.25～4.0kHz 的平均值≥－14dB	
声场不均匀度	0.1kHz≤10dB 1.1kHz≤8dB 6.3	1.0kHz≤8dB 4.0		1.0kHz≤10dB 4.0		1.0kHz≤10dB 4.0	

不同扩声系统的最大允许容积　　　　表 2-55

声源种类	演　讲	戏剧对白	独唱独奏	大乐队
最大允许容积（m³）	1500～3000	6000	10000	20000

88. 电平信号传输系统的功能及特点是怎样的？

1）高电平信号传输系统的 AM/FM 收音设备和 BGM 装置放大器设置在控制室内，扬声器的输出线可向每个客房输出多个节目信号，客人通过床头柜设置的开关选择收听广播。其信号电平为 70～120V，可播送 3～6 个节目，图 2-62 所示的传输系统只能播送 5 套节目。这种系统比低电平信号传输系统的费用低，客房内不必设置放大器，平时产生故障少，但因传输路线长，电平信号的损失必须通过补偿。

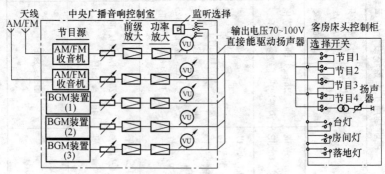

图 2-62　有线 PA 式高电平信号传输系统

2）低电平信号传输系统是在用户终端设置低阻抗功率放大器。中央广播系统输出信号电平为 0dB，有线 PA 式低电平传输系统如图 2-63 所示。在客房内须设功率 1～3W 的放大器才能抑制串音，其造价较高。

3）调频传输系统将节目源调频接收的输出信号通过调制器以 88～108MHz 的频率按规定进行分配；按每 2MHz 划分为一个频段。CAFM 调频信号传输系统如图 2-64 所示。图中调频信

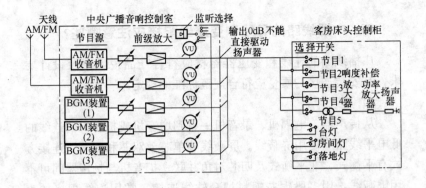

图 2-63 有线 PA 式低电平传输系统

号为 10MHz、100MHz、104MHz。将 BGM 节目源调制成 VHF 频段的载波频率信号并与电视信号混合,接到共用天线电视系统电缆。将天线插入客房接收设备的 PM 插孔中,则能收听多道调频广播节目,电视机的插头插入 TV 插座内即可收看电视节目。在系统安装副 FM 天线即可接收当地广播。在 CATV 前端设备所输出的电平应与各闭路电视等电平。广播线与共用天线电视共用线路,可节约一定的费用,但在每个客房的床头柜上必须安装一台调频接收设备,故使系统安装的初装费用增加,对维修保养的技术要求比较高。

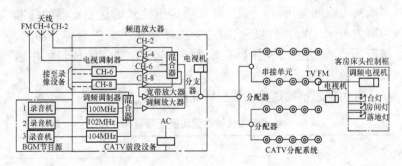

图 2-64 CAFM 调频信号传输系统

89. 广播线路的导线和变压器配接应注意哪些?

广播线路的导线和变压器器材应符合产品说明书及设计要求,其安装连接的质量应符合规范标准的规定。

1) 连线

从传声器、电唱机、录音机一直到增音机或扩音机的连线的低电平线路应使用屏蔽线。屏蔽线分单芯、双芯和四芯,连接方式有平衡式、非平衡式及四芯对角并联。扩音机与扬声器间可不用屏蔽线,用多股铜芯塑料护套软线连接。常用连线规格如表2-56所示。

常用连线规格表 表2-56

导线规格($\dfrac{铜丝股数}{每股铜丝线径/mm}$)	导线截面积 (mm²)	每根导线每100m长的电阻值 (Ω)
12/0.15	0.2	7.5
16/0.15	0.3	6
23/0.15	0.4	4
40/0.15	0.7	2.2
40/0.193	1.14	1.5

2) 变压器

定阻抗输出电平所连接的扩音机、扬声器应在扩音器与扬声器间接入线间变压器。国产SBR型定阻抗式输送变压器的标准功率为1~25W。定电压式输送变压器接在扩音机与扬声器间,国产SBV型定电压变压器功率为5~60W,线间变压器的传输效率一般为80%。

常用定阻抗输送变压器型号规格见表2-57。

常用定阻抗输送变压器型号规格 表2-57

	一次阻抗/Ω	端 子	连 接
1~2W 输送变压器 (SBR-2-1型)	250	1~8	1~5 2~6
	1000	1~6	2~5

续表

1～2W 输送变压器 （SBR-2-1 型）	4000	2～5	2～4 3～5
	6250	1～3	1～4 3～3
	9000	1～6	2～4 3～5
	16000	2～5	3～4
	20000	1～5	3～4
	25000	1～6	3～4
3～5W 输送变压器 （SBR-5-2 型）	500	1～6	1～5 2～6
	1000	2～5	2～4 3～5
	2000	1～3	2～5
	3000	1～3	1～4 3～6
	4000	2～5	3～4
	6000	1～6	2～4
	7000	2～6	3～4
	12000	1～3	3～4
10～25W 输送变压器 （SBR-10-3 型） （SBR-15-4 型） （SBR-25-5 型）	250	1～3	1～5 2～6
	500	2～5	2～4 3～5
	1000	1～6	2～5
	1500	1～6	1～4 3～6
	2000	2～5	3～4
	3000	1～6	3～5
	3500	1～5	3～4
	6000	1～3	3～4

常用定电压输送变压器型号规格见表 2-58。

常用定电压输送变压器型号规格　　　表 2-58

型　号	标称功率(W)	一次电压(V)		二次电压(V)
SBV-5-1	5	0-90-120	0-90-120	0-20-30-45
SBV-10-2	10	0-90-120	0-90-120	0-20-30-45
SBV-15-3	15	0-90-120	0-90-120	0-20-30-45
SBV-20-4	20	0-90-120	0-90-120	0-20-30-45
SBV-25-5	25	0-90-120	0-90-120	0-20-30-60
SBV-30-6	30	0-90-120	0-90-120	0-20-30-60
SBV-60-7	60	0-90-120	0-90-120	0-20-30-60

90. 广播线路定阻抗配接有哪些方式？

广播线路定阻抗配接有三种方式，如图 2-65 所示。图中 a、b 为低阻抗，c 为高阻抗输出。

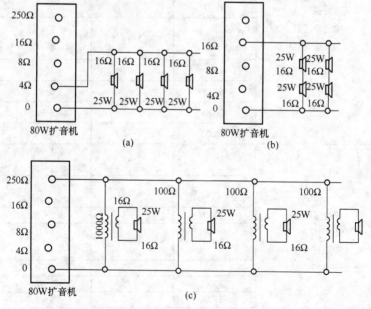

图 2-65　配接扬声器方式

定阻抗输出的扩音机应与负载阻抗输出相匹配，以提高传输率。负载阻抗偏低会使重载失配，效果失真；严重者可使器件烧毁，负载阻抗偏高时会使轻载失配，扩音机输出电压增高、失真增大、输出功率降低。正常配接的阻抗相差不应大于10%。当扬声器设备的阻抗难以达到正常时，可使用一定阻值的假负载电阻。4Ω、8Ω 和 16Ω 为低阻抗，其他 100Ω、150Ω、250Ω 为高阻抗扩音机。图2-65所示仅为示例，其扩音机为80W，扬声器为25W，实得20W。

低阻抗扩音机输出导线长度一般不超过50m，其间不必配变压器，效果很好；如超过50m，线路阻抗增大影响传输功能，当扬声器组需要不同功率时，就很难达到理想的匹配阻抗。所以，在实用过程中，为了便于匹配和减少线路阻抗，常常改在收音机的高阻抗端输出，并在扬声器和扩音机之间接入相应的线间变压器，在线间变压器的一次侧和二次侧均设若干不同的阻抗插头，可以根据需要适当调整。

91. 广播线路定电压配接应注意哪些？

定电压扩音机安装前应看清扩音机标明的输出电压和功率。小功率扩音机可直接连接扬声器；大功率扩音机（120V、240V）应通过变压器将电压降低后方可与扬声器连接。

定电压输送变压器标注的是电压和功率，而扬声器标注的是阻抗和功率，连接时应将扬声器的阻抗换算成额定工作电压。其换算公式为：

$$U_y = \sqrt{P_y Z_y}$$

式中　U_y——扬声器额定电压（V）；
　　　P_y——扬声器功率（W）；
　　　Z_y——扬声器阻抗（Ω）。

扬声器额定电压 U_y 与扬声器阻抗 Z_y 的关系如表2-59所示。

U-Z 关系表 ($P=U^2/Z$) 表 2-59

功率/W	不同电压的阻抗值(Ω)		不同阻抗的电压值(V)						
	30V	120V	2Ω	4Ω	8Ω	16Ω	125Ω	250Ω	500Ω
0.1	9000	144000	0.45	0.63	0.86	1.29	3.54	5	7.1
0.25	3600	57600	0.71	1	1.4	2	5.6	7.9	11.2
0.5	1800	28800	1	1.4	2	2.83	7.9	11.2	15.8
1	900	14400	1.4	2	2.83	4	11.2	15.8	22.4
2	450	7200	2	2.83	4	5.66	15.8	22.4	31.6
3	300	48700	2.45	3.46	4.9	6.93	19.4	27.4	38.8
5	180	2880	3.16	4.43	6.33	8.95	25	85.4	50
8	112.5	1800	4	5.66	8	11.3	31.6	44.8	63.3
10	90	1440	4.48	6.33	8.95	12.65	35.4	50	70.7
12	75	1200	4.9	6.93	9.8	13.9	38.8	54.8	77.5
15	60	960	5.48	7.75	11	15.5	43.3	61.3	86.5
18	50	800	6	8.5	12	17	47.5	67.1	95
20	45	720	6.32	8.95	12.65	17.9	50	70.7	100
25	36	576	7.1	10	14.14	20	56	79	112
500	18	288	10	14.14	20	28.3	79	112	158
100	9	144	14.14	20	28.3	40	112	158	224
150	6	96	17.32	24.5	34.6	49	137	194	274
200	4.5	72	20	28.3	40	56.6	158	224	316
250	3.6	57.6	22.4	31.6	44.8	63.3	177	250	351
300	3	48	24.5	34.6	49	69.3	194	274	388
500	1.8	28.8	31.6	44.8	63.3	89.5	250	354	500

92. 高级宾馆音响及紧急广播的工作原理是怎样的?

高级宾馆音响及紧急广播的工作原理如图 2-66 所示。其所有扬声器均由相配套的变压器与输出线路相接,以满足阻抗区匹配的要求。按层次划分区域，使各组功率放大器分别负载，既减轻了放大器的输出功率，又不因某个放大器发生故障而影响其他设备的正常运行，如图 2-66（a）所示。最适宜客房较多的宾馆或有较多用户的有线广播系统。会议室、多功能厅音响应选用乙类 B 型控制器，如图 2-66（b）所示。配有流动放大器便可实现本场连接，选用丙类 C 型控制器，可控制背景音乐的音量，其注入点可用于自办音乐广播节目，如图 2-66（c）所示。五路音响系统和紧急广播方框图如图 2-66（d）所示。其特点是将独立的五路音响系统与紧急广播统筹考虑，实现机房总控。在高级宾

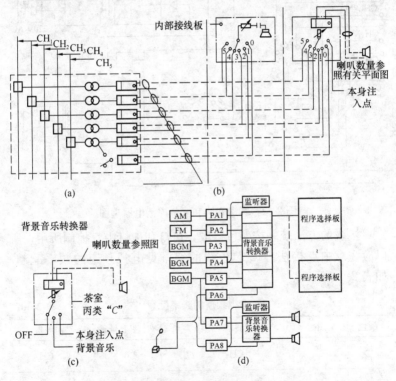

图 2-66 高级宾馆音响和紧急广播示意图
(a) 音响系统引出线详图；(b) 客房、会议场和多功能厅；
(c) 顶楼茶座控制板；(d) 五路音响系统和紧急广播方框图

馆，音响系统与 CATV 系统分别走线，也有将音乐调制为调频（FM）广播频道，并输送到 CATV 系统前端设备，经放大混合再通过 75Ω 同轴电缆输送到终端盒，在床头面板设一个调频接收—解调—放大—扬声器。在每层楼的弱电管井内各安一连接板，以实现与每层楼的有线广播和所有频道的母线连接。床头面板的电线接驳 7 条主线，5 条接床头灯、地灯、房灯、扬声器、电视；另一条 12 芯线接五路音响系统和紧急控制信号，如图 2-67 所示。

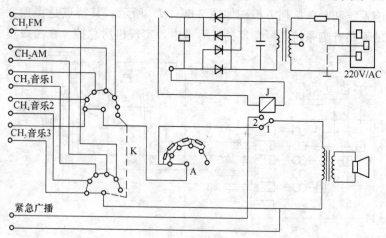

图 2-67 客房音响和紧急广播电原理图

接线的方法统一按颜色接驳，房灯和地灯由双控制所用，所以应注意中点接法。12 芯色线的编排见电视频道的频率配制，如表 2-60 所示。

电视频道的频率配置　　　　表 2-60

颜色	图上号码	波段	颜色	图上号码	波段
蓝白	1 2	CH_1	棕白	7 8	CH_4
橙白	3 4	CH_5	灰白	9 10	CH_3
绿白	5 6	CH_3	黑白	11 12	（紧急控制）

93. 公共广播系统包括哪些部分？

公共广播系统包括背景广播、客房广播和紧急广播三部分。唯有紧急广播机房设在消防控制中心，当发生火灾时能强迫切至最大音量进行紧急广播。

公共广播系统按作用又分为信号源、声处理设备、放大设备和放音设备，如图 2-68 所示。

94. 通信网络系统有哪些一般规定？

1）通信网络系统包括通信系统、有线电视系统及卫星数字电视系统、公共广播及紧急广播系统等各子系统及相关设施。其中通信系统包括电话交换系统、会议电视系统及接入网设备。

2）通信网络系统的机房环境应符合规定：

（1）环境检测验收内容应包括：室内空调环境、空间环境、视觉照明环境、室内电磁及室内噪声环境。

（2）室内温度、噪声、相对湿度、风速、照度、一氧化碳和二氧化碳含量等检测参数值应符合设计要求。

（3）环境检测时，主控项目 20% 的抽检合格率应达到 100%；一般项目 10% 的抽检合格率应达到 90%。

（4）系统检测结论分为合格和不合格。主控项目一项不合格或一般项目有两项及以上不合格，则为系统检测不合格。系统检测不合格应限期整改，重新检测直至合格。重新检测抽检的数量应加倍，当系统检测合格而存在个别不合格项时，应对不合格项进行整改直至合格。在竣工验收时应提供整改合格报告。

3）机房安全、电源与接地应符合《通信电源设备安装工程验收规范》（YD 5079）的有关规定。

4）通信网络系统缆线的敷设应符合以下规定：

（1）电话线缆应符合《城市住宅区和办公楼电话通信设施验收规范》（YD 5048）的有关规定。

（2）对绞电缆及光缆的材料进场、施工及验收应符合《建筑

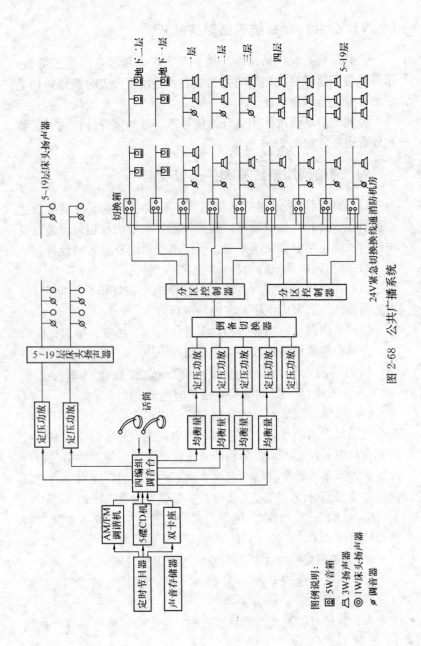

图 2-68 公共广播系统

与建筑群综合布线系统工程验收规范》（GB/T 50312）中的规定。

专业分包单位安装完成以后应自检。自检应包括安装质量、观感质量及系统性能检测项目，并填写自检表做好记录，自检合格报总包，总包检测合格报监理最后验收。

95. 通信网络系统检测有哪些规定？

1）通信网络系统工程的安装、移交和验收应按规定的工作流程进行。

2）通信网络系统工程的检测由系统检查测试、初验测试和试运行验收测试三个阶段组成。

3）通信网络系统的检测应包括以下内容：

（1）系统检测，包括系统功能检测、硬件通电检测。

（2）初验检测，包括接通率、基本功能（接续、计费、信令、系统负荷能力、维修管理、传输指标、故障诊断、环境条件、适应能力和通信系统的业务呼叫）、可靠性。

（3）试运行验收检测，包括联网运行（电路和接收用户）、故障率。

4）通信系统试运行验收检测应在初验检测合格的基础上进行，试运行周期可按合同执行，但最少不应少于 3 个月。

5）通信系统检测应符合现行国家标准、规范、设计文件及产品说明书的要求；其检测方法、操作程序及步骤应符合现行国家标准的相关规定，并经建设单位、生产厂家共同协商确定。

96. 通信网络系统主控项目包括哪些方面？

1）智能建筑通信系统安装工程的检测内容、检测方法、检测阶段及性能指标应符合《程控电话交换设备安装工程验收规范》（YD 5077）等有关现行国家标准。

2）通信网络系统接入公用通信网信道传输速率、物理接口、接口协议、信号方式应符合设计要求。

3）通信网络系统的实施和质量控制，及系统检测内容应符合表 2-61 的规定。

通信系统工程检测项目表　　　　表 2-61

Ⅰ　程控电话交换设备安装工程

序　号	检　测　内　容
1	安装验收检查
1）	机房环境要求
2）	设备器材进场检验
3）	设备机柜加固安装检查
4）	设备模块配置检查
5）	设备间及机架内缆线布放
6）	电源及电力线布放检查
7）	设备至各类配线设备间缆线布放
8）	缆线导通检查
9）	各种标签检查
10）	接地电阻值检查
11）	接地引入线及接地装置检查
12）	机房内防火措施
13）	机房内安全措施
2	通电测试前硬件检查
1）	按施工图设计要求检查设备安装情况
2）	设备接地良好，检测接地电阻值
3）	供电电源电压及极性
3	硬件测试
1）	设备供电正常
2）	告警指示工作正常
3）	硬件通电无故障
4	系统检测
1）	系统功能

续表

序号	检测内容
2)	中继电路测试
3)	用户连通性能测试
4)	基本业务与可选业务
5)	冗余设备切换
6)	路由选择
7)	信号与接口
8)	过负荷测试
9)	计费功能
5	系统维护管理
1)	软件版本符合合同规定
2)	人机命令核实
3)	告警系统
4)	故障诊断
5)	数据生成
6	网络支撑
1)	网管功能
2)	同步功能
7	模拟测试
1)	呼叫接通率
2)	计费准确率

Ⅱ 会议电视系统安装工程

序号	检测内容
1	安装环境检查
1)	机房环境
2)	会议室照明、音响及色调

续表

序 号	检 测 内 容
3)	电源供给
4)	接地电阻值
2	设备安装
1)	管线敷设
2)	话筒、扬声器布置
3)	摄像机布置
4)	监视器及大屏幕布置
3	系统测试
1)	单机测试
2)	信道测试
3)	传输性能指标测试
4)	画面显示效果与切换
5)	系统控制方式检查
6)	时钟与同步
4	监测管理系统检测
1)	系统故障检测与诊断
2)	系统实时显示功能
5	计费功能

Ⅲ 接入网设备（非对称数字用户环路 ADSL）安装工程

序 号	检 测 内 容
1	安装环境检查
1)	机房环境
2)	电源供给
3)	接地电阻值
2	设备安装验收检查

续表

序 号	检 测 内 容
1)	管线敷设
2)	设备机柜及模块安装检查
3	系统检测
1)	收发器线路接口测试（功率谱密度，纵向平衡损耗，过压保护）
2)	用户网络接口（UNI）测试
	a. 25.6Mbit/s 电接口
	b. 10BASE-T 接口
	c. 通用串行总线（USB）接口
	d. PCI 总线接口
3)	业务节点接口（SNI）测试
	a. STM-1（155Mbit/s）光接口
	b. 电信接口（34Mbit/s，155Mbit/s）
4)	分离器测试，包括局端和远端
	a. 直流电阻
	b. 交流阻抗特性
	c. 纵向转换损耗
	d. 损耗/频率失真
	e. 时延失真
	f. 脉冲噪声
	g. 话音频带插入损耗
	h. 频带信号衰减
5)	传输性能测试
6)	功能验证测试
	a. 传递功能（具备同时传送 IP、POTS 或 ISDN 业务能力）
	b. 管理功能（包括配置管理、性能管理和故障管理）

4）卫星数字电视及有线电视系统检测应符合以下规定：

（1）卫星数字电视及有线电视系统的安装质量应符合现行国

家标准的相关规定。

（2）在工程施工及质量控制阶段，应检查高频头至室内单元的线距，缆线连接的可靠性，功放器及接收站位置，卫星天线的安装质量等，并应符合设计要求。

（3）卫星数字电视的输出电平应符合现行国家标准的有关规定。

（4）主观评测有线电视系统的性能及主要技术指标应符合表2-62的规定。

有线电视主要技术指标　　　　表 2-62

序号	项目名称	测 试 频 道	主观评测标准
1	系统输出电平（dBμV）	系统内的所有频道	60～80
2	系统载噪声比	系统总频道的 10%且不少于 5 个，不足 5 个全检，且分布于整个工作频段的高、中、低段	无噪波，即无"雪花干扰"
3	载波互调比	系统总频道的 10%且不少于 5 个，不足 5 个全检，且分布于整个工作频段的高、中、低段	图像中无垂直、倾斜或水平条纹
4	交扰调制比	系统总频道的 10%且不少于 5 个，不足 5 个全检，且分布于整个工作频段的高、中、低段	图像中无移动、垂直或斜图案，即无"窜台"
5	回波值	系统总频道的 10%且不少于 5 个，不足 5 个全检，且分布于整个工作频段的高、中、低段	图像中无沿水平方向分布在右边一条或多条轮廓线，即无"重影"
6	色/亮度时延差	系统总频道的 10%且不少于 5 个，不足 5 个全检，且分布于整个工作频段的高、中、低段	图像中色、亮信息对齐、即无"彩色鬼影"
7	载波交流声	系统总频道的 10%且不少于 5 个，不足 5 个全检，且分布于整个工作频段的高、中、低段	无背景噪声，如嗞嗞声
8	伴音和调频广播的声音	系统总频道的 10%且不少于 5 个，不足 5 个全检，且分布于整个工作频段的高、中、低段	无背景噪声，如嗞嗞声、哼声、蜂鸣声和串音等

(5) 电视图像质量的主观评价标准应符合表 2-63 的规定。

图像的主观评价标准　　　　　　　表 2-63

等级	图像质量损伤程度
5 分	图像上不觉察有损伤或干扰存在
4 分	图像上有稍可觉察的损伤或干扰,但不令人讨厌
3 分	图像上有明显觉察的损伤或干扰,令人讨厌
2 分	图像上损伤或干扰较严重,令人相当讨厌
1 分	图像上损伤或干扰极严重,不能观看

(6) HFC 网络和双向数字电视系统正向测试的调制误差率和相位抖动,反向测试的噪声侵入、脉冲噪声和反向隔离度的参数指标应符合设计要求;并检测其数据通信、VOD、图文播放等的功能。HFC 用户分配网应采用中心分配结构,并具有可寻址路权控制及上行信号汇集均衡等功能;其用户输出电平为 62~68dBμV,应检测系统频率配置和抗干扰性能。

5) 公共广播与紧急广播系统检测应符合以下规定:

(1) 系统输出输入的不平衡度、音频线的敷设、接地形式及安装质量应符合设计要求,且设备间的阻抗匹配要合理。

(2) 放声系统应布置合理,符合设计要求。

(3) 最高输出信噪比、声压级和频宽的技术指标、输出电平应符合设计要求。

(4) 通过对音色、音质、响度的主观评价来评定系统的音响效果。

(5) 功能检测应包括以下内容:

①背景音乐、公共寻呼插播、业务宣传。

②当公共广播与紧急广播同用一套设备时,其紧急广播应由消防分机控制并具有优先权,以便有火灾发生或其他突发事件时能及时切换为紧急广播且以最高音量播放。

③功率放大器应有冗余配置,以便主机发生故障时,备用机能自动投入运行。

④公共广播系统按分区控制,分区的划分不得与消防分区的划分发生矛盾。

97. 通信网络系统竣工验收文件和记录包括哪些内容?

1) 过程质量记录;
2) 系统检测记录和设备检测记录;
3) 设计图样及文件;
4) 设备安装明细表;
5) 施工组织设计(施工方案)、隐蔽工程验收记录、工序交接验收记录、施工技术交底。

第3章 信息网络系统

98. 信息网络系统施工应符合哪些要求？

1）信息网络系统的设备、材料进场验收除应符合《智能建筑工程质量验收规范》(GB 50339—2003) 的规定外，还应符合以下要求：

（1）对有序号的设备必须登记设备的序号；

（2）网络设备应开箱通电自检，检查设备指示灯、启动是否正常；

（3）计算机系统、UPS 电源、数据存储设备、防火墙、交换机、网管工作站、服务器、路由器等产品应符合《智能建筑工程质量验收规范》(GB 50339—2003) 第 3.2 节的规定。

2）信息网络系统工程施工前应具备以下施工条件：

（1）综合布线系统施工完成，已通过系统检测并达到竣工验收条件；

（2）设备机房施工完成，电源及接地已安装完毕，机房环境已具备安装条件。

3）信息网络系统随工检查应包括以下内容：

（1）安装质量检查

设备器材清点检查；机房环境是否满足要求；设备模块配置检查；设备机柜稳定性检查；设备间及桥架内缆线布置；设备至各配线设备间缆线布置；电源检查；缆线畅通检查；各标签检查；接地电阻检查；接地装置及接地引入线检查；机房防火措施、机房安全措施。

（2）通电前对设备检查

按施工图样及设计文件具体要求检查设备安装情况；设备接地情况；电源电压及极性是否正确。

(3) 设备通电检测

报警指示工作正常、设备通电工作正常,设备供电正常、故障检查。

4) 信息网络系统安装、调试后,试运行的时间应不少于1个月,系统检测和试运行应符合《智能建筑工程质量验收规范》(GB 50339—2003)第3.3.8和3.3.9条的规定。

99. 办公自动化系统的基本模式有几种?

办公自动化系统的基本模式有以下4种:

1) 系统集成模式

采用微机局域用与小型机或中型机联网;本地局域网互联以及近远程局域网互联成广域网等系统集成模式,并能对远程通信、多媒体信息处理和传输及新型信息通信服务。

2) 单机系统模式

单机系统模式是配置1~2台PC来辅助办公和管理。

3) 微机局域网系统模式

微机区域网是用中等耦合程度的多机系统,局域网常用的总线、环形和星形三种拓扑结构在OA系统中均有应用,并可扩展性。如图3-1所示。

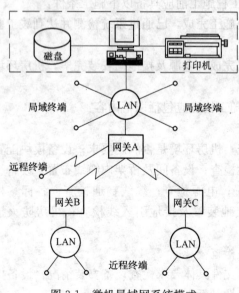

图3-1 微机局域网系统模式

4) 多用户系统模式

多用户系统模式是高档微机用户、超级微机、小型机和中型机,具有较高的处理能力。如图 3-2 所示。

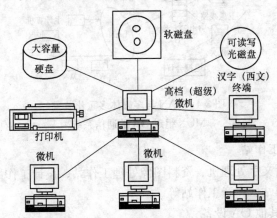

图 3-2 多用户系统模式

100. 办公自动化系统包括哪些主要设备?

1)计算机

OA 系统必备一台或多台微机以上的计算机系统。

2)通信设备

通信设备分为本地通信和远程通信,本地通信采用局域网;远程通信采用电子交换机、多媒体多重化装置与公用电话线路、高速数据交换线路、卫星线路相连,如图 3-3、图 3-4 所示。

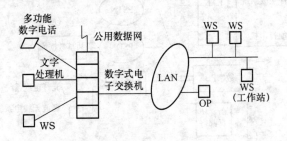

图 3-3 用 LAN 与数字式电子交换机组成的通信系统

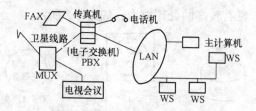

图 3-4　LAN 与多媒体多重化装置 MUX 组成 OA 的通信系统

3）工作站

包括文字处理机、资料图像处理工作站、设计工作站、事物处理工作站、声音工作站等。

4）其他 OA 设备

包括输入设备、激光打印设备、复印设备、传真设备、轻印刷设备等。

101. 办公自动化系统的通信体系结构是怎样的？

办公自动化系统的通信体系包括数字交换机、局域网（如图 3-5～图 3-10 所示）、通信协议（如图 3-11 所示）。

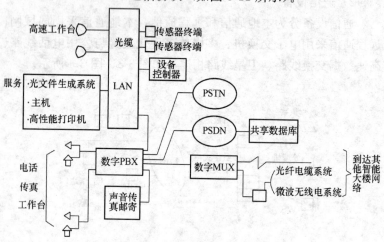

图 3-5　通信体系结构

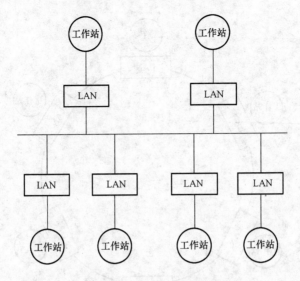

图 3-6　总线形结构

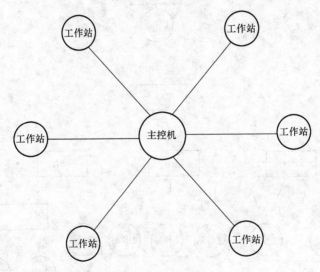

图 3-7　星形结构

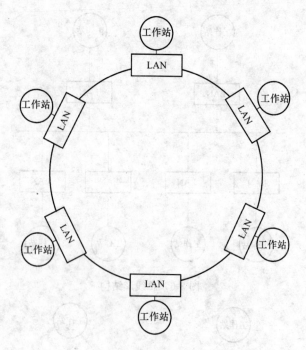

图 3-8 环形结构

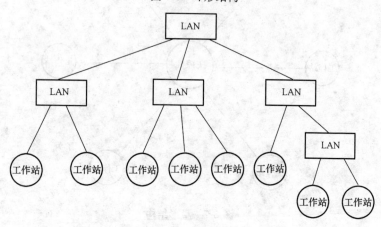

图 3-9 树形结构

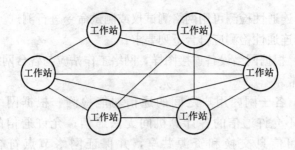

图 3-10　网状形结构

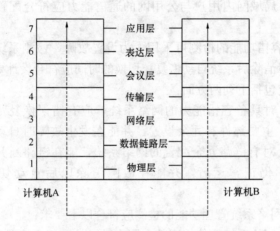

图 3-11　OSI 标准七层通信协议

102. 计算机网络系统工程安装及检测有哪些要求？

1）计算机网络设备安装应牢靠整齐，便于维修和管理；高端设备的信息模块及各部件应安装正确，空余部位应安装空板；设备标签应有设备名称、网络地址；线路连接应牢靠、走向明确，线缆上应有标识。

2）计算机网络系统的检测包括路由检测、容错功能检测、网络管理功能检测和连通性检测。

3) 连通性检测可用网络测试仪或测试命令进行测试。

4) 连通性检测应符合下列要求：

（1）根据网络设备连接图样，网络工作站应与各台网络设备通信正常。

（2）各子网内用户之间的通信功能检测。根据网络配置方案，不允许通信的各计算机间无法通信；允许通信的计算机间应可信息交换和资源共享，并保证网络节点符合设计要求。

（3）局域网内用户与公用网的通信能力应符合配置方案的要求。

5) 容错功能的检测可采用人为设置故障，检测系统正确判断和故障消除后系统自动恢复；切换的时间应符合设计要求。检测内容应包括下列两方面：

（1）对具备容错能力的网络系统，应有错误恢复及故障隔离功能，主要部件有冗余设置，并能在发生故障时自动切换。

（2）对有链路冗余配置的网络系统，能在链路断开或发生故障时，仍正常运行，并能在故障消除以后自动切换回主系统。

6) 网络系统管理功能的检测应符合以下要求：

（1）网络系统应能搜索整个网络系统的设备连接图和拓扑结构图。

（2）网络系统应具有自诊功能，当网络设备及线路有故障时，网管系统应能自动报警和故障定位。

（3）能对网络进行网络性能检测和远程配置，提供网络广播率、错误率、流量等参数。

103. 自动化网络体系包括哪些方面？

1) 办公自动化应用体系结构，如图 3-12 所示。
2) 办公自动化系统逻辑结构，如图 3-13 所示。
3) 办公自动化网络体系结构，如图 3-14 所示。

办公自动化系统应用体系结构
个人事务处理
部门业务处理
…
部门业务处理
办公室业务处理
通用办公业务处理
部门资料中心
领导决策服务
公众服务
教育培训
开发/管理

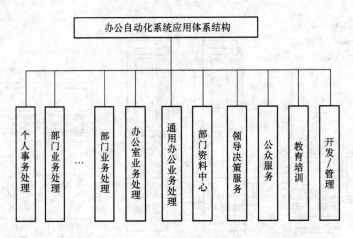

图 3-12　办公自动化系统应用体系结构

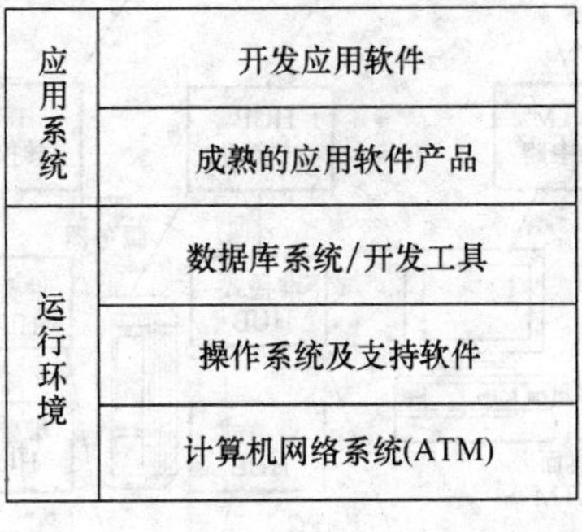

应用系统
开发应用软件
成熟的应用软件产品
运行环境
数据库系统/开发工具
操作系统及支持软件
计算机网络系统(ATM)

图 3-13　办公自动化系统逻辑结构

104. 办公自动化局域网的特征有哪些？

办公自动化局域网的主要特征如表 3-1 所示。

105. 办公自动化局域网的选择应考虑哪些方面？

1）可靠性、费用

可靠性应掌握产品是否受到用户的认可和厂家的信誉度；费用方面应在同品种中价格较低。

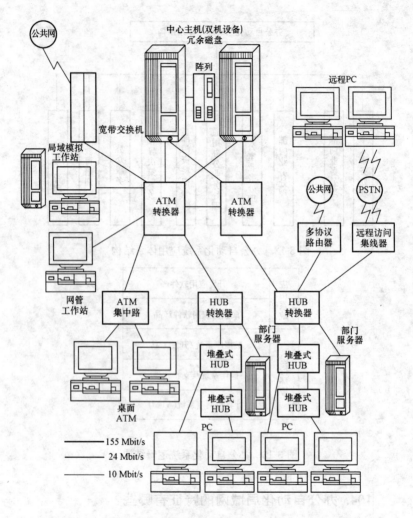

图 3-14 网络体系结构

2）性能指标
（1）存储容量和传输速率是否符合设计要求。
（2）支持哪些系统软件；能否兼容多种机型。
（3）具备工作站之间通信功能。

表 3-1 局域网特征一览表

产品公司	Net Ware S-Net Novell	Ether Series 3 COM	Omninet Corvus Systems	PLAN 3000 Nestar Systems	PC Net Orchid Technology	Net/One Ungermann-Bass
拓扑结构	星形	总线	总线	总线（随机树形）	总线	总线（光缆方案采用改良星形）
最大结点数	24	1000	61	255	255	2400（采用连接器或信桥不限）
规程	专有轮询	CSMA/CD（以太网）	CSMA/CA	令牌（Arcnet）	CSMA/CD	CSMA/CD 或 CSMA
带宽	基带 600kbit/s	基带 10Mbit/s	基带 1Mbit/s	基带 2.5Mbit/s	基带 1Mbit/s	基带，10Mbit/s 带宽，5Mbit/s
电缆	双绞线	同轴电缆	双绞线	细同轴电缆	同轴电缆	细同轴电缆或光缆（也可以是粗同轴电缆）
传输范围	服务器到每个用户914.4m	细同轴电缆每段304.8m，粗同轴电缆999.74m，采用连接器2.5km	点到点304.8m，采用连接器1219.2m	站间609.6m，采用有源连接器6705.6m	点到点2133.6m（细电缆914.4m）	同轴电缆或光缆，光缆站间853.44m（宽带16.09km）

179

续表

产品公司	Net Ware S-Net Novell	Ether Series 3 COM	Omininet Corvus Systems	PLAN 3000 Nestar Systems	PC Net Orchid Technology	Net/One Ungermann-Bass
服务器	专有服务器（基于68000处理器）	专有服务器（8086）或PC/XT或PC/AT	磁盘服务器，外围服务选件	专有打印机服务器可用PC或Ppple II	IBM PC/XT, AT或兼容机	PC/XT 或 Day-ong
工作站计算机	PC及兼容机，Apple, Rainbow	PC及兼容机，HP150, TI	PC, Apple, DEC Rainbow Zenith Mecintosh	PC, Apple	PC	PC, AT&T Zenith
服务器磁盘特性	高达 500MB, 服务器上文件共享	每个驱动器可带33MB, 一个服务器可带15个驱动器	5～126MB	24～56MB, 可有多个服务器	每个结点都可作为服务器	每个结点都可作为服务器
保密特性	限制访问子目录和盘区，文件和记录加锁	自动盘区封锁，程序必须对文件和记录加锁，口令加锁，盘区保护	只读或读/写访问盘区加锁，对文件和记录加锁	两级口令字；盘区加锁；程序对文件和记录加锁	自动盘区加锁；DOS命令加锁文件；公共盘区和私有盘区	盘区可私有和共享，口令字保护盘区
实际用户数	1～24	1～10	1～10	1～10	1～5	1～5

(4) 是否可与大中型计算机系统联网。
3) 使用环境
(1) 工作站布置的地理区域大小及布置数量。
(2) 工作站是否具有灵活性和可扩展性。
(3) 环境的抗磁、抗电干扰及屏蔽性能是否满足要求。

106. 美国 PLAN series 局域网中 PLAN4000 局部网的构成是怎样的？主要参数有哪些？

1) 美国 PLAN series 局域网中 PLAN4000 局部网的构成如图 3-15 所示。

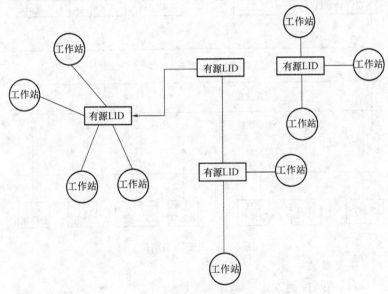

图 3-15　PLAN4000 局部网的构成

2) 主要参数
(1) 访问控制方式：Token Passing。
(2) 传输媒体：同轴电缆。
(3) 调制方式：基带。
(4) 网络拓扑结构：可任意分支的总线形。

(5) 连接站数：255 个。

(6) 最长距离：600m。

(7) 传输速率：2.5Mbit/s。

PLAN 系列局域网部件有：网络接口板、磁盘服务器、同轴电缆及用于连接、转换同轴电缆的线绝缘设备。

107. Wang net（王安网络）结构及主要参数有哪些？

王安网络结构如图 3-16 所示。

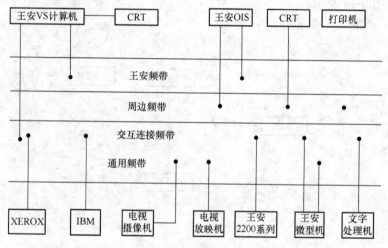

图 3-16　王安网络结构

主要参数：

1) 访问控制方式：CSMA/CD。

2) 传输媒体：同轴电缆。

3) 调制方式：宽带。

4) 网络拓扑结构：总线形。

5) 连接站数：2000 个。

6) 最长距离：13km。

7) 传输速率：10Mbit/s。

Wang net 采用宽频带、可传输数据、声音和图像，发送与接收信息各采用一根同轴电缆，将电缆分为数以百计的可同时通话的频道；其带宽为 340MHz。

108. 校园网络设计包括哪些方面？

1）校园网络中心；
2）教学子网；
3）办公子网；
4）图书馆子网；
5）宿舍子网；
6）后勤子网。

校园网络设计如图 3-17 所示。

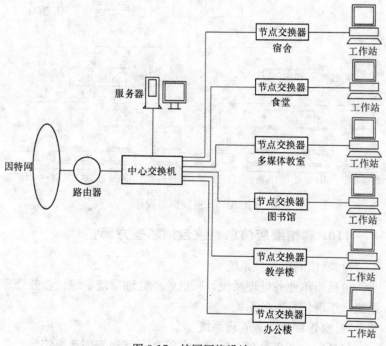

图 3-17 校园网络设计

109. 医院网络设计包括哪些方面？

医院网络设计包括门诊管理系统、住院管理系统、药品管理系统、院长查询系统、远程维护系统等。

医院网络设计如图 3-18 所示。

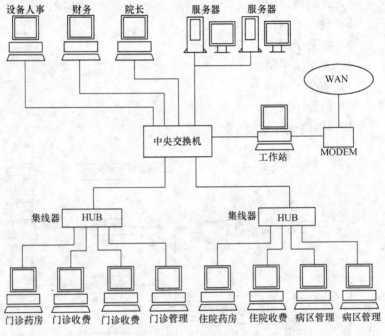

图 3-18 医院网络设计

110. 宾馆酒店信息系统包括哪些方面？

1) 宾馆酒店信息系统

包括简单业务处理系统，联机业务处理系统，综合业务处理系统，扩展信息服务系统。

2) 宾馆综合业务管理系统

包括前台业务管理，后台业务管理，其他管理系统等。

3) 高级宾馆信息系统

宾馆酒店信息系统如图 3-19 所示。
高级宾馆信息系统如图 3-20 所示。

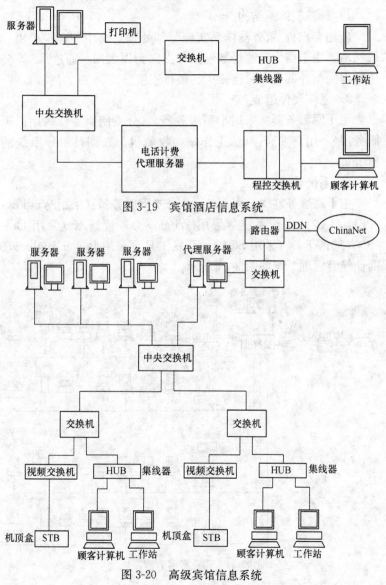

图 3-19 宾馆酒店信息系统

图 3-20 高级宾馆信息系统

111. 商业经营管理系统由哪些组成？

1）计算机体系结构

应用客户机/服务器体系实施分部处理与集中管理；应用二级网络，主干网为高速局域网，分支网为以太网；通过 X.25 公用数据网与外部仓库、连锁店、银行连接。

2）系统硬件组成

主干网服务器（采用小型服务器），分支网服务（采用微机服务器），用户端有：PC 工作站、收款机、查询及引导系统的 PC 机。

3）系统软件

主干网服务器（采用 Unix），分支网服务器（采用 Windows NT），工作站操作系统（采用 Windows），数据库（采用 Oracie），通信工具（采用 SQL），开发工具（采用 Power Builder）。商业经营管理系统如图 3-21 所示。

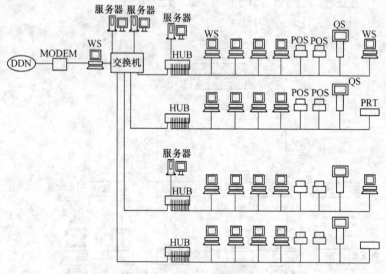

图 3-21 商业经营管理系统

112. 银行综合业务管理系统工作原理是怎样的？

银行综合业务管理系统主干网使用 FDDI 网络；局域网使用智能交换型集线器，X.25 作主要通信线路；广域网使用 DDN，用 PSTN 作备用线，用路由器与各分行、支行、办事处、分理处、储蓄所相连。银行综合业务管理系统如图 3-22 所示。

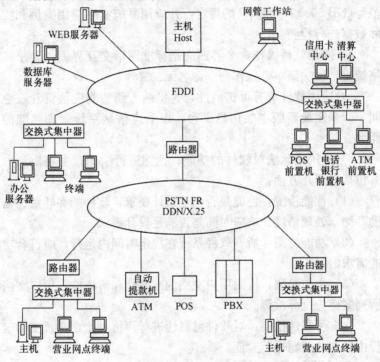

图 3-22 银行综合业务管理系统

113. 应用软件的检测应符合哪些要求？

1）智能建筑应用软件应包括办公自动化软件、智能化系统集成应用软件、物业管理软件。应用软件的检测应包括系统可扩展性、管理功能、界面操作标准性、基本功能等方面。

应用软件的检测分为合格和不合格。合格标准：检测其各功能应满足设计要求；否则为不合格，对不合格的应用软件经修改后应重新检测。

2）检测前应对软硬件的配置进行核对，其规格、数量、型号应符合设计要求。

3）软件产品的质量检测应符合《智能建筑工程质量验收规范》(GB 50339—2003)的规定，并应用系统实际应用案例和实际数据进行检测。

4）应用软件操作命令界面应是标准图形交互界面，要求风格统一，层次简单，操作命令命名无二义性。

5）应用软件应有可扩展性，为供纳入新功能应预留升级空间，应采用最新版本的信息平台，以适应信息系统管理功能的需要。

6）应用黑盒法对软件的功能、性能进行检测，主要检测内容包括以下几方面：

（1）性能检测：性能是否满足设计要求；软件的吞吐量、辅助存储、处理精度、响应时间是否满足设计要求。

（2）功能检测：所有软件系统在规定时间内运行，应符合功能需求的要求。

（3）文档检测：检测用户文档的准确性和清晰度，用户文档所列案例应全部检测。

（4）可靠性检测：对软件可靠性进行评价对比，并对实际运行中发现的问题进行验证。

（5）重复检测：对不合格的软件经修改后应重新检测，并应注意是否因修改产生了新问题。最终结果应满足设计要求。

（6）互连检测：对两个或两个以上不同系统连接后检测，以验证其互连性。

114. 办公自动化系统软件结构及功能是怎样的？

1）办公自动化系统软件结构如图 3-23 所示。

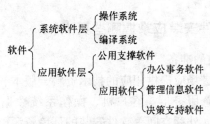

图 3-23 办公自动化软件层次图

2）各软件的基本功能

（1）系统软件的操作系统功能是控制各中央处理器、软硬盘空间、外围设备、时间及存储器等硬件的资源分配和使用。

（2）编译系统功能是根据语义规则和一组语法将一个符号集转化成另一个符号集。

（3）应用软件的公用支持软件功能是数据库管理、文字处理、中文校对、表格处理。

（4）应用软件的专门软件功能是会议管理、印刷排版、电话记录、办公用品管理、考勤管理、工资管理、现金出纳、会计核算、图书管理、备忘录、车辆调度、车间管理、商店管理、医院管理、宾馆管理等。简单的办公自动化软件如图 3-24 所示。

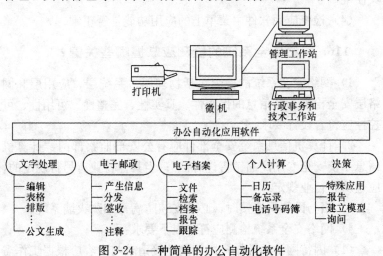

图 3-24 一种简单的办公自动化软件

115. 软件安装应掌握哪些要点？

1）施工前的准备

（1）软件进场应提供相应的技术资料、版本、介质。

（2）应检查服务器、客户机、操作系统数据软件、开发工具、读取设备、外存空间等软件安装的环境资源。

（3）应有检测标准和安装说明书。

2）软件安装

（1）按安装说明书依次安装，直到完成。

（2）自定义或设置应用软件初始参数，执行系统数据，初始化过程。

（3）创建用户口令、标识、用户权限等系统安全机制，确保正常运行。

3）验收

（1）检查安装的设备是否与目录、说明书和设计文件相符。

（2）启动引导程序、验证其执行结果是否准确。

（3）检查用户登录、口令输入、用户标识、口令修改等是否灵便准确。

（4）检查应用软件主菜单上的应用功能是否正常。

116. 网络安全系统的检测应掌握哪些关键？

1）网络安全系统的检测包括物理层、系统层、应用层和网络层安全检测；其信息的保密性、真实性、完整性、可用性、可控性应符合设计要求。

2）计算机信息系统安全部件应有公安部监察部门"计算机信息系统安全专用产品销售许可证"；当其他行业有另行规定的，应遵从其行业规定。

3）当与因特网连接时，必须安装防病毒和防火墙系统。

4）网络安全系统检测应符合以下要求：

（1）因特网访问控制：因特网连接请求与内容应根据工作需

要进行内部控制，终端仅能接收专用的资源信号，其结果应符合设计要求。

（2）防攻击：信息网络能抵抗来自防火墙以外的攻击，采用人为攻击，不破为合格。

（3）控制网络与信息网络安全隔离：测试方法应符合《智能建筑工程质量验收规范》（GB 50339—2003）第 5.3.2 的要求，未经授权，信息不能进入控制网络，符合要求为合格。

（4）防病毒系统：通过人为方式将目前流行的病毒向各点传播，防病毒系统执行杀毒操作为合格。

（5）入侵检测系统：用流行的攻击手段模拟攻击，被检测系统发现并阻拦为合格。

（6）内容过滤系统：尝试访问若干受限网址或内容，应被阻拦；尝识若干未受限网址或内容，应顺畅无阻为合格。

5）系统安全应符合以下要求：

（1）操作系统经试验验证具有一定的安全强度。

（2）文件系统的安全性能应有一定保障。

（3）管理操作系统的用户账号，用户使用的口令应符合安全要求。

（4）服务器仅提供必要的服务，应关闭不必要的服务，更换和升级相应补丁程序，调整漏洞服务或操作系统；扫描服务器应检查无漏洞。

（5）审计系统应认真设置和正确使用，对非法侵入应有记录；模拟非法侵入后审计日记应存有相应记录。

6）使用安全应符合以下要求：

（1）访问控制：根据用户需要进行访问控制，用户应能访问获得侵权的资源，而不能访问未经授权的资源。

（2）身份认证：用户口令应加密传输或禁止在网络传输；实行用户账号管理并要求用户使用安全口令。

7）物理层安全应符合以下要求：

（1）涉及国家秘密的企事业单位、党政机关的网络工程应按

《涉及国家秘密的计算机信息系统保密技术要求》(BMZ1)、《涉及国家秘密的计算机信息系统保密评测指南》(BMZ3)和《涉密信息设备使用现场的电磁泄漏发射保护要求》(BMB5)等国家现行标准的有关规定进行检测和验收。

（2）中心机房的电源和接地环境应符合《智能建筑工程质量验收规范》(GB 50339—2003) 第 11、12 章的规定。

8）应用安全应符合以下要求：

（1）安全审计：应用系统的访问应有审计记录。

（2）保密性：数据的存储、使用、传输，不应被非法用户获取。

（3）完整性：数据的存储、使用、传输，不得被破坏和篡改。

117. 信息网络系统产品及软件配置应符合哪些要求？

1）信息网络系统产品（硬件、软件）应经过审批并确保安全。网络安全系统产品应符合设计、施工合同及产品说明书的要求，有合格证明文件。防火墙及防病毒软件必须经公安部安全产品质量监督检验合格，获得公安部安全监督局颁发的"计算机信息系统安全专用产品销售许可证"，当有其他行业规定时，应符合其规定。

2）将不提供对外服务的服务器放在内网；所有对外提供服务的服务器不得设在军事区。防火墙的设置应符合以下要求：

（1）未经授权，外网不能访问内网的任何主机和服务；

（2）外网只能访问非军事区内指定服务器的指定服务；

（3）从非军事区可以根据需要访问外网指定服务；

（4）从非军事区可以根据需要访问内网指定服务器上的指定服务；

（5）可以从内网根据需要访问外网指定的服务；

（6）可以根据需要从内网访问非军事区指定服务器上指定的

服务；

（7）防火墙必须针对某个主机、某种服务、某网段进行设置；

（8）防火墙的设置必须能够防范 IP 地址欺骗等一些违法行为；

（9）防火墙的设置必须是可调整、可扩展的；

（10）防火墙设置后，必须能够隐藏包括 IP 地址分配在内的内部网络结构。

3）网络环境防病毒应包括以下内容：

（1）设置保护邮件服务器的防病毒专用软件；

（2）设置网关型防病毒服务器软件，对办公自动化系统网络进出数据包进行病毒检测及清除；网关型防病毒服务器与防火墙尽量统一管理；

（3）为防止病毒通过单机（带毒光盘、软盘）侵入，应对各主机实施保护；

（4）设置保护重要服务器的防病毒软件，防止病毒通过访问途径侵入。

118. 实时入侵检测设备具有哪些特性？

1）软件生产厂家必须定期供给经更新的防攻击方法库，来检测和防止新的黑客攻击。

2）具备必需的攻击方法库以检测和防止新的黑客攻击。

3）必须能在入侵时及时检测出有黑客攻击，并采取措施进行处理。

4）能提供发送电子邮件、寻呼或出示对话框等形式的报警功能。

5）能发现、阻断入侵，并有记录。

6）不占用过多网络资源，安装系统后，网速基本与不安装前无明显区别。

7）与防火墙设备尽量统一设置和管理。

119. 网络安全性检测应符合哪些要求？

1）防攻击

对信息网络使用流行的攻击手段进行模拟攻击，应被入侵检测软件及时发现和阻拦。

2）防病毒系统的有效性

将含有当前已知流行病毒的文件（病毒样本）通过文件传输、邮件附件、网上邻居等方式向各点传播，各点的防病毒软件应能准确检测到该含病毒文件，并及时执行杀毒操作。

3）扫描防火墙

防火墙本身应没有任何对外服务的端口（DMZ 网和代理内网的服务除外）；扫描 DMZ 网的服务器，只能扫描到应该提供服务的端口，内网宜使用私有 IP。

4）检查网络拓扑图，所有服务器和办公终端均应处在相应防火墙的保护范围以内。

120. 信息网络系统验收应掌握哪些关键？

1）信息网络系统验收应包括以下方面：

（1）工程实施及质量控制检查；

（2）系统检测合格；

（3）运行管理队伍已组建，并已健全了管理制度；

（4）运行管理人员已经过培训，并能独立上岗操作；

（5）竣工验收资料完整齐全；

（6）系统检测项目的抽检和复核结果符合设计要求；

（7）观感质量验收符合要求；

（8）智能建筑的等级符合《智能建筑设计标准》（GB/T 5031）的设计要求；

（9）信息安全管理制度应符合要求。

2）竣工验收结论和处理

（1）竣工验收分为合格和不合格。

（2）系统验收符合《智能建筑工程质量验收规范》（GB 50339—2003）第 3.5.1 的全部规定为合格，否则为不合格。

（3）各系统竣工验收合格，则为智能建筑工程竣工验收合格。

（4）竣工验收过程中发现的系统或子系统不合格项，应责成施工单位限期整改，整改完成后，重新验收。如仍不能满足安全使用要求，则系统不能通过竣工验收。

竣工验收应按《智能建筑工程质量验收规范》（GB 50339—2003）附录 D 中表 0.1 和表 0.2 的要求填写资料审查结果和验收结论。

3）竣工验收文件包括以下内容：

（1）设备进场验收报告；

（2）产品检测报告；

（3）设备配置方案如配置文档；

（4）计算机网络系统检测报告和记录；

（5）用户使用报告和应用软件检测记录；

（6）安全系统的检测报告和记录及系统试运行记录。

第 4 章 建筑设备监控系统

121. 建筑设备自动化系统由哪些部分组成？

建筑设备自动化系统的组成如图 4-1 所示。在建筑物内设置 BAS 是为了给人一个工作与学习生活舒适、安全的良好环境，使所有设备处于高效节能状态。其功能包括建筑设备实现最佳过程控制自动化、运行状态监控和计算的设备管理自动化、安全状态监控及灾害控制的防灾自动化和节能运行的能源管理自动化四个方面。

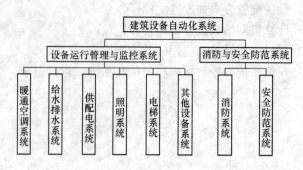

图 4-1 建筑设备自动化系统的组成

消防和安全防范两个系统一般与 BAS 一同设置；当单独放置时，应与监控中心相连，以便发生灾情时能及时实现操作进行协调控制。

122. 建筑设备监控系统的结构与功能是怎样的？

建筑设备监控系统的结构分为三层。
1) 中央管理系统
主要是负责对 BA 系统进行组织、协调、管理和控制。

2）系统监督控制器

主要负责对某设备子系统监控和管理现场的所有控制器，按预定的程序或人的指令对设备进行控制管理，并将子系统的相关信息及时向中央管理计算机传递。

3）现场控制器

一台现场控制器对若干台设备进行监控、自动监测、保护、故障报警、调节控制，通过传感器检测的参数进行数字控制。

建筑设备监控系统的基本功能是对智能建筑内各类机电设备进行监控、控制和实施自动化管理，达到集中管理、节能、可靠、安全的目的。建筑设备监控系统基本功能如图 4-2 所示。

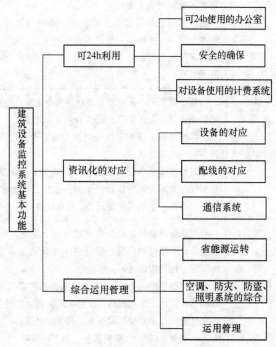

图 4-2　建筑设备监控系统基本功能

123. 建筑设备监控系统对哪些进行监控？

1）建筑设备监控系统的监控对象如表 4-1 所示。
2）BA 系统的中央监视、控制、测量及记录表如表 4-2 所示。
3）机电设备一览表如表 4-3 所示。
4）中央监控系统输入、输出及报警特征如表 4-4 所示。

建筑设备监控系统的监控对象　　　　　　表 4-1

序号	类别	主要对象细分
1	暖通空调系统	暖通空调系统是建筑物内功能最复杂、涉及设备最多、设备分布最分散和能耗最大的一个系统，建筑设备自动化监控系统控制的主要对象
		通风空调系统需要监控的主要设备有热水泵、冷却塔、冷冰水泵、冷水机组、新风机组、空气处理机组、变风量机组、风机盘管、热交换器、锅炉、分汽缸、凝结水回收装置等
2	给水排水系统	在智能楼宇中，生活给水系统通常有水泵直接供水方式、高位水箱供水方式和气压罐压力供水方式等
		生活排水系统通常采用先把污水集中于污水池，然后用排水泵排水的方式
		建筑给水排水系统需要监控的设备主要有高位水箱、低位水箱、蓄水池、污水池、水泵、加压泵、饮水设备、热水供应设备、生活水处理设备、污水处理设备等
3	电气系统	电气系统包括供配电与电气照明两个系统。供配电系统为整个建筑物提供电源，保证各个系统的正常供电要求，保障整个建筑物的正常工作秩序
		电气照明系统为人们的工作和生活提供必需的光环境，既满足人体舒适感的要求，又要实现节能的目的
		电气系统需要监控的设备主要有变配电设备、自备电源、不间断电源（UPS）、照明设备、动力设备等
4	运输系统	主要包括电梯、自动扶梯等设备

表 4-2

中央监视、控制、测量及记录表

类别	设备分类	对象细分	监　视	控　制	资料显示及记录
电力供应管理	受电变电设备	配电盘	电力需量、电压、电流、功率、电能、频率、功率因数等计划资料、数字型表示及监视	电力需量控制，功率因数自动改善控制，停电、复电等自动顺序控制	电力使用量、设备运转使用显示、荷载表、配电系统图等表示
		开关设备	开关设备操作状态、过载切换监视及记录	(1) 变压器台数、断路器、隔离开关操作 (2) 开关设备自动控制开关操作 (3) 停电时控制电源自动切换 (4) 复电时控制电源自动切换 (5) 自动顺序送电、动力再起动	操作运转状态及异常状况的显示及记录
		动力设备	(1) 运转状况监视表示 (2) 异常、故障监视表示	(1) 定时开、停、顺序逻辑控制 (2) 个别开停操作 (3) 顺序开、停 (4) 紧急时控制	(1) 状态记录 (2) 故障记录
		照明设备	(1) 照明回路的状态监视 (2) 异常监视	(1) 白天/晚间的定时自动控制 (2) 顺序操作 (3) 依日照前自动调节	(1) 操作记录 (2) 故障记录
	紧急电源设备	备用发电设备	(1) 电压、电流、频率等数字型表示 (2) 过速、过温的异常状态监视表示 (3) 计测资料数字型表示 (4) 发电机负荷监视	(1) 停电时自动起动及电源自动切换控制 (2) 顺序操作 (3) 发电机负荷控制：自动顺序送电、过负荷自动选择控制	(1) 操作运转状态及异常的显示 (2) 发电机运转时数的记录 (3) 故障记录 (4) 资料的记录
		蓄电池设备	(1) 状态监视表示 (2) 异常监视表示	停电时，遮断器、开闭器自动操作控制	(1) 状态记录 (2) 异常警报状态的显示及记录

续表

类别	设备分类	对象细分	监视	控制	资料显示及记录
舒适环境管理	空调设备	冰水主机设备	(1) 主机状态监视表示 (2) 主机异常监视警报 (3) 冰水温度、压力、计划资料数字型表示 (4) 类比值上下限警报	(1) 机器的个别起动、停止 (2) 机器按照程序起动、停止及周期运转控制 (3) 最佳的起动、停止遥控设备 (4) 温度遥控设备 (5) 控制风门开度的设定 (6) 火灾时的动力控制 (7) 外气进气控制 (8) 上下限警报控制 (9) 停电/复电处理 (10) 手动/自动切换 (11) 转数速度切换 (12) 节电动转程序控制	(1) 操作、运转显示与记录 (2) 故障异常记录 (3) 上下限警报记录 (4) 日报表示的控制 (5) 资料表示的记录
	换气设备	冰水、冷(冷热源设备)、凝水泵	(1) 机器状态监视 (2) 机器异状监视 (3) 机器台数表测 (4) 资料数字计测 (5) 类比值上下限警报	(1) 机器的个别起动、停止 (2) 机器按照程序起动、停止 (3) 最佳台数控制 (4) 机器台数控制 (5) 空调负荷预测控制 (6) 贮热运转控制 (7) 温度的遥控设定	(1) 操作、运转显示与记录 (2) 故障异状记录 (3) 上下限警报记录 (4) 日报表示的控制 (5) 资料表示的记录
		冷却水塔	冷凝水温度的计测、冷却风扇状况及异常报警的监视	系统顺序起动、停止的控制	操作运转状态及异常状况等显示记录
		空调箱设备	温度、压力的计测风量状况及过滤的监视	温湿度、压力、阀门、风门等自动控制	操作运转状态及异常状况等显示记录
		通风扇设备	空气新鲜度及送排风状况的监视	自动开/停自动控制	操作运转状态及异常状况等显示记录

续表

类别	设备分类	对象细分	监视	控制	资料显示及记录
舒适环境管理	卫生设备	锅炉设备、储油设备、热水泵、蒸汽压力、给水、排水泵设备、污水设备	(1) 热水供应温度、油箱、油位等状况的监视表示 (2) 机器状态监视警报 (3) 机器异常状态监视 (4) 蒸汽压力高低警报的异常监视 (5) 液面位置监视 (6) 使用水量、排水量计测 (7) 瓦斯使用量计测	(1) 温度及开/停自动控制 (2) 泵自动开/停控制及个别定时开停控制 (3) 节水程序控制	(1) 操作运转记录 (2) 故障、异常状态记录 (3) 各种类比值记录
	环境监视设备	公害监视设备	(1) 资料数字计测 (2) 类比值上下限警报 (3) CO_2浓度监视警报 (4) 煤烟浓度监视、警报 (5) 燃气漏气监视、警报	上下限警报控制	(1) 上下限警报的记录 (2) 资料的记录 (3) 故障、异常状态记录
防灾安全维护管理	防灾设备	自动火警设备、灭火设备、防排烟设备、紧急广播设备、避难诱导设备、紧急电话设备	(1) 火灾警报表示 (2) 机器动作表示 (3) 与受信机连接监视 (4) 引导灯、紧急插座的电源表示 (5) 紧急电话接受表示 (6) 紧急电梯运行表示 (7) 感震器动作表示 (8) 风向风速表示 (9) 航空障碍灯表示	(1) 自动报警 (2) 消防泵、防排烟机等联锁自动控制 (3) 紧急电梯控制 (4) 避难引导控制 (5) 太平门开锁控制 (6) 紧急广播操作控制 (7) 紧急电梯停止控制 (8) 感震时紧急停止控制 (9) 火灾时空调停止控制 (10) 事故处理程序式	(1) 火灾信号及紧急处理指示等显示记录 (2) 防灾设备动作记录 (3) 灭火器动作记录

续表

类别	设备分类	对象细分	监视	控制	资料显示及记录
防灾安全维护管理	防灾监视设备	侵入警报设备、门禁监视设备、防盗巡逻设备	(1) 出入口、门窗的状态监视 (2) 入室检查器动作表示 (3) 闭路电视监视、警报 (4) 巡逻、巡检时间表示	(1) 检查一警戒的变换 (2) 室内感应器切换操作、依序程序上锁启锁控制 (3) 闭路电视选择操作控制 (4) 巡逻作业	(1) 防范设备器动作记录 (2) 巡逻记录 (3) 育小侵入信号及紧急处理指示显示与记录
		电梯设备、电扶梯设备	(1) 状态监视、运行表示 (2) 设备异常监视	(1) 电源开、关控制 (2) 电梯回归基准楼控制	(1) 操作记录 (2) 设备异常记录
		停车场设备	(1) 大门开闭状态表示 (2) 大门表示灯监视 (3) 停车状况监视 (4) 闭路电视监视 (5) 排气、燃气浓度监视	(1) 大门开闭控制 (2) 大门引导表示灯控制 (3) 火灾时的控制消防车到达引导 一般车辆交通管制	(1) 大门的操作状态记录 (2) 车辆出入的记录
一般管理	一般设备	广播设备	电源状态监视	(1) 公共广播控制 (2) 馆内呼叫	异常记录
		集中读表设备	电源状态监视	报表编制	异常记录
		电话设备	电源状态监视	报表编制	异常记录
		上下班表示	上下班状态表示	报表编制	上下班记录
		保养设备	监视机器的使用状况、运转时间、日数	保养声明 报表编制	使用状态记录运行时间、日数

机电设备一览表　　　表 4-3

序号	设备名称	数　量	设备位置
1	冷水机组		
2	冷冻水泵		
3	冷凝水泵		
4	冷却塔		
5	空气处理机		
6	风机盘管		
7	整体式空调器		
8	排风机		
9	给水泵		
10	污水泵		
11	给水箱		
12	污水池		
13	消防泵		
14	加压泵		
15	主配电箱		
16	分配电箱		
17	总灯光回路		
18	变压器		
19	发电机组		
20	电梯		
21	报警系统		
22	门监视		
23	大门刷卡		
24	其他		

中央监控系统输入/输出特征表 表 4-4

工程名称	数量	硬件											
		输入						输出					
		数字				模拟				数字		模拟	
控制点描述		气流开关	水流开关	状态开关	辅助开关	kW·h	水流量传感器	电压互感器	电流互感器	功率	温度	电磁控制	BAS输出	控制继电器	0~20 mA	0~20 V(DC)

工程名称	数量	软件			
		报警		大楼管理系统功能	
		数字	模拟		
控制点描述		设备状态	高低位置	运行时间	高低位限制	程序开关	最佳开关	巡视路线	历史数据	负荷限制	冷冻机最佳开关	冷冻水温度再设置	温度控制	图形报告

124. 建筑设备监控系统工程施工有哪些规定？

1) 建筑设备及材料

建筑设备及材料进场验收除应符合《智能建筑工程质量验收规范》(GB 50339—2003) 第 3.34、3.35 条的规定外，还应符合以下规定：

(1) 电气设备、材料、成品和半成品进场验收应符合《建筑电气工程施工质量验收规范》(GB 50303—2002) 第 3.2 节的规定。

（2）各类变送器、传感器、电动阀门及执行器和现场控制器等的进场验收应符合以下要求：

①外观检查。铭牌、附件清晰齐全，电气接线端子完好，设备表面无损伤，涂层完好。

②随机文件齐全，具有合格证及产品许可证、强制性产品认证标志（当有要求时）等资料。

（3）软件产品进场验收应符合《智能建筑工程质量验收规范》(GB 50339—2003) 第3.2.6的规定。

（4）网络设备进场验收应符合《智能建筑工程质量验收规范》(GB 50339—2003) 第5.2.2的规定。

2）建筑设备监控系统安装条件

（1）机房、弱电竖井的工程施工已完成。

（2）预留孔、预埋管的设置经复核符合设计要求。

（3）通风与空调设备、动力设备、给排水设备、电梯、照明控制等设备的安装应留好控制信号的接入点。

125. 建筑自动化系统规模设计应符合哪些原则？

1）建筑自动化系统规模设计应符合以下原则：

（1）适应系统规模；

（2）满足集中监控的需求；

（3）尽量减小故障波及范围，使危险分散；

（4）减少初始开支；

（5）系统可扩展性。

系统规模应符合表4-5的要求。

BA系统规模区分表　　　　　　　　表 4-5

系统规模	监控点数（个）	系统规模	监控点数（个）
小型系统	40 以下	较大型系统	651～2500
较小型系统	41～160	大型系统	2500 以上
中型系统	161～650		

2) 集中监控系统软件、硬件应为可集散型，并达到以下要求：

（1）监控管理功能集中在有相应操作级别的终端和中央站，实时有效的控制和调节功能由分站完成。

（2）中央站停止工作分站将不受影响，局部通信网络照常工作。

3) BA 系统信号传递途径如图 4-3 所示。

4) 分级分布式系统结构如图 4-4 所示，其结构特点如下：

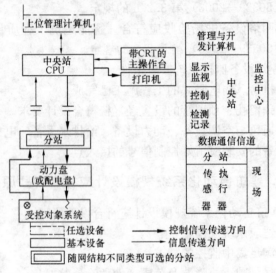

图 4-3　BA 系统的信号传递途径

（1）分站设在所控系统的附近；

（2）以一台微处理机实现全部监控功能；

（3）与中央站和分站实现数据通信。

5) 中型和小型分散系统宜采用分级分布监控，当受投资、使用、维护限制时，可采用集中结构。

（1）中央站使用计算机监控，分站不设 CPU；

（2）分站完成数据采集、转换与传递等功能采用功能模块式结构；

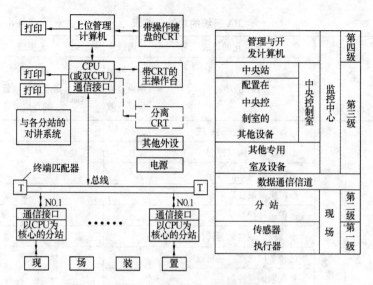

图 4-4 分级分布式系统结构

注：图中未画出可能配置的"二级操作站"和"远方操作站"以及可能配置的内存储器、外存储器和调制解调器等。

（3）具有控制所有设备启停、参数调节功能。

小型和布置比较集中的较小型系统，可仅设一台微机，不设分站，组成单机多回路系统对现场各装置实施控制。

中央监控系统集现代控制技术、信息通信技术、计算机技术于一体，对智能建筑物各种设施全面进行监控，如采暖、空调、电力、照明、给排水、消防、电梯、防盗报警、语音与数据通信、物业管理、出入口监控、卫星广播电视等方面的监控和管理，以达到安全舒适、节能、高效的最终目的。所以，中央监控系统必须具备显示功能、操作功能、监控功能、数据管理功能、安全保障功能、自诊功能、控制功能、内部互通话功能和其他系统之间通信功能、记录功能等 10 方面功能。

126. 建筑设备监控系统有哪些功能？

建筑设备监控系统的功能如表 4-6 所示。

BA 系统的功能一览表　　　　　表 4-6

功能表	等级概要	智能化的等级 / BA 的功能表	丙级 中央控制 中央监视 功能分散	乙级 功能分散 中央监视	甲级 和 LAN 接续后可执行的存取处理
BA 系统	大楼管理系统	设备最佳启动控制系统			
		温湿度自动调整控制	○	○	○
		空调机器最佳启动控制	◎	◎	◎
		热源机器最佳启动控制	○	◎	◎
		远程运转控制	○	◎	◎
		小规模区域自动运转控制		◎	◎
		运转条件设定、变更控制	○	◎	◎
		外气取入量控制		◎	◎
		电梯群管理系统	○	◎	◎
		设备状态监视系统			
		电气卫生空调各设备状态监视	◎	◎	◎
		能源计测功能	○	◎	◎
		大楼资讯计测系统			
		大楼资讯的记录、解析功能		○	◎
		维护资讯的计测解析功能			◎
		大楼承租户的自动计费系统	◎	◎	◎
		停车场自动管理系统	◎	◎	◎
	安全系统	防盗系统			
		远方防盗管理系统	○	◎	◎
		入室管理系统	○	◎	◎
		Key box 管理系统	○	◎	◎
		灭火防火监视系统			
		火灾检测警报系统	◎	◎	◎
		自动防火检查系统			◎

续表

功能表	等级概要	智能化的等级 BA 的功能表	丙级 中央控制 中央监视 功能分散	乙级 功能分散 中央监视	甲级 和 LAN 接续后可执行的存取处理
BA系统	安全系统	自动灭火系统	○	◎	◎
		防灾监视系统			
		燃气、漏电、漏水检测系统	◎	◎	◎
		防排烟控制	○	◎	◎
		避难自动引导系统			◎
		防爆耐震对策监视			◎
		电梯防灾系统			
		火灾管制运转控制	◎	◎	◎
		地震管制运转控制	◎	◎	◎
		发电机的管制运转控制	◎	◎	◎
		停电时自动机床控制	◎	◎	◎
		声音应答功能		◎	◎
	节能源系统	照明设备最佳运转控制			
		自动调光	◎	◎	◎
		自动点灭控制	○	◎	◎
		百叶窗集中控制		◎	◎
		电力设备效率化运转控制			
		契约用电控制	◎	◎	◎
		变压器台数控制		◎	◎
		功率因数改善	◎	◎	◎
		节能空调系统			
		热回收空调	◎	◎	◎
		蓄热槽空调	◎	◎	◎
		降低热传送动力	◎	◎	◎

续表

功能表	概要 等级	智能化的等级	丙级	乙级	甲级
		BA的功能表	中央控制 中央监视 功能分散	功能分散 中央监视	和LAN接 续后可执 行的存取 处理
BA系统	节能源系统	外气冷房运转控制	○	◉	◉
		冷媒自然循环空调		◉	◉
		利用太阳能的热水系统	◉	◉	◉
		节水系统			
		中水道设备	○	◉	◉
		节水型自动冲洗设备	○	◉	◉

注：○：依现在的技术水准来提高功能；
◉：依高度的技术水准来提高功能。

127. 建筑设备监控系统有哪些主要设备？

建筑设备监控系统的主要设备如表4-7和表4-8所示。

BA系统的主要设备（方案1） 表4-7

符号	名称	概要	规格
MCU	中央处理装置	负责系统的通盘管理和对下列外围设备的输入/输出进行综合管理	主处理装置：32位CPU 主记忆容量：32MB（兆节）以上 最多管理点数：5000点 辅助记忆装置 磁硬盘（HDD）：1GB（吉兆）（格式化时） 软盘（FDD）：1.44MB（兆节）3.5in 光磁盘（MO）：230MB（兆节） CDROM驱动器：2倍速度以上 电源：交流（AC）100V（1±10%）、50/60Hz、1000VA

续表

符号	名称	概要	规格
CRT	彩色显示屏幕	作为主要的显示装置，使用日语处理各种图表的显示。此外，利用画面分割显示功能可同时显示出数个图表、数据，并且利用选择菜单显示功能也可简化监控、操作的处理程序	显示画面：21in 显示颜色：256色（图表显示为32色） 显示字符：英文字母、日语片假名、平假名、汉字（第JIS第1、第2标准） 分辨率：1024×768点阵 键　　盘：JIS规格键盘 显示画面：多窗口显示 鼠标器：机械式 画面幅数：200幅
KB	键盘		
MS	鼠标器	可对图面进行选择和操作	
MPR	信息打印机	处理各种信息数据的记录。打印时以简单的日语进行表示，并且在警报鸣响时用红色打印、复位时用蓝色打印以便于识别 1. 警报鸣响时的打印（地址、时间、名称、数据、单位、类别） 2. 正常复位时的打印 3. 手动操作记录	打印字符种类：英文字母、日语片假名、汉字（JIS第1、第2标准）日语平假名、符号 打印方式：点阵冲击打方式 打印速率：275字/s（ANK模式） 打印字数：136字/行 打印字体颜色：黑、红、蓝 打印用纸：15in 电源：交流（AC）100V（1±10%）、50/60Hz、50VA

BA系统的主要设备（方案2）　　表4-8

符号	名称	概要	规格
P-SDT	便携式维修服务用数据终端	利用鼠标器和液晶显示屏（LCD）执行区域控制装置内的数据管理 便携式构造、方便于维修服务时使用	

续表

符号	名称	概要	规格
MOD	调制解调器	调制解调装置 可对电气信号和声音信号进行相互切换	通信速度：1200bit/s以上 接口：RS-232C
RU	终端传送装置	设置于现场，以便执行与中央控制装置之间的数据传送 在远程装置和各项输入/输出管理点之间分别布线，与动力板之间的信号处理则通过辅助继电器等使其呈电气分离状态，以预防本装置受到输入/输出字节事故的影响	输入/输出管理点数：参照中央管理点输入/输出一览表 电源：交流（AC）100V（1±10%）、50/60Hz
PMX	热源用DDC控制装置	与中央监控装置保持通信，并执行热源循环的数字计算、控制（DDC） 根据需要，可使用基本功能中的运转管理、运转台数控制、间隔运转、启动时负载控制、使用备机控制、低负载控制等软件	输入/输出管理点数：参照中央管理点输入/输出一览表 控制内容：参照自动控制计测装置图 电源：交流（AC）100V（1±10%）、50/60Hz
DDC	空调机用控制装置	与中央监控装置保持通信，并执行空调器循环的数字计算、控制（DDC） 在控制记忆容量范围内，可进行个别编程，在各个输入/输出管理点之间的布线互相独立	输入/输出管理点数：参照中央管理点输入/输出一览表 控制内容：参照自动控制计测装置图 电源：交流（AC）100V（1±10%）、50/60Hz 配件：参数设定器5台（台计）
INT	内部互通电话	执行中央与远方之间的相互通话	通话方式：按键通话式互通电话型 电缆规格：MV-VS0.9-2C

续表

符号	名称	概要	规格
UPS	不间断电源装置	向中央监控装置及必要的终端传送装置提供不间断电源	输入：AC/DC 100V 输出：交流(AC)100V 容量：5kVA 蓄电池工作时间：15min 蓄电池类型：小型工具铅蓄电池 供电方式：常备换流器
SI-NET	系统联合网络	是构成中央监控装置主体的传送线路，并可传送各种数据	通信速度：100Mbit/s 以上 通信方式：专用通信线路 电缆规格：10BASE-2 同轴电缆
NC-BUS	控制总线	负责执行中心装置与 RS 之间的数据传送	通信速度：4.8Mbit/s 以上 通信方式：专用通信线路 电缆规格：IPEV-S0.9-IP（绞合双线电缆）
I/F	接口	对其他系统的通信及输入数据进行管理并可同时执行与 MCU 之间的信息传送	连接系统：安全保障系统、动力监控系统、远动装置 通信方式 线路方式：4 线式 传送方式：半双向通信 同步方式：起始、停止同步方式 通信控制顺序：查询/选择方式（相当于 JIS×5002）

续表

符号	名称	概要	规格
LRP	报表打印机	以一览表的格式打印出各种数据 (1) 定时自动打印日报表/定日自动打印月报表/定月自动打印年报表（利用软件完成格式化、并打印在空白纸张上） (2) 各种一览表 警报一览表、状况一览表、计测要点一览表、未确认警报一览表、转动停止中的机器一览表 (3) 维修信息打印 (4) 操作记录打印 (5) 趋势图数据打印 (6) 画面打印	打印字符种类：英文字母、片假名、汉字（JIS 第 1、第 2 标准）平假名、符号 打印方式：点阵击打方式 打印速度：275 字/s（ANK 模式） 打印字数：136 字/行 打印字体颜色：黑 打印用纸：15in 电源：交流（AC）100V（1±10%）、50/60Hz、50VA
HCP	硬拷贝打印机	对监视器（CRT）中的显示内容进行彩色拷贝	打印方式：热感应方式 打印速度：60s（数据读取时间为 8s） 打印字体颜色：256 色彩 打印用纸：A4 号规格用纸 电源：交流（AC）100V（1±10%）、50Hz、400VA
UIC	设备综合控制装置	负责与 RU、DDC 保持通信，并对管理点数据、时间控制等执行管理工作，也可用于累计趋势图数据 当中央装置工作失败，可对操作程序进行备份操作	主记忆装置：32 位 CPU 记忆容量：2MB（兆节）以上 最多管理点数：1000 点/装置 主干线数：4 线/装置 电源：交流（AC）100V（1±10%）、50/60Hz、100VA

128. 建筑设备控制系统施工应具备哪些条件?

1）施工单位应有与施工工程相应等级的资质证书。

2）经审批的施工图样，包括平面图、设备安装图、系统图、接线图及其他相关文件。

3）工程施工必需的设备、辅材、仪器、器材、机械等已经全部进场并验收合格。

4）具有国家相关法律、法规、规范、标准行业标准或企业标准等相关文件；工人已经过技术和安全培训。

5）施工临时用水、用电已经接通。

129. 建筑设备控制系统施工应掌握哪些原则?

建筑设备控制系统施工应掌握的原则如表4-9所示。

建筑设备控制系统施工的一般原则　　　　表4-9

类　别	内　容　及　要　求
施工前期准备	施工准备阶段通常包括以下几方面的内容： (1) 技术准备 (2) 施工现场准备 (3) 物资、机具、劳动力准备 (4) 季节施工准备 (5) 思想工作的准备等
施工阶段与主体工程的配合	智能建筑设备控制系统的施工与主体建筑工程有着密切的关系，配管、配线及配线架或配线柜的安装等都应与土建施工过程密切配合，做好预留孔洞的工作。这样，既能加快施工进度，又能保证施工质量 对于钢筋混凝土建筑物的暗配管工程，应当在浇筑混凝土前（预制板可在铺设后）将一切管路、接线盒和配线架或配线柜的基础安装部分全部预埋好，其他工程可以等混凝土凝固后再施工。表面敷设（明设）工程也应在配合土建施工时装好，避免以后过多地凿洞破坏建筑物。对不损坏建筑的明设工程，可在抹灰工作及其表面装饰完成后再进行施工 智能建筑设备控制系统安装工程除和土建工程有着密切关系、需要协调配合外，还和其他安装工程，如给水排水工程、供暖通风工程等有着密切的关系。施工前应做好图纸的会审工作，避免发生安装位置的冲突

续表

类 别	内 容 及 要 求
施工过程中应注意的问题	（1）施工现场项目负责人要认真负责，及时处理施工过程中出现的各种情况，协调处理各方意见 （2）如果现场施工碰到不可预见的问题，应及时向工程建设单位汇报，并提出解决的办法供建设单位当场研究解决，以免影响工程进度 （3）对工程单位计划不周的问题，要及时妥善地解决 （4）对工程单位新增加的点要及时在施工图中反映出来 （5）对部分场地或工段要及时进行阶段检查验收，确保工程质量

130. 建筑设备监控系统施工及检测流程是怎样的？

建筑设备监控系统施工流程如图 4-5 所示。施工完成以后，施工单位在自检合格的基础以向监理申请验收。

建筑设备监控系统检测流程如图 4-6 所示。建筑设备监控系统的检测应由具备相应资质的检测单位进行，并出具检测报告。

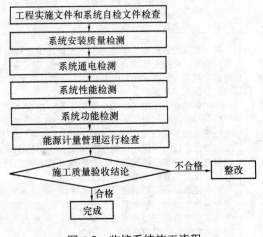

图 4-5　监控系统施工流程

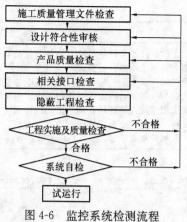

图 4-6 监控系统检测流程

131. 建筑设备控制系统施工技术管理包括哪些内容?

建筑设备控制系统施工技术管理如表 4-10 所示。建筑设备控制系统施工过程中,应严格按照设计和现行国家、行业、企业标准、规范的要求进行施工;对进场设备、线材、安装、调试、检查验收等工程施工所涉及的项目实行有效的管理和监督。对关键部位、关键工序的施工,应由监理旁站监督并做好记录。

建筑设备控制系统施工技术管理　　　表 4-10

类　　别	内　容　及　要　求
技术标准和规范管理	在建筑设备自动化系统工程中所涉及的国家或行业标准和规范很多,例如火灾自动报警系统、安全防范系统、闭路电视监控系统、有线电视系统、通信系统、室内布线、监控中心、综合布线系统等。因此,要在系统设计、设备提供和安装等环节上认真检查,对照相关的标准和规范,使整个管理处于受控状态
安装工艺管理	建筑设备自动监控系统工程是一个技术性和工艺性都很强的工作,要做好整个工程的技术管理,关键是要明确各个施工阶段设备安装的技术条件和安装工艺的技术要求。现场工程技术人员要严格把关,凡是遇到与规范和设计文件不相符的情况或施工过程中出现了现场修改的内容,都要记录在案,为最后的系统整体调试和开通建立技术管理档案和数据

续表

类　别	内　容　及　要　求
技术文件管理	工程的技术文件是工程实施各阶段的共同依据。这些文件主要包括施工图样、设计说明、相关的技术标准、产品说明书、系统的调试大纲、验收规范以及弱电集成系统的功能要求和验收的标准等。这些文件都进行系统的科学管理，为了能够及时向工程管理人员提供完整、正确的技术文件，必须要建立技术文件的收发、复制、修改、审批、归档、保管、借用和保密等一系列的规章制度，实行科学有效的管理

132. 建筑设备监控系统工程施工安全包括哪些内容？

1）施工安全技术管理应符合《施工现场临时用电安全技术规范》(JGJ 46) 和《建设工程施工现场供用电安全规范》(GB 50194—1993) 中的相关规定。

2）施工现场临时用电单位应编制临时用电施工方案，建立管理机构和维护班组，明确各方的职责。

3）新上岗的维修人员必须经过安全培训教育，经考试合格方可进入现场，并在有经验的工人监护指导下作业。

4）电气设备应定期检查，发现的问题应及时修复并做好记录。

5）低压电器及配电装置应有专人进行管理、值班，每周至少应巡视1次，对配电盘应每日检查一次，并做好记录。

6）对架空线路、工地或车间1kV以下低压配电箱（盘）应每季度清扫1次；对500V以下的铁皮开关及其他看不到刀闸的开关应每月检查1次。

7）线路和电气设备的检修应遵守以下规定：

（1）线路和电气设备检修必须切断电源后方可进行作业。

（2）在开关箱处悬挂"有人作业，严禁合闸"标识牌。

（3）停电后应切断互感器二次侧开关、熔断器、变压器。

8）用电管理应符合以下规定：

(1) 大型机具、设备应有专人维修、管理。
(2) 应定期对接地装置进行检查。
(3) 电气设备应有"不得靠近,以防触电"的警示牌。
(4) 现场配电室、箱、柜应上锁。
(5) 非电工人员不得私拉乱接电源和拆装电气设备。
(6) 维护和拆装电气设备及架设线路接通电源必须由正式电工操作并持证上岗。
(7) 需要用电必须申请,并经电业管理部门批准;用电完毕及时通知电工拆除。
(8) 维修电器时,应拉闸断电,并有专人监护。

133.《施工现场临时用电安全技术规范》有哪些安全规定?

1) 施工现场临时用电组织设计及变更的编制、审核、批准程序为:由电气专业技术人员编制,由施工企业单位技术负责人审核,经项目总监理工程师批准后实施。

2) 当施工现场采用三相四线制低压供电时,必须符合以下规定:

(1) 采用 TN-S 接零保护系统;
(2) 采用二级漏电保护系统;
(3) 采用三级配电系统。

3) 临时用电工程必须经施工单位和批准部门验收合格后方可使用。

4) 当现场临时用电设备在 5 台以下或总容量在 50kW 以下时,应制定安全用电和电气防火措施,并应符合《智能建筑工程质量验收规范》(GB 50339—2003) 第 3.1.4、3.1.5 条规定。

5) 用电人员必须通过安全教育和技术交底;电工必须持经过现行国家标准考试合格的证件上岗作业。

6) 现场临电的安拆及维护工作应由电工完成,并设专人监护;电工证件的级别应与现场用电的技术复杂程度相适应。

7) 各用电人员应掌握现场设备的性能和安全用电的基本知识,并应符合以下要求:

(1) 使用电气设备必须穿戴和配备相应的劳保用品;检查并修复电气装置和保护设施的缺陷,确保正常运行。

(2) 保管和维护所有设备,发现问题及时向上级报告,消除安全隐患。

(3) 暂停使用的设备开关箱应切断电源,锁好箱门。

(4) 移动电气设备应切断电源后进行。

8) 临时用电工程应定期检查,并按分部、分项进行复查验收,及时消除安全隐患。

134. 建筑设备监控系统工程质量有哪些要求?

1) 建筑设备监控系统工程的施工及质量检查除应按《智能建筑工程质量验收规范》(GB 50339—2003) 第 3.3.6、3.37 条的规定外,还应符合以下要求:

(1) 电动阀门、执行器、传感器、控制柜和其他设备的安装应符合《建筑电气工程施工质量验收规范》(GB 50303—2002) 第 6、7 章、设计文件、产品说明书的要求。

(2) 电线、电缆导管加线路敷设,电线、电缆穿管和线槽敷线,电缆桥架安装和桥架内电缆敷设,电缆沟和电缆井内电缆的敷设应按《建筑电气工程施工质量验收规范》(GB 50303—2002) 第 12、15 章的相关规定施工,当设计有特殊要求时,应符合设计要求。

2) 工程调试后,系统承包商应对执行器、控制器、传感器及系统功能(联动功能)进行现场测试,使用控制器改变给定值或用信号发生器对执行器进行检测,传感器用高精度仪表校验,执行器和传感器应逐台测试,通信接口功能、系统功能应逐项测试,并填写系统自查表。

3) 工程调试后,征得建设单位同意后可进行系统试运行,试运行由物业单位人员和操作人员进行,并做好记录,记录应最后归档保存。

135. 电线、电缆的敷设有哪些规定？

1）电缆桥架安装应符合以下规定：

（1）铝合金或玻璃钢制电缆桥架长度超过15m、钢制电缆桥架长度超过30m时应设伸缩节；当电缆桥架跨越建筑物变形缝处时应设补偿装置。

（2）电缆桥架转弯处的弯曲半径，应不小于桥架内电缆最小允许弯曲半径，电缆最小允许弯曲半径应符合表4-11的规定。

（3）当设计无具体要求时，电缆桥架水平方向安装的支架间距应为1.5～3m；垂直安装的支架间距应不大于2m；

（4）桥架连接板螺栓、桥架与支架连接螺栓应连接牢靠并无遗漏，螺母应在桥架外侧；铝合金桥架和支架固定后应有绝缘和防电化腐蚀的有效措施。

（5）电缆桥架安装在易燃易爆气体或热力管道下方时，与管道最小净距应符合设计要求，当设计无具体要求时应符合表4-12的规定。

（6）穿越不同防火区和竖井内的电缆桥架，应按设计要求采取防火措施。

（7）支架与预埋件焊接应牢靠，用膨胀螺栓连接，选用的螺栓应与孔适配，连接牢固，并设防松垫片。

2）金属电缆桥架及支架和引出、引入的金属电缆导管接地或接零应牢靠，并应符合以下规定：

（1）非镀锌电缆桥架连接板两端跨接铜心接地线，接地线的最小截面面积应不小于4mm^2。

（2）镀锌电缆桥架连接板两端不跨接接地线，但在连接板两端应设防松垫圈或防松螺母的螺栓不少于2个。

（3）整个金属电缆桥架应设2处与接地或接零干线相连。

3）电缆敷设后不得有铠装压扁、绞拧、护层开裂或严重划伤等现象。

4）桥架内电缆敷设应符合以下规定：

（1）桥架坡度大于 45°时，电缆应每 2m 设一固定点。

（2）电缆出入建筑物、柜、台、电缆沟、竖井、管口等处应做封闭处理。

（3）电缆应排列整齐，水平敷设时转弯的两侧及首尾两端每 5～10m 处应设一固定点；垂直敷设电缆固定点的间距应符合表 4-13 的规定。

5）电缆的首尾及分支处应设标识牌。

136. 电缆竖井及电缆沟内的电缆敷设有何规定？

1）电缆支架安装应符合以下规定：

（1）当设计有规定时应符合设计要求，当设计无具体要求时，电缆支架上檐与竖井的顶部或楼板的底面距离应不小于 150～200mm；电缆支架的底部与沟底或地面的距离应不小于 50～100mm。电缆支架层间最小距离应符合表 4-14 的规定。

（2）支架与预埋件焊接的焊缝应饱满，用螺栓连接时连接应紧固，防松垫片应齐全。

2）金属电缆导管或支架的接地或接零必须牢固可靠。

3）电缆的敷设严禁有铠装压扁、保护层断裂、表面严重划伤、绞拧等现象。

4）电缆敷设在支架上，其转角处的弯曲半径应符合表 4-11 的规定。

5）电缆的固定应符合以下规定：

（1）电缆线排列应整齐，尽量减少交叉，电缆支持点的间距应符合表 4-15 的规定。

电缆最小允许弯曲半径　　　　表 4-11

序号	电 缆 种 类	最小允许弯曲半径
1	无铅包钢铠护套的橡胶绝缘电力电缆	10D
2	有钢铠护套的橡胶绝缘电力电缆	20D

续表

序号	电缆种类	最小允许弯曲半径
3	聚氯乙烯绝缘电力电缆	$10D$
4	交联聚氯乙烯绝缘电力电缆	$15D$
5	多芯控制电缆	$10D$

注：D 为电缆外径。

与管道的最小净距（单位：mm） 表 4-12

管道类别		平行净距	交叉净距
一般工艺管道		0.4	0.3
易燃易爆气体管道		0.5	0.5
热力管道	有保温层	0.5	0.3
	无保温层	1.0	0.5

电缆固定点的间距（单位：mm） 表 4-13

电缆种类		固定点的间距
电力电缆	全塑型	1000
	除全塑型外的电缆	1500
控制电缆		1000

电缆支架层间最小允许距离（单位：mm） 表 4-14

电缆种类	支架层间最小距离
控制电缆	120
10kV 及以下电力电缆	150～200

电缆支持点间距（单位：mm） 表 4-15

电缆种类		敷设方式	
		水平	垂直
电力电缆	全塑型	400	1000
	除全塑型外的电缆	800	1500
	控制电缆	800	1000

(2) 垂直或倾斜度大于 45°敷设的电缆应与每个支架均有固定。

(3) 交流单芯电缆、分相后的每相电缆固定用的支架、夹具，应不形成闭合磁场回路。

(4) 电缆与管道的最小距离应符合表 4-12 的规定，且应敷设在易燃易爆气体管道的下方。

(5) 敷设电缆的竖井和电缆沟，应按设计要求设置防火隔墙。

6) 电缆的首、尾及分支处应设标识牌。

137. 电线、电缆导管及缆线槽敷设有哪些要求？

1) 电缆导管的弯曲半径应不小于电缆最小允许弯曲半径，电缆最小允许弯曲半径应符合表 4-11 的规定。

2) 金属导管严禁对口焊接，镀锌和壁厚小于或等于 2mm 的钢导管不得加套管熔焊相接。

3) 绝缘导管的敷设应符合以下要求：

(1) 管与盒、管与管等器件采用插接法时，接口处应使用粘结胶粘牢并封闭严密。

(2) 直接埋设在楼板或地下的刚性绝缘导管，在穿出楼板或地面易受机械损伤的部位应采取保护措施。

(3) 敷设在建筑物表面或支架上的刚性绝缘导管，应按设计要求设置温度补偿装置。

(4) 埋设在混凝土或墙体内的绝缘导管当设计有要求时，应符合设计要求，当设计无具体要求时，应采用中型以上的导管。

4) 敷设在砌体剔槽内的绝缘导管，应抹厚度大于 15mm、强度等级不小于 M10 的水泥砂浆保护层。

5) 防爆导管应采用防爆活接头结合严密。

6) 防爆导管的敷设应符合以下要求：

(1) 安装后的导管应牢靠顺直，镀锌层剥落或锈蚀的部位应做防腐处理。

(2) 导管与导管、开关、灯具、线盒的螺纹连接应牢固,设计无要求时连接处不做跨接接地,并在螺纹处涂导电防锈酯或电力复合酯。

7) 非金属和金属柔性导管的敷设应符合以下要求:

(1) 柔性导管与电器设备、器具连接时,在照明工程中长度不大于 1.2m,在动力工程中不大于 0.8m。

(2) 可挠性金属导管及其他柔性导管与刚性导管,电气设备、器具应用专用接头进行连接;复合型可挠性金属导管及其他柔性导管的连接应牢固、严密,防液覆盖层应完好无损。

(3) 金属柔性导管和可挠性金属导管不做接地或接零的接续导体。

8) 线槽的安装应牢靠,无扭曲变形和压扁,紧固件的螺母应在外侧设置。

9) 在建筑物变形缝处的导管或线槽,应有补偿装置。

10) 金属线槽和导管必须有可靠接地和接零;并应符合以下要求:

(1) 非镀锌金属线槽间应设铜编织接地线。镀锌线槽间不设铜编织接地线,但连接板两端均应设两个以上有防松垫圈或螺母的紧固螺栓。

(2) 金属线槽不得作为设备的接地导体,当设计无具体要求时,金属线槽全长应至少设两点与接地或接零干线相连。

(3) 非镀锌导管采用螺栓连接的,两端应焊跨接接地线;镀锌金属导管采用螺栓连接的,其连接处应用接地卡固定跨接接地线。

(4) 镀锌钢导管、金属线槽和可挠性导管的跨接接地线不得熔焊;应用接地卡跨接,铜芯软导线的截面积应不小于 $4mm^2$。

138. 电线、电缆穿管及线槽的敷设有哪些要求?

1) 电线、电缆穿管前应清除管内积水和杂物;管口部位应有保护措施,无接线盒的垂直管口穿入电线或电缆后应马上封闭。

2）三相或单相交流单芯电缆，不得单独穿过钢导管。

3）不同电压等级、不同回路和直流与交流电线，不应穿在同一导管；同一交流电源的回路电线应穿于同一金属导管，但导管内的电线不得有接头。

4）有爆炸危险环境照明线路的额定电压不低于750V，且电线或电缆应穿钢导管保护。

5）线槽内敷线应符合以下要求：

（1）不同回路、同一电源，无抗干扰要求的线路可敷设在同一线槽内；有抗干扰要求的线路应用隔板隔开或使用屏蔽电线加屏蔽护套，且屏蔽护套的一端应接地。

（2）同一回路的相线和零线应敷设在同一金属线槽内。

（3）电线在线槽内应留有一定余量，线槽内的电线不得有接头。电线按回路编号后每2m绑扎一点。

6）同一建筑物、构筑物的供电电线绝缘层颜色应一致，分别为：A相—黄色、B相—绿色、C相—红色、保护地线—黄绿相间、零线—淡蓝色。

139. 控制柜（屏、台）电动执行机构安装有哪些要求？

1）控制柜（屏、台）安装

（1）控制柜（屏、台、箱、盘）的基础型钢和金属框架必须有可靠的接地或接零；电器的门、框架和可开启门的接地端子间应用编织铜线可靠连接。

（2）低压成套控制柜（屏、台）、配电柜、照明配电箱（盘）应设可靠的电击保护；保护导体应与外部的保护导体端子相连，内保护导体的最小截面面积 S_p 在设计无具体要求时应符合表4-16的规定。

（3）控制柜（屏、台、箱、盘）间线与地、线与线间的绝缘电阻值，二次回路应大于 $1M\Omega$；馈电线路应大于 $5M\Omega$。

保护导体的截面积（单位：mm^2） 表 4-16

相线的截面积 S	相应保护导体的最小截面积 S_p
$S \leqslant 16$	S
$16 < S \leqslant 35$	16
$35 < S \leqslant 400$	S/2
$400 < S \leqslant 800$	200
$S > 800$	S/4

注：S 指柜（屏、台、箱、盘）电源进线相线截面积，且两者（S、S_p）材质相同。

(4) 控制柜（屏、台、箱、盘）内的检查验收应符合以下要求：

①控制保护装置及开关的型号、规格应符合设计要求；

②闭锁装置动作应准确、灵敏、可靠；

③回路电子元件及 38V 及以下回路不做交流工频耐压试验；

④主开关的辅助开关的切换应与主开关动作一致；

⑤控制柜（屏、台、箱、盘）应有清晰的标识，包括所控设备的编号、名称、位置、接线端子等。

2）电动执行机构安装

(1) 设备接线盒内裸露导线对地间、线与线间距离应大于 8mm，在不能满足要求时应采取绝缘措施。

(2) 加热电器、电动执行机构、电动机的绝缘电阻值应大于 $0.5M\Omega$。

(3) 加热电器、电动执行机构、电动机的可接触导体必须做可靠的接地或接零保护。

140. 建筑设备监控系统安装和调试要点有哪些？

1）输出输入装置安装要点

(1) 风阀执行器和电动阀门执行器的开启和风流方向应与指示箭头相符。

(2) 安装前应进行试运转。

(3) 电动阀的口径与管口不一致时应采用渐缩式管件连接；阀门口径不应低于管口两档次，其功能应满足设计要求。

(4) 电动调节阀及电磁阀应安装在回水管上。

(5) 安装装置位置应选择在便于调试和维修的部位；变压器的位置应根据现场实际情况、设计要求及产品说明书的要求适当选择。

(6) 水管压力、水管温度及蒸气压力变送器、水流开关、水流计量器应避开焊缝及其边缘开孔焊接。

(7) 水管温度变送器、蒸气压力变送器、水管压力变送器、水流开关应与工艺管道同时安装。

(8) 所有型号变送器均应避开风口处安装。

2) 调试要点

(1) 工作程序

验线→接线→线路连接测试→单体调试→系统调试。

(2) 调试工作要求

验证线缆规格型号、路径路由、部位、编制线路端部编码，按设计要求进行连接、测试和调试。

141. 建筑设备监控系统检测有哪些规定？

1) 建筑设备监控系统的检测应以系统性能和功能的检测为主，同时对现场实体安装质量、施工记录、设备性能进行核查。

2) 建筑设备监控系统的检测应在系统试运行 1 个月以后进行。

3) 建筑设备监控系统的检测应以合同文件、设计文件（包括设计变更）、产品说明书验收规范等为依据。

4) 建筑设备监控系统检测应提供以下资料：

(1) 设备、材料进场验收记录；

(2) 隐蔽工程及施工过程验收记录；

(3) 安装质量及观感质量验收记录；

(4) 设备及系统自检记录;

(5) 系统试运行记录。

142. 系统检测验收大纲如何编制?

系统检测验收大纲的编制应分为过程检测和系统检测两部分。过程检测应包括施工和过程检测等内容,主要以审查过程检查文件为主;系统检测应包括功能检测和现场实体检测内容。

系统检测验收大纲示例如表 4-17 所示。

143. 系统功能检测记录包括哪些内容?

系统功能检测记录内容如表 4-18 所示。

监测与控制系统工程施工验收大纲(建筑节能工程示例)

表 4-17

序号	控制系统名称	采用的节能措施	实现方法	节能原理描述	验收结果					
					自控投入	功能实现	数据检测	报警检测	其他
1	冷冻水泵调速控制	变频控制	变速驱动装置;远程压差传感器;DDC控制器	通过冷冻水供、回水管上的远程压差传感器,调节水泵变速驱动装置,使水泵压差维持在设定值,将传统的阻力调节变为变流量调节,实现节能					
2	空调机组过滤网	过滤网阻塞报警	风压差开关	根据设计给出的过滤网压降值,设定差压开关报警值,当过滤网过脏,阻力大于设计给定最大压降时报警,提醒维护人员及时清洗过滤网,避免压阻过大,造成能源浪费					

建筑设备监控系统功能检测表　　　　　表 4-18

项目	分项目	检测内容	抽查数量 规定值（%）	抽查数量 实际值	合格率 规定值（%）	合格率 实际值	检测结果
★1. 空调与通风系统	系统控制功能	湿温度自动控制	20		100		
		预定时间表自动启停	20		100		
		节能优化控制	20		100		
	系统巡检及报警功能	传感器	20		100		
		电动执行器	20		100		
		控制设备	20		100		
★2. 变配电系统	变配电系统参数准确性和真实性	各项参数测量	20		90		
		故障报警验证	20		90		
	高低压配电柜	各项参数和工作状态	100		100		
		故障报警状态	100		100		
★3. 照明系统		公共照明设备	20		100		
★4. 给排水系统	给水系统	数据、状态监测设备控制，故障状态报警和保护	20		100		
	排水系数状态监测设备控制	故障报警	20		100		
★5. 热源和热交换系统		系统控制功能	20		100		
		运行参数及报警记录	20		100		
		能耗计量统计	20		100		
★6. 冷冻和冷却水系统		系统控制功能	50		100		
		运行参数及报警记录	50		100		
		能耗计量统计	50		100		
★7. 电梯和自动扶梯系统		运行状态检测	50		100		
		故障报警	50		100		
		通信接口	50		100		

续表

项目	分项目	检测内容	抽查数量		合格率		检测结果
			规定值(%)	实际值	规定值(%)	实际值	
	检测项目	设计要求及功能要求	实际检测结果				
★8.中央管理工作站和操作分站	数据测量、故障报警、远动控制						
	数据存储统计、趋势图显示、报警存储显示						
	数据报表及打印、故障报警编辑及打印						
	操作方便性						
	权限认证（包括操作分站）						
★9.数据通信接口	运行状态检测						
	报警信息						
	控制功能						
	功能检验结论						
	现场检验结论						
	系统检验结论						

注：表中★为主控项目。

144. 通风与空调系统功能检测包括哪些方面？

建筑设备监控系统应对空调系统进行温、湿度，新风量自动控制，预定时自动启停，节能优化等功能进行检测；并重点对系统测控点（温度、相对湿度、压力和压差）和被控设备（风阀、风机、电动阀门、加湿器）的控制稳定性、控制效果及响应时间进行检测，并检测设备连锁控制及故障报警的准确性。

检测数量为每类型机组抽查总数的20%，且不少于5台，总数不足5台时全数检测，被检测机组应全部符合设计要求。

145. 定风量空调系统监控包括哪些方面？

1）定风量空调系统的自动控制

包括空调回风温度自动调节、空调回风湿度自动调节、新风阀、回风阀及排风阀的比例控制。

2）联锁控制

包括空调机组启动顺序控制、空调机组停止顺序控制和火灾自动停机。

3）定风量空调系统运行参数监控

包括空调机新风温、湿度显示，空调机回风温、湿度显示，送风机出口温、湿度显示，过滤器压差超限报警，防冻报警，送风机及回风机状态显示，回水电动调节阀及蒸汽加湿阀开启显示。

定风量空调系统的监控原理如图4-7所示。

146. 变风量空调系统的监控包括哪些方面？

1）变风量空调系统的监控包括以下方面：

（1）送风量的自动调节

（2）回风机的自动调节

①风道静压控制

②风量跟踪控制

（3）相对湿度的自动控制

（4）新风电动阀

（5）变风量末端装置的自动调节

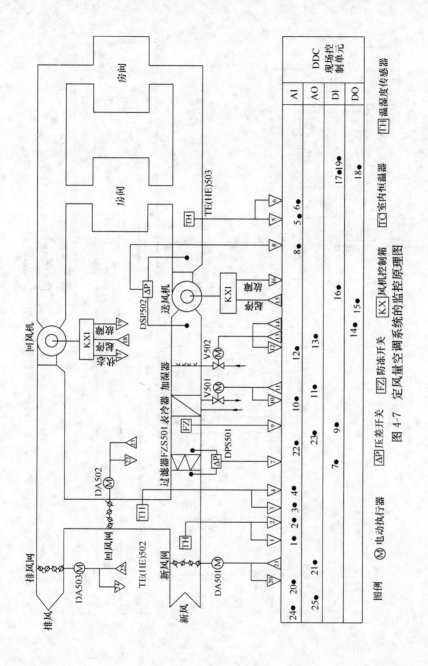

图 4-7 定风量空调系统的监控原理图

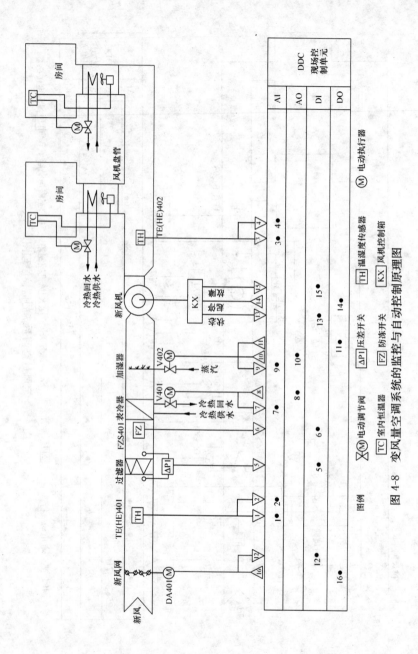

图 4-8 变风量空调系统的监控与自动控制原理图

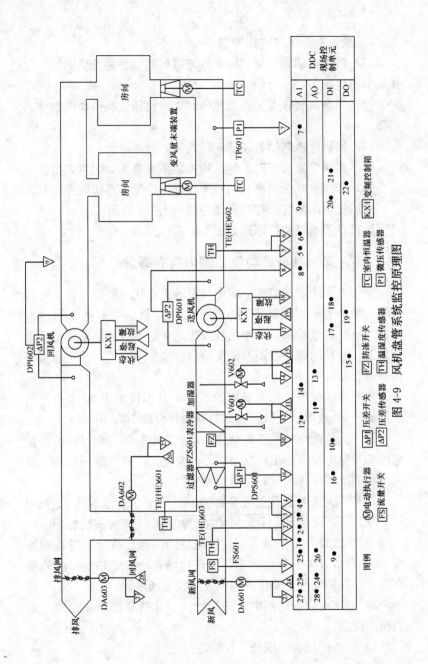

图 4-9 风机盘管系统监控原理图

2)变风量系统的联锁控制

(1)排风电动阀、新风电动阀与风机联锁。冬季低温达一定程度关闭风阀门。

(2)当新风管仅有一次加热器时,风机停机联锁切断加热器电源。

(3)风机停机联锁自动切断蒸汽发生器电源。

(4)建筑突发火灾时,建筑物控制系统自动关闭空调机。

(5)变风量系统的启、闭顺序控制同定风量系统顺序控制。

变风量空调系统监控与自动控制如图4-8所示。

风机盘管系统监控原理如图4-9所示。

147. 变配电系统功能监测内容有哪些?

变配电系统功能监测应对电气设备工作状态和电气参数进行监测。检测可采用现场实测和利用工作站数据读取的方法对电流、电压、有效功率、功率因数及用电量等参数的测量和记录进行检测;显示的各参数图形能反映参数的实际变化;并可对报警信号进行验证。

检测方法是抽查每类参数的20%,且不得少于20个点,当总数少于20点时,全数检查。被检参数合格率为100%。

高、低压配电柜的工作状态、应急发电机组的完好状态、蓄电池组及充电设备的工作状态、不间断电源、储油罐的油面、电力变压器的温度等参数,全数检测合格。

1)变配电系统监测运行参数(电流、电压、变压器温度、功率等)为正常工作时的计量管理和发生故障的原因分析提供数据依据。

2)电气设备工作状态(主线联络断路器、高低压进线断路器等)、各种开关的分合状态,发现故障自动报警并显示故障所在部位;提供电气主要接线图、开关状态画面。

3)对用电设备的用电量进行统计、计费及管理并绘制用电负荷曲线图。

4)对各种设备的维修、保养进行记录。

5）应急用柴油发电机组监测包括电流、电压参数、故障报警、油箱液面、运行状态等。

6）蓄电池组的监测包括过流过压保护、电压监视等。

148. 变配电系统的监测方法是怎样的？

1）6~10kV 高压线路的电压及电流测量方法如图 4-10 所示。

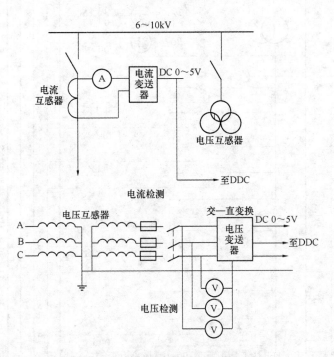

图 4-10　高压线路的电压及电流测量方法

2）380/220V 低压线路的电压及电流测量方法仅电压及电流互感器的电压等级与高压线路不同，如图 4-11 所示。

149. 公共照明系统功能检测包括哪些方面？

1）公共照明

指公共区域、园区、景观、过道等的光照度及时间表、控制灯

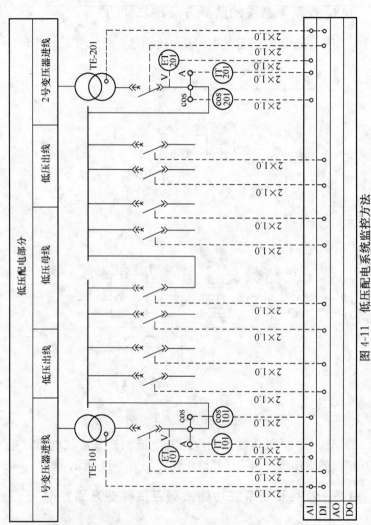

图 4-11 低压配电系统监控方法

IT—电流变送器；ET—电压变送器；COS—功率因数变送器

组的开关动作的准确性。

检测数量为抽查总数的 20%，且不少于 10 路，总数少于 10 路时全数检测。

2) 照明开关

（1）定时开关用于固定作息时间的教室或办公室，如图 4-12（a）所示；

（2）定时开关或感应开关如图 4-12（b）所示；

（3）按钮遥控开关如图 4-12（c）所示；

（4）编程控制开关如图 4-12（d）所示。

3) 照明控制网络

多个照明控制器可组成网络，主干和分支通过网桥连成控制网络，如图 4-13 所示。

4) 照明控制器

能自动调光和完成控制的数字控制器如图 4-14 所示；其中有信号分别输入（a）和信号经控制总线输入（b）两种形式。

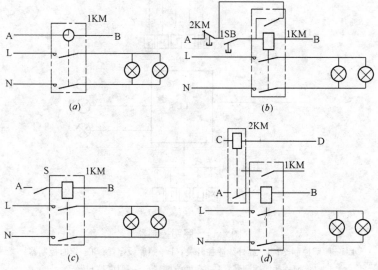

图 4-12 开关模式控制的自动控制或遥远控制

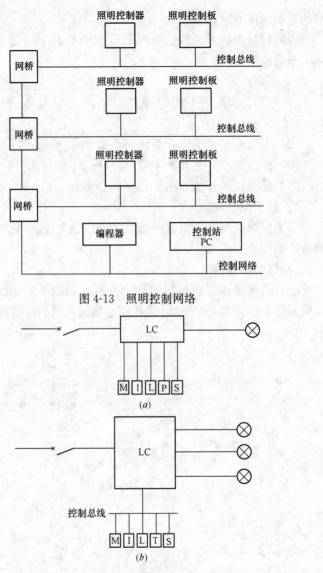

图 4-13 照明控制网络

图 4-14 照明控制器

LC—照明控制器；I—红外线遥控开关；P—照度设定器；T—定时控制器；
M—动体探测器；L—亮度传感器；S—照度控制器

150. 给排水、中水系统功能检测包括哪些方面？

1）对给水系统、排水系统及中水系统的压力、液位等参数及水泵的进行状态进行监控、报警和验证。

2）检测可通过工作站参数设置或人为改变测定点状态，监视设备工作状态（如自动调节、水泵转速、投运水泵切换及故障报警和维护）。结果应符合设计要求。

3）检测数量为抽查每系统总数的50%，且不得少于5套，当总数少于5套时应全数检测，合格率应达到100%。

生活给水系统监控原理如图4-15所示。
生活排水系统监控原理如图4-16所示。
气压装置及调速水泵供水监控如图4-17、图4-18所示。
给水排水设备控制系统如图4-19、图4-20所示。

151. 热源和热交换系统功能检测包括哪些方面？

1）设备监控系统应对热源和热交换系统负荷调节、预定时间表、自动停启、节能优化进行控制。

2）检测应通过现场控制器或工作站对热源和热交换系统的设备工作状态、故障及设备的控制功能进行监视、报警进行检测。

3）核实热源和热交换系统耗能的统计与计量资料。

4）检测数量为全数检测，合格率应为100%。

152. 锅炉机组的监控包括哪些方面？

1）锅炉运行参数的检测

包括锅炉热水温度、热压力、热水流量、回水干管压力、用电计量、单台锅炉的热量计算、电锅炉和给水泵的工作状态显示及故障报警等。

2）锅炉运行参数的自动控制

包括锅炉给水泵的自动控制、锅炉给水系统的节能控制等。

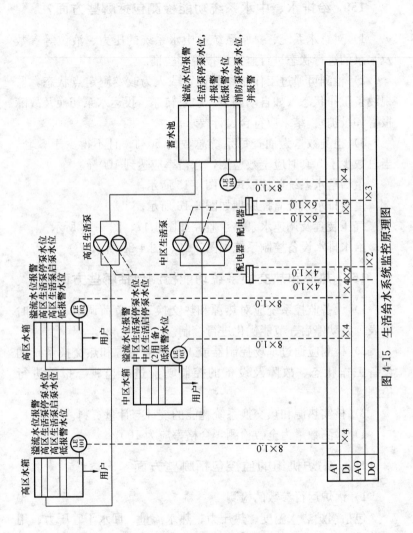

图 4-15 生活给水系统监控原理图

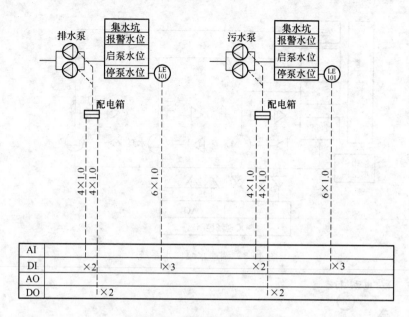

图 4-16 生活排水监控系统原理图

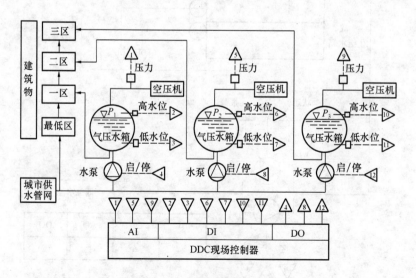

图 4-17 气压装置供水系统

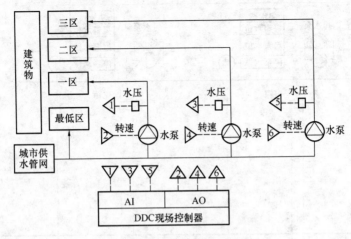

图 4-18 调速水泵供水系统

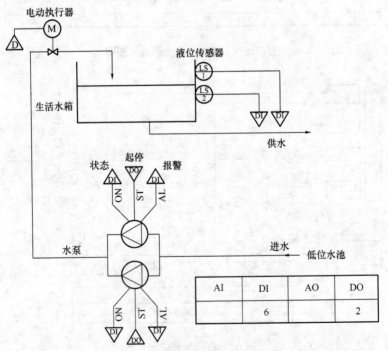

图 4-19 给水设备控制系统

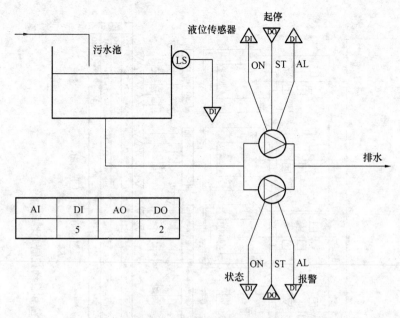

图 4-20 排水设备控制系统

3) 锅炉联锁控制

包括启动顺序控制和停止顺序控制等。

锅炉机组的监测和自动控制原理如图 4-21 所示。

153. 锅炉机组控制系统由哪些部分组成？

一个系统由两台锅炉和配置的工作及备用水泵组成。热水供给一台热交换器及系列空调加热盘管的锅炉机组控制系统如图 4-22 所示。

由供水和回水温度传感器监测与控制送暖量，根据供暖量的需要，最终两台锅炉全部投入使用。锅炉的运行状态及故障情况受到跟踪监测，锅炉配备水泵的压差靠传感监测，且传感器还可作为锅炉水流量的联锁装置。

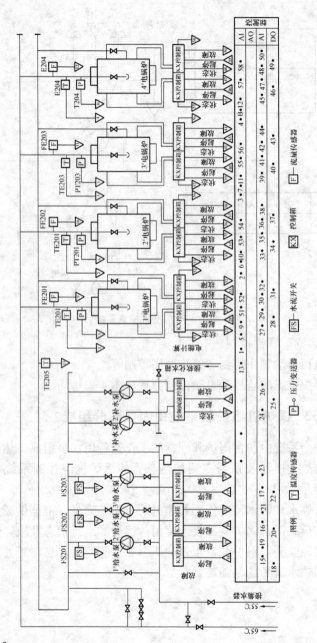

图 4-21 锅炉机组的监测和自动控制原理图

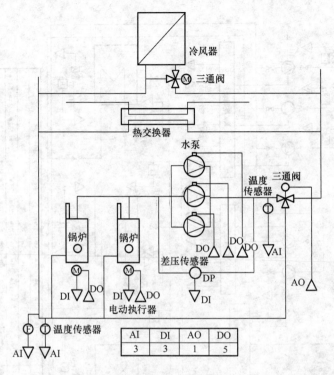

图 4-22　锅炉机组控制系统

154. 热交换站运行参数的监测与自动控制原理是怎样的？

热交换站运行参数的监测与自动控制原理如图 4-23 所示。

1) 热交换站运行参数的监测包括以下内容：

一次干管供水温度，一次支管回水温度，热交换器二次水出口支管温度，分水器供水温度，集水器回水温度，二次回水干管流量，二次供、回水压差，膨胀水箱液位，电动调节阀及电动阀的阀位显示，二次水循环泵及补水泵运行状态显示及故障报警等。

2) 热交换站运行参数的自动控制包括以下内容：

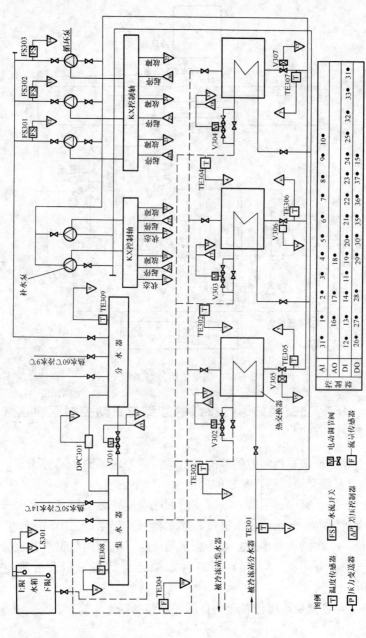

图 4-23 热交换站运行参数的监测与自动控制原理图

热交换器一次回水自动调节，二次供、回水压差自动控制，二次侧补水泵的自动控制，热交换站的节能控制等。

3) 热交换站的联锁控制包括以下内容：

机组的启动顺序控制和机组的停止顺序控制。

155. 热交换器控制系统的监测和控制是怎样的？

热交换器由锅炉供给蒸汽或热水，蒸汽或热水供采暖空调或其他生活用途。热水通过水泵送往分水器，由分水器分配给空调及其他用水器。空调系统的回水由集水器集中通过热交换器加热后重复使用。热交换器的控制功能有：

1) 监测

包括热水循环泵的运行状态及故障报警状态，热水温度、流量、压力，蒸汽温度、流量和压力等。

2) 控制

包括热水循环泵的启、停。根据蒸汽或水的温度灵活调整蒸汽或水的电动阀的打开程度。当工作水泵发生故障时，备用水泵自动启动，水泵停止时电动阀门自动关阀。

热交换器控制系统如图 4-24 所示。

156. 冷冻或冷却水系统功能检测包括哪些方面？

设备监控系统应对冷冻机组、冷冻或冷却水系统进行负荷调节，对预定时间表、自动启停及节能优化等方面进行控制。检测应对工作站的冷水机组、冷冻冷却水系统设备控制及运行参数、状态、故障、设备运行联动等的监视、记录与报警功能进行检查。

检查数量为全数检查，所有功能均应符合设计要求。

157. 冷冻站运行参数的监测包括哪些方面？

1) 冷冻机组出口处水的温度

用 TE 104、TE 105 和 TE 106 温度传感器测量，并在 DDC

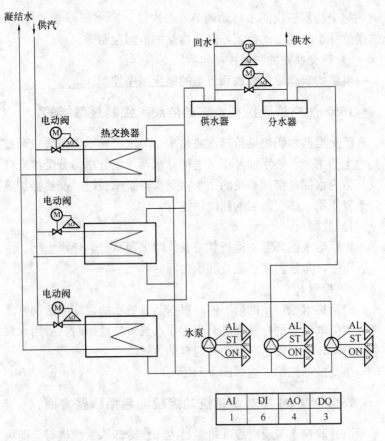

图 4-24 热交换器控制系统

及中央站显示。

2）分水器供水温度

用温度传感器测量，并在 DDC 及 COS 显示。

3）集水器回水温度

用 TE 111 温度传感器测量，并在 DDC 及 COS 显示。集水器回水温度及分水器供水温度实测值之差反映空调房间冷热，负荷大小。

4）冷却水泵进口水温度

用 TE 101、TE 102、TE 103 温度传感器测量，并在 DDC 和 COS 显示。

5）冷水机组出口冷却水温度

用湿度传感器 TE 107、TE 108、TE 109 测量，并在 DDC 和 COS 显示。

6）冷却机组出口水压力

用 PT 101、PT 102 和 PT 103 压力变送器测量，并在 DDC 和 COS 显示。

7）冷冻水回水流量

用 TE 107 电磁流量计测量，并在 DDC 和 COS 显示；当用节流孔板测量时，应安装差压变送器或流量变送器。

8）旁通电动阀开度显示

用 V101 旁通电动阀反馈信号（0~10V）为电动阀门开度显示信号。

9）冷冻水泵、冷却水泵、冷却塔、冷却机组工作状态显示和故障报警

冷却水泵、冷冻水泵的工作状态用 FS 101~FS 106 流量开关监测；冷水机组、冷却塔的工作状态信号取主电路接触器辅助接点监测；用流量开关监测水泵的工作状态比用接触器辅助接点监测的性能可靠，但投资相对比较要高，所以仅在主设备使用。

故障报警信号用冷冻水泵、冷却水泵、冷却塔、冷水机组电动机主电路热继电器的辅助常开接点进行监测。

冷冻站运行参数的监测和自动控制原理如图 4-25 所示。

158. 冷水机组工作参数是如何进行自动控制的？

1）冷却水环路压差的自动控制

为使冷水机组的水量和冷冻水泵流量稳定，一般采用固定供、回水压差法，当供、回水管压差超过限定值时，DPC 101 压差控制器动作，DDC 根据信号开启分水器与集水器之间连通管上的电动旁通阀，使冷冻水通过旁通阀流回集水器，减少系统的

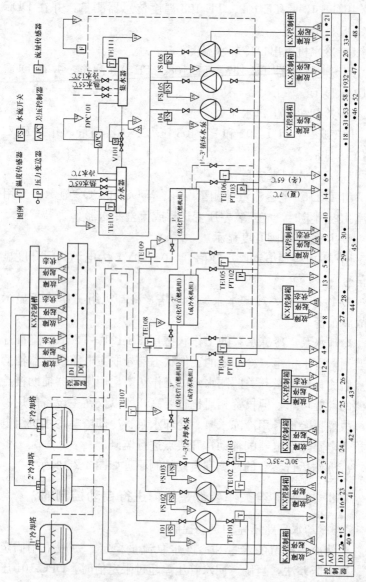

图 4-25 冷水机组的监测与自动控制原理图

压差,在压差回复到设定值以下后旁通阀关闭;当负荷降低时,用水量下降,供水管道压力上升。

2) 冷水机组节能控制

对冷水机组供、回水温度、流量进行测量,计算空调实际需要的冷负荷,根据冷负荷决定冷水机启动的台数。

$$Q = 41.868 \times L \times (C_p \cdot t_1 \times T_1 - C_p \cdot t_2 \times T_2)$$

式中　Q——空调所需要的冷负荷(kW/h);

　　　L——冷水机组回水流量(m^3/h);

　　　T_1——冷水机组供水温度(℃);

　　　T_2——冷水机组回水温度(℃);

$C_p \cdot t_1$——对应于 T_1 时水比热容[kJ/kg·℃];

$C_p \cdot t_2$——对应于 T_2 时水比热容[kJ/kg·℃]。

由上式可知,空调所需冷负荷增加时,回水温度 T_2 下降,温差 $\Delta T = (T_1 - T_2)$ 就会增大,因此 Q 值上升。空调所需冷负荷减少时,T_2 上升,ΔT 下降,此时 Q 值也下降。

当冷水机组进入正常工作状态后,建筑物自动化系统随时进行冷负荷计算,根据冷负荷实际情况自动调节冷水机组冷冻水泵的启、停台数,从而达到节能的目的;DDC还有计算冷负荷的功能,可定期查看冷负荷总量。

3) 冷水机组的联锁控制

为保障冷水机组的安全运行,对冷水机组和辅助机实行启、停联锁控制。

(1) 启动顺序控制

冷却塔—冷却水泵—冷冻水泵—冷水机组。

(2) 停机顺序控制

冷水机组—冷冻水泵—冷却水泵—冷却塔。

159. 电梯与自动扶梯系统功能检测有哪些规定?

电梯与自动扶梯系统功能检测应对建筑物内电梯与自动扶梯系统逐台进行检测检测时应用工作站对系统工作状态、故障进行监视,并对电梯与自动扶梯系统的实际工作情况进行核查。

检测数量为全数检测,合格率应达到100%。

1) 电梯与自动扶梯的材料、设备及构配件进场应符合以下要求:

(1) 由供货商提供的楼层显示器、读卡机、电视机、摄像机、控制信号模块和管线、喇叭等材料、设备应有说明书、合格证,并应符合合同、设计及相关规范标准的要求。

(2) 由电梯生产厂家提供的摄像机、视频线及电缆为楼层显示器的干接点信号。电视机视频电线及电缆、读卡机电线及电缆应有迫降和返回干接点及喇叭电缆的功能。

(3) 由BA相连的接口及电梯厂家提供的设备,应提供接线图、线路走向、各种干接口信号等内容的说明书及产品质量保证书,并应符合合同、设计及相关规范标准的要求。

2) 设备安装应符合以下要求

(1) 设备安装前,应对井道、机房进行检查验收,对地下室的防水防湿措施进行评估。对井道的垂直度、电梯环境卫生进行检查验收,对有问题的部位应进行整改。

(2) 施工前,应对电梯安装企业的资质、营业范围、委托代理书、安装人员上岗证进行审查。

(3) 审查施工组织设计(施工方案及施工工艺、施工安全、质量保证措施等内容)。

3) 机房、井道布线应符合以下要求:

(1) 机房、井道的布线应符合设计、合同及产品说明书、规范标准的要求。

(2) 导线和无护套的电缆不得裸体安装,应有导管或线槽,电梯用护套电缆或控制软电缆可沿墙布线,但不得明敷在地面上。进导管和线槽口的部位应有保护导线和电缆措施。

(3) 井道、机房墙上的护层电缆和控制软电缆应平直、整齐、固定牢靠,固定点300~500mm,允许偏差应小于30mm,在接线盒两侧100~150mm处应固定一点。

4）配管、线槽安装应符合以下要求：

（1）配管、线槽明装或暗敷在井道内应美观、平直；井道内安装配管线槽一般为明装，机房内一般为暗装，弯曲半径不小于管外径的 6 倍；控制屏出线管口距水泥地面高度应不小于 100mm。

（2）为布局合理和维修方便，井道内的垂直管（槽）宜安装在离按钮较近的墙上，电线管弯曲夹角应不小于 90°；且弯曲处不应有裂纹和折扁现象。

（3）电线管槽垂直安装在井道内的中心线允许偏差为 0.5%，且全长不应大于 20mm；垂直度、水平度允许偏差不应大于 0.2%；明装管卡与终端、电气或线盒边缘应为 150～200mm。

5）读卡机、摄像机安装应符合以下要求：

（1）BA 系统承包商提供的读卡机、摄像机的安装尺寸应符合安装示意图和设计要求，负责将控制器、摄像机电缆接至端子板，包括读卡机设备的配电箱至电梯机房间增设的 RS-485 且线径≥0.5mm/芯线的通信线。

（2）配合 BA 系统承包商的接线和测试工作，由读卡机控制的电梯应接至或预留在按键控制板的端子排上，以供连接。

6）电梯与电动扶梯性能检测如表 4-19 所示。

电梯和自动扶梯系统性能检测　　　　　　　　表 4-19

序号	项 目	质量控制要点
1	主电源开关	（1）每台电梯应有独立的能切断主电源的开关，其开关容量应能切断电梯正常使用情况下的最大电源，一般不小于主电机额定电流的 2 倍 （2）主电源开关安装位置应靠近机房入口处，并能方便、迅速地接近，安装高度宜为 1.3～1.5m 处 （3）电源开关与线路熔断丝应相匹配，不应用铜丝替代 （4）电梯动力电源和控制线路应分别敷设，微信号及电子线路应按产品要求隔离敷设 （5）电梯动力电源应与照明电源分别敷设

续表

序号	项 目	质量控制要点
1	主电源开关	(6) 电梯主电源开关不应切断下列供电电源： 1) 轿厢照明与通风 2) 机房与滑轮间的照明 3) 机房内电源插座 4) 轿顶与底坑的电源插座 5) 电梯井道照明 6) 报警装置 (7) 如果机房内安装多台电梯时，各台电梯的主电源开关对该台电梯的控制装置及主电动机应有相应的识别标志，且应检查单相三眼检修插座是否有接地线，接地线应接在上方，左零右相接线是否正确 (8) 对无机房电梯的主电源除按上述条款外，该主电源开关应设置在井道外面，并能使工作人员较为方便接近的地方，且还应有安全防护措施要有专人负责 (9) 机房内应有固定式照明，用照度仪测量机房地表面上的照度，其照度应大于200lx，在机房内靠近入口（或设有多个入口）的适当高度设有一个开关，以便于进入机房时能控制机房照明，且在机房内应设置一个或多个电源检修插座，这些插座应是2P+PE型250V (10) 机房内零线与接地线应始终分开，不得串接，接地电阻值不应大于40Ω
2	限速器安全钳联动试验	对渐进式安全钳和瞬时式安全钳，轿厢内应载有均匀分布125%的额定载荷，轿内无人，在机房操作轿厢以检修速度向下运行，人为让限速器动作，限速器上的限位开关应先动作，此时轿厢应立即停止运行，然后短接限速器与安全钳电气开关。轿厢继续向下运行，迫使限速器钢丝绳夹住拉动安全钳，并使安全钳可靠动作，安全钳楔块夹住导轨。使轿厢立即停止运行，此时测量对于原正常位置轿底倾斜度不应大于5%
3	层门试验	(1) 门锁是锁住房门不被随便打开的重要保护机构，当电梯在运行而并未停止站时，各层层门都被锁住，防止乘客从外面将门扒开，只有当电梯停止站时，层门才能被安装在轿门上的开门刀片带动而开启 (2) 当电梯检修人员需要从外部打开层门时，需用一种符合安全要求的三角钥匙开关才能把门打开。如果是非三角钥匙开关的就不符合规定要求 (3) 当电梯层门中的任何一扇门没有关闭，电梯就不能起动和运行，严禁将层门门锁的电气开关短接

续表

序号	项 目	质量控制要点
4	绝缘电阻	(1) 绝缘电阻的测试数据是电梯安装分部工程竣工验收中必须提供的质量保证资料。在施工前须对电缆、电动机进行绝缘电阻测试，施工中应用兆欧表对主回路、照明回路、控制回路、门电动机等每一回路进行绝缘电阻测试并做好测试记录，测试用兆欧表应在计量仪器有效周期之内，兆欧表的连接线须用绝缘良好的单芯线。而有集成线路板的电梯控制回路，严禁使用兆欧表进行绝缘电阻，以免击穿。这时可采用高阻抗的万用表来进行绝缘电阻值的测量 (2) 为了防止电梯设备金属外壳带电，电梯接地系统必须良好，接地部位在电梯机房中有控制柜、屏，电气铁壳开关、曳引机、选层器等设备，在桥厢上有接线盒，在井道中有配管、线槽、轿厢配管等，厅门外有召唤按钮、层楼指示盒等 (3) 动力电路和电气安全装置电路绝缘电阻值应不小于 $0.5M\Omega$，控制、信号、照明等其他电路绝缘电阻值也不应小于 $0.5M\Omega$
5	平衡系数检验	(1) 在进行舒适感调试前进行平衡系数的测试，客梯的平衡系数一般取 40%～45%，电梯平衡系数的测定可通过电流测量并结合速度测量（用于交流电动机）或电压测量（用于直流电动机）来确定 (2) 通过电流、电压测量来确定平衡系数的方法是应在轿厢以空载和额定载荷 0%、20%、40%、60%、80%、100%、110%作上下运行。当轿厢与对重运行到同一水平位置时，记录电流、电压值，并绘制电流—负荷曲线图，或电压—负荷曲线图，以上、下运行曲线的交点的横坐标志值即为电梯的平衡系数，如平衡系数大于制造厂规定值，则应加大配重重量来使平衡系数符合规定范围内
6	曳引机能力试验	(1) 作125%超载试验的最重要一点是对曳引机能力的测试，也是对电梯的动态运行的试验，轿厢空载上行及行程下部范围125%额定载荷下行。分别停层三次以上，轿厢应被可靠地制动（空载上行工况应平层）。当在125%额定载荷以正常运行速度下行时，切断电动机与制动器供电，轿厢应被可靠制动 (2) 应特别注意观察曳引钢丝绳无滑移现象，且应观察轿厢在最低层站时的起动、制动状态 (3) 应检查当对重支承在被其压缩的缓冲器上时，电动机向上运转空载轿厢是否不能再向上提起

续表

序号	项 目	质量控制要点
7	电梯运行试验	(1) 在通电持续率为 40% 的情况下，达到全程范围，按 120 次/h，每天不少于 8h，以空载（桥厢内可含 1 人）、半载，与额定载荷，各起制动运行 1000 次，进行连续无故障考核。如有故障，在故障排除后算起，以达到连续 3000 次无故障。同时检查制动器，电动机温升与渗漏不超过规范标准，此时电梯应运行平稳，制动可靠且无撞击声 (2) 制动器温升不应超过 60K，曳引机减速器油温升不超过 60K，且温度不应超过 85℃。电动机温升不超过 GB/T 12974—1991《交流电梯电动机通用技术条件》的规定 (3) 曳引机减速器，除蜗杆轴伸出一端渗漏油面积平均每小时不超过 150mm² 外，其余各处不得有渗漏油
8	平层试验	(1) 在进行平层准确度调整前，应先将电梯的舒适感调整好 (2) 平层准确度是指轿厢到站停靠后，轿厢地坎上平面对层门地坎上平面垂直方向的误差值 (3) 平层准确度检验时分别以轿厢空载、额定载重量作上下运行试验，分别测量出各层平层准确度，空载时，无论上行还是下行，轿厢地坎应低于层门地坎。平层准确度要求为： 1) 额定速度不大于 0.63m/s 的电梯应为 ±15mm 2) 额定速度大于 0.63m/s 且不大于 1.0m/s 的电梯为 ±30mm 3) 额定速度大于 1.0m/s 的电梯应为 ±15mm (4) 实际上平层准确度都是在一定条件下调整的结果，当电压、继电器动作电压有变动时，各层的平层误差就会不一致，应使误差在调整时控制在精度 65% 内较合适。还应注意，空载、额定载荷时出现的正负误差应基本一致为宜
9	运行速度检验	轿厢内加入平衡载荷 50%，向下运行半行程中段（除去加减速段）时的速度应不大于额定速度的 5%，且不应小于额定速度的 8%

160. 设备监控系统与子系统间的数据通信接口功能检测有何规定？

设备监控系统与带有通信接口的各子系统以数据通信的方式连接时，应在工作站监测子系统的运行参数（报警信息和工作状态参数），并与实际相比较，其准确性及响应时间应符合设计要求；对可控子系统应检测系统控制命令的响应情况。

数据通信接口应按《智能建筑工程质量验收规范》（GB 50339—2003）第3.2.7条规定全数检测，合格率应100%。

161. 设备、材料进场有哪些要求？

1）构成BA系统的各设备子系统硬件接口（适配器、卡等）、通信方式、信息传输、通信缆线等必须相匹配。其软硬件产品的品牌、型号、产地、数量、版本、规格应符合合同、设计及产品说明书的要求。

（1）外观检查，外部设备、内部插接件应完好无损；
（2）随机文件齐全；
（3）缆线有合格证、检测报告并符合设计要求；
（4）通信软件的随机资料、版本、介质、型号应符合合同及设计要求。

2）通信接口（各子系统的信息接口）、应符合智能建筑统一规划和国家标准的要求。在订货时统一预留，各子系统供应商应共同遵守承诺技术协议，为以后集成创造条件。

162. 子系统通信接口施工检测要点有哪些？

子系统通信接口施工检测要点如表4-20所示。

子系统通信接口施工检测要点　　　　　表4-20

序号	项目	检测要点
1	信号匹配	（1）数据信息，各计算机设备之间数据传输速率及其格式 （2）视频信号包括电视和监视用摄像机信号 （3）音频信号包括电话与广播信号 （4）控制与监视信号，即AO，AI，DO，DI及脉冲、逻辑信号等的量程，接点容量方面的匹配 （5）其他专业与楼宇自控系统集成控制各类设计的主要技术，及提供设备的主要技术参数之间的匹配

续表

序号	项　目	检 测 要 点
2	应用软件界面确认	(1) 各子系统之间应用软件界面。如 BMS 中 BA 系统可以具备 FA、SA 的二次监控功能，除了 BA 与 FA、SA 之间具备硬件接口外，BA 系统还应具备二次监控的软件 (2) 系统设备和子系统的应用软件的接口界面软件，如各供应商（冷冻机、锅炉、供电设备）将其设备的遥控、遥测和运行信号通过硬件和标准接口的数据通信方式向外传输，则子系统应用软件必须有一套与此相适应的接口界面软件 (3) 新老界面。为保护原有设备不受损失，子系统应具进行二次开发软件的功能
3	系统通信检查	(1) 主机及其相应设备通电后，启动程序检查主机与本系统其他设备通信是否正常，确认系统内设备无故障 (2) 本系统与其他子系统采取通信方式连接，则按系统设计要求进行测试 (3) 通信的可靠性检查：应有较强的检错与纠错能力，挂在网络上的任一装置的任何部分的故障，都不应导致整个系统的故障
4	系统电磁兼容	检查电磁兼容问题（EMC 检查）。设备或系统在其电磁环境中能正常工作，且也不对该环境中任何事物构成不能承受的电磁干扰的能力。这必须在滤波、接地、屏蔽等方面加强检查，有效解决电磁兼容问题
5	过压保护	系统应有过电压保护措施。因为计算机通信网络接口和数字逻辑控制的电子设备，对电源线的干扰与电压波动十分敏感。因计算机内工作电压一般只有 5V，所以一旦干扰串入电源，后果不堪设想

163. 中央管理工作站与操作分站功能检测有哪些规定？

中央管理工作站与操作分站功能检测应主要检测其监控和管理的功能，以中央管理站为主，对操作分站主要检测其监控和管理权限以及数据与中央管理站的一致性。

应检测中央管理站显示和记录的各种测量数据、故障报警、工作状态等信息的准确性和实时性，以及对设备进行控制及管理的功能，并检测中央管理站控制命令的有效性和参数设定的功能，保证中央工作站的控制命令能无冲突地执行。

检测中央管理站数据报表生成及打印功能,故障报警信息的打印功能。

检测中央管理工作站操作的方便性,人机界面应符合汉化、图形化、友好性的要求,图形切换流程清晰易懂,便于操作,对报警信息的处理和显示应直观有效。

检测中央管理站存储数据及统计数据(包括工作数据、检测数据)、历史数据趋势图的显示、报警存储统计(包括通信报警、设备报警和各类参数报警)的情况等,中央管理工作站历史数据存储的时间应大于 3 个月。

检测操作极限,确保系统操作的安全性。以上所有功能均应符合设计要求。

164. 中央管理工作站与操作分站设备及材料质量控制包括哪些方面?

1)必要的环境检查。包括设备的供电、温度、湿度、清洁度、接地、安全、电磁环境、综合布线等应符合设计要求、说明书和安全技术标准,电源插座应有相线、中性线和接地线。

2)已经产品化的应用软件(包括数据库、系统软件、组态软件、网管软件、操作系统等),应对其使用范围及许可证进行验收,并进行必要的系统检测和功能检测。

3)按合同或设计要求定做的软件,应按照软件工程规范标准进行验收。并应提供软件资料、安装调试说明、使用维护说明、程序结构说明等文档。

4)处理系统、操作键盘、打印设备、存贮设备、操作台、显示设备等组成的工作站(中央与区域分站)的设备(包括硬件、软件),其规格、型号、品牌、数量、产地均应符合合同及设计要求。

(1)外观检查外壳涂层完好无损;

(2)内插接件紧固螺丝无松动现象;

(3)附件及随机文档齐全有效;

(4) 包装及密封完好,并有装箱清单;

(5) 应用软件、操作系统的版本、型号、随机资料、介质符合合同及设计要求。

165. 中央管理工作站的检测包括哪些项目?

中央管理工作站主要是对楼宇各子系统 DDC 站数据进行采集、刷新、控制、报警的处理装置。其检测的项目如下:

(1) 通过中央管理工作站控制下属系统数字输出量或模拟输出量,观察现场执行机构及对象动作是否准确、有效和动作响应的速度。

(2) 人为造成中央管理工作站停电又供电后,检查中央管理工作站是否能自动恢复监控功能。

(3) 人机界面是否汉化,由中央管理站屏幕进行画面查询、控制设备状态,观察设备运行是否直观方便,以证实界面的友好性。

(4) 检测中央管理工作站显示和打印是否能以趋势图或报表图形的方式,提供重要设备或所有设备运行的时间、部位、编号、状态等信息。

(5) 检测中央管理工作站所设监控对象的参数和现场实测参数的精度,是否与设计要求相符。

(6) 中央管理工作站屏幕上的状态变化,数据是否不断刷新且响应时间符合设计要求。

(7) 在 DDC 站的输入端人为造成故障,在中央管理工作站观察是否有故障报警登录、响声提示及响应时间的速度。

(8) 检测中央管理工作站是否对人员操作授权,以确保 BA 系统的安全。证实对非法或超权操作已经拒绝。

(9) 检测中央管理工作站是否有设备组自诊功能。

(10) 检测系统是否有系统设计、应用、建立图形的软件。

(11) 检测中央管理工作站显示的各设备运行参数是否准确、完整。

166. 操作分站检测包括哪些项目？

操作分站（DDC 站）是一独立运行的计算机监控系统，负责对现场各种变送器、传感器信号的采集、计算、控制及报警，通过通信网络传送到中央管理工作站的数据库，供中央管理工作站实时显示、控制、报警和打印，操作分站的检测项目如下：

（1）在中央管理站人为制造故障后，观察各操作分站（DDC 站）是否正常工作。

（2）在操作分站（DDC 站）人为制造停电、重新供电后，观察子系统是否能恢复停电前的运行状态。

（3）操作分站（DDC 站）与中央管理站人为制造通信中断，现场设备是否仍能正常工作。中央管理工作站是否有 DDC 站离线故障报警信号登录。

（4）检测操作分站（DDC 站）时钟显示是否与中央管理站时钟同步，以实现中央管理对各操作分站（DDC 站）进行监控。

167. 中央管理工作站与操作分站系统软件功能检测包括哪些方面？

1）按照软件说明书或合同进行系统管理

操作人员应有受权，访问人应有身份识别，访问内容和访问时间应有记录。

2）报警、故障提示及打印

被监控设备的故障报警，应有音响提示和报警画面弹出，并有打印故障的产生时间、部位、类别、类型等功能。

3）系统开发环境

系统应有开发软件，包括系统网络配置、系统组态和参数设定及图形制作模块等。

4）辅助功能

采样点信息数据库，控制流程、报表文件复制或储存。

5）交互式系统界面

包括图形窗口方式的人机界面、中文菜单、仿真动画、系统图、系统结构图、设备控制原理图、联动图、建筑平面图、报警、报表文件、控制流程，均有简易的可操作性。

6）报警

系统发生故障或异常报警时，系统软件对报警进行记录。提示、打印和报警处理，并对故障、异常、紧急情况进行诊断和反应，自动控制设备的启停、及时发出切断电源、关闭设备、接通备用设备等指令，避免事故扩大和尽可能保证服务措施的正常工作。

7）多种控制方式

软件应有多种控制方式，如逻辑判断模式、直接数字控制模式等。还应有组合控制设定模式，同时控制组合使用。

第5章 火灾自动报警及消防联动系统

168. 火灾自动报警及消防联动系统有哪些规定？

1）火灾自动报警及消防联动系统必须执行《工程建设标准强制性条文》的有关规定。

2）火灾自动报警及消防联动系统的监测内容应逐项实施，检测结果应符合设计要求。

3）火灾自动报警系统验收，应在公安消防监督机构监督下，由建设单位主持，设计、施工，调试等单位参加，共同进行。

4）火灾自动报警系统验收应包括以下装置：

（1）电动防火门、防火卷帘门控制装置；

（2）通风空调，防烟排烟及电动防火阀等消防控制装置；

（3）火灾事故广播、消防通信、消防电源、消防电梯和消防控制室控制装置；

（4）火灾事故照明及疏散指示控制装置；

（5）火灾自动报警系统装置（包括各种火灾探测器、手动报警按钮、区域报警控制器、集中报警控制器等）；

（6）灭火系统控制装置（包括室内消火栓、自动喷水、卤代烷、干粉、二氧化碳、泡沫等固定灭火系统控制装置）。

5）火灾自动报警系统验收前，建设单位应向公安消防监督机构提交验收申请报告，并附以下技术文件：

（1）系统竣工图、系统竣工表；

（2）施工记录（含隐蔽工程验收记录）；

（3）调试报告；

（4）管理、维护人员登记表。

6) 火灾自动报警系统验收前，公安消防监督机构应进行操作、管理、维护人员配备情况检查。

7) 火灾自动报警系统验收前，公安消防监督机构应进行施工质量复查。复查内容包括：

（1）火灾事故照明和疏散指示控制装置的施工质量和安装位置；

（2）消防用电设备的动力线、接地线、火灾报警信号传输线、控制线的敷设方式；

（3）火灾自动报警系统的主电源、备用电源、自动切换装置的施工质量和安装位置；

（4）火灾探测器的型号、类别、安装场所、安装高度、保护半径、保护面积及探测器的间距；

（5）火灾自动报警系统装置、灭火系统控制装置、电动门和防火卷帘门控制装置，通风空调和防烟排烟以及电动防火阀等消防控制装置，火灾事故广播、消防通信、消防电源、消防电梯及消防控制室控制装置的安装位置、型号、功能、类别、数量及安装质量。

169. 火灾自动报警及消防联动系统竣工验收包括哪些方面？

1) 火灾报警控制器应按以下规定抽检：

当安装数量5台以下时全数检查；6~10台时抽检其中5台；当安装数量超过10台时，抽检总数的30%~50%，且不少于5台。

抽检控制器的功能应符合《火灾报警控制器通用技术条件》的规定。

2) 消防用电设备电源自动切换装置进行3次切换试验均应正常。

3) 火灾探测器应按以下规定进行响应和报警抽检：

当安装数量在100只以下时，抽检10只；当安装数量超过

100只时,应抽检总数量的5%~10%,且不少于10只。抽检探测器均应正常。

4) 自动喷水灭火系统的抽检应符合《自动喷水灭火系统设计规范》的规定。抽检以下控制功能:

对工作泵与备用泵转换运行1~3次;对消防控制室进行启、停操作1~3次;对水流指示器、闸阀关闭器及电动阀等抽查总数的10%~30%。

抽检以上控制功能、信号均应正常。

5) 室内消火栓的功能验收在符合现行国家有关规范的同时,还应符合以下规定:

对工作泵、备用泵转换运行1~3次;消防控制室内启停泵1~3次;消防栓处操作启泵按钮抽检总数的5%~10%。

抽检以上控制功能、信号均应正常。

6) 卤代烷、二氧化碳、干粉、泡沫等灭火系统的抽查,应在符合有关规范的前提下抽检总数的20%~30%进行控制功能的如下检查;

对人工启动及紧急切换1~3次;与固定灭火设备联动控制的其他设备抽检1~3次;抽一个防控区喷水试验。

抽检以上功能、信号均应正常。

7) 通风空调、防烟排烟设备应按安装总数的10%~20%抽检,其功能、信号均应正常。

8) 电动防火门、防火卷帘门抽检总数的10%~20%,其控制功能、信号均应正常。

9) 消防电梯的检验应进行1~2次自动和人工控制功能的检验,其控制功能、信号应正常。

10) 消防通信设备的检验应符合以下规定:

(1) 对电话插孔抽查总数的5%~10%;

(2) 对消防控制室对外电话和119台电话试验1~3次;

(3) 消防控制室与设备间电话通话试验1~3次。

以上控制功能应正常、信号清晰。

11）火灾事故广播设备检验应抽查总数的10%～20%，并进行如下检查：

(1) 共有扬声器强行切换试验；

(2) 备用扬声器控制功能试验；

(3) 控制室选区广播。

以上控制功能应正常、语音应清晰。

12) 本节各检验项目如有不合格应限期整改，复验时应加倍试验，有不合格时不得通过验收。

170. 火灾自动报警系统试运行应具备哪些条件？

1) 建立了火灾自动报警系统的技术档案。

2) 火灾自动报警的使用单位已进行了专门培训，管理及维修人员已经考试合格。

3) 火灾自动报警系统应保持连续工作，不得有中断。

4) 火灾自动报警系统正式使用时，应完善以下资料：

(1) 操作规程；

(2) 值班员职责；

(3) 值班记录和使用图表；

(4) 系统竣工图及设备技术资料。

171. 火灾自动报警系统定期检查和试验应符合哪些要求？

1) 每天对火灾自动报警控制器的功能检查一次，并填写检查记录和系统运行情况。

2) 每季度对火灾自动报警系统的功能进行检查和试验一次，并填写记录表。

(1) 试验火灾报警装置的声控显示。

(2) 使用专用检测仪器分期分批检测探测器的动作及指示灯显示。

(3) 对备用电源充、放电1～2次，对主电源和备用电源进行切换试验1～3次。

(4) 试验水流指示器、压力开关的报警功能、信号显示。

(5) 用手动或自动检查消防设备的控制和显示功能。

①室内消火栓、自动喷水灭火系统控制设备；

②自动防火门、自动防火阀、防火卷帘门、及防烟排烟设备的控制装置（每6个月检查1次）；

③火灾事故广播、火灾疏散通道指示灯、照明灯；

④卤代烷、干粉、泡沫、二氧化碳等灭火控制设备。

(6) 强制消防电梯停在首层试验。

(7) 在消防控制室用消防通信设备对外通话试验。

(8) 强制切断非消防电源功能试验。

(9) 检查全部转换开关。

3) 每年对火灾自动报警功能做检验，并填写记录表。

(1) 试验火灾事故广播设备功能。

(2) 用专用仪表检测探测器（每年1次）。

投入正式运行后每3年全部清洗一遍，并对必要功能进行试验合格后方可使用。

172. 火灾自动报警及消防联动系统的检测要点有哪些？

1) 在智能建筑工程中，火灾自动报警及消防联动系统的检测应按《火灾自动报警系统施工及验收规范》（GB 50166）的规定执行。

2) 火灾自动报警及消防联动系统应是独立设置的系统。

3) 火灾自动报警系统的电磁兼容性防护功能，应符合《消防电子产品环境试验方法和严酷等级》（GB 16838）的有关规定。

4) 检测火灾报警控制器的汉化图形显示界面及中文屏幕菜单等功能，并进行操作试验。

5) 检测消防控制室向建筑设备监控系统传输、显示火灾报警信息的一致性和可靠性，检测与建筑设备监控系统的接口、建筑设备监控系统对火灾报警的响应及其火灾运行模式，应采取现场模拟发出火灾报警信号的方式进行。

6）检测消防控制室与安全防范等其他子系统的接口和通信功能。

7）检测智能型火灾探测器及普通火灾探测器的性能、数量及安装位置。

8）新型消防设施的设置及功能检测应包括：

（1）大空间早期火灾智能检测系统、大空间红外图像矩阵火灾报警及灭火系统。

（2）可燃气体泄漏报警及联动控制系统。

（3）早期烟雾探测火灾报警系统。

9）当公共广播与紧急广播系统共用时，应符合《火灾自动报警系统设计规范》（GB 50116）的规定。

10）安全防范系统中相应视频安防监控（录音、录像）系统、门禁系统、停车场（库）管理系统等对火灾报警的响应及火灾模式操作等功能的检测，应采用现场模拟发出火灾报警的方式进行。

11）火灾自动报警及消防联动系统与其他系统合用控制室时，应满足从《火灾自动报警系统设计规范》（GB 50116）和《智能建筑设计标准》（GB/T 50314）的相应规定。但消防控制系统应单独设置，其他系统也应合理布置。

12）除《火灾自动报警系统施工及验收规范》（GB 50166）中规定的各种联动外，当火灾自动报警及消防联动系统还与其他系统具备联动关系时，其检测应按编制的检测方案执行，检测程序不得与《火灾自动报警系统施工及验收规范》（GB 50166）的规定相抵触。

173. 消防系统为什么是建筑物极为重要的部分？

消防系统是建筑中极为重要的一部分，是因为现代化的高楼大厦建筑面积大、居住或办公人员多、设备繁多、竖向孔洞多

（电梯井、电缆井、通风井、给排水及供气井道等），从而增加了火灾发生的机率；另外由于智能建筑比传统建筑投入的价格昂贵，技术先进的各种设备一旦发生火灾，很容易造成大量人员伤亡和惨重的经济损失，如央视火灾。所以说消防安全十分重要，应引起高度的重视，严格按照消防安全规定进行设计和施工。从消防的角度讲，应贯彻以防为主、防消结合的方针，其主要功能是火灾前期探测、报警。随着我国科学技术的不断发展，自动控制技术、监测技术、火灾探测技术、计算机技术被广泛应用在消防领域，使火灾监控技术、火灾探测技术、火灾自动报警技术和自动灭火技术得到空前飞速的发展。

174. 火灾自动报警系统的工作原理是怎样的？

火灾自动报警系统的火灾探测器连续不间断的监测被警戒的现场或对象。当发生火灾时，火灾探测器将火灾产生的烟雾、火焰气体及高温信号转换成电信号，通过与正常情况（如阀值或参数模型）对比发出火灾报警信号，使声光报警显示通知消防人员有火情，同时火灾报警控制器报警提示人员灭火和疏导人员疏散；切断不必要的电源，启动现场排烟设备、电梯设备，关闭防火门和防火卷帘切断火源，接通消防电话、开启火灾应急照明，启动消防喷淋、水幕及气体灭火，及时扑灭火灾，减少损失。整个系统的效果起主导作用的还是人。值班人员必须头脑清晰，及时作出火灾结论并启动相关的连锁联动装置，扑灭火灾。火灾自动报警系统结构如图 5-1 所示。

智能建筑消防系统包括火灾探测报警和消防设备联动控制系统。其工作原理主要是以被检测的建筑物为监控对象，通过自动化手段实现前期火灾探测、自动报警和消防设备连锁联动控制。火灾探测报警和消防设备联动控制系统结构如图 5-2 所示。

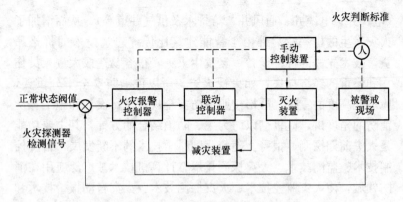

图 5-1　火灾自动报警系统的结构示意图

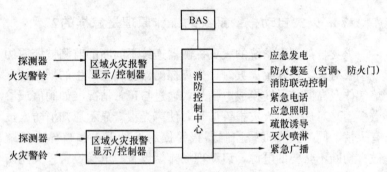

图 5-2　火灾探测报警和消防设备联动控制系统结构图

175. 火灾自动报警系统有哪些基本要求？

1）火灾自动报警系统有以下基本要求：

（1）对火灾早期发现及时扑救，减少损失；

（2）一旦火灾发生，自动报警；

（3）联动控制配电、广播音响、应急诱导疏散、自动消防设施、电梯，显示疏散指示，启动营救方案，自动关闭不必要的电源，启动供水系统、防排烟系统、通信系统。

2）我国相关消防技术规范对火灾自动报警及其技术产品提出了以下要求：

（1）确保建筑物火灾探测及报警功能的有效性，不漏报火灾。

（2）克服环境对系统的影响，减少误报。

（3）确保信号传输准确及时，工作稳定可靠。

（4）要求系统具有兼容性、适应性和灵活性。

（5）要求系统简单、方便、灵活。

（6）要求系统具有应变能力，工程调试、管理和维修方便等功能。

（7）要求系统性能高。

（8）要求系统联动逻辑多样、控制有效和联动功能丰富。

176. 火灾自动报警系统分为几类？

1）火灾自动报警系统按技术走过三个阶段：

（1）全模拟量的火灾自动报警和联动装置；

（2）地址编码寻址的消防报警系统；

（3）采用了智能化探测器并增加了自动巡回监测功能。

2）火灾自动报警系统按控制方式分为三类：

（1）区域报警系统；

（2）集中报警系统；

（3）控制中心报警系统。

火灾自动报警系统原理如图5-3所示。

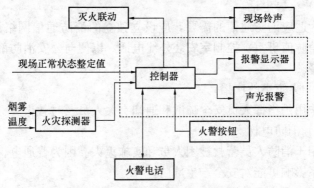

图5-3 火灾自动报警系统原理图

177. 火灾自动报警系统由哪些部分组成？

1) 火灾探测器

是火灾报警系统的传感部分，能发出现场发生火灾的报警信号和火灾状态信号。

2) 手动火灾报警按钮

是手动触发装置，按钮装于金属盒内，当发生火灾后，打破保护罩按动报警键，发出报警信号。

3) 火灾报警控制器

主要是向火灾探测器提供直流电源；监测各火灾探测器连接导线是否发生故障；并能接收火灾探测器发出的火灾报警信号，及时进行控制转换和处理，并以光、声等形式指示火灾发生的部位，进一步发出消防设备启动信号。

4) 消防控制设备

指火警电话、火灾排烟、消防电梯、火灾报警等的联动装置，火灾事故广播及固定灭火系统控制装置等。

5) 火灾报警装置

当火灾发生时，能发光或发生报警。

6) 固定灭火系统

最常用的有消火栓灭火系统和自动喷淋灭火系统等。

7) 火警电话

为适应消防通信的需要，应设立独立的消防通信网络系统，并在消防值班室、控制室安装外线电话，以便向公安消防部门通报火警。

8) 火灾事故广播

作用是指挥人员安全疏散和通知有关人员及时救火。

9) 消防电梯

用于消防人员营救被困人员和实施灭火。因为普通电梯受电源关系影响可能对安全产生威胁。

10) 火灾事故照明

包括火灾事故疏散指示照明和火灾事故工作照明，能保证火灾发生时现场扑救工作的照明。火灾事故照明分为专用和混用两种，专用即为发生火灾时专用，平时不使用；混用是在平时或火灾时均可应用。

11）防排烟系统

火灾事故死亡人员大部分死于一氧化碳中毒，其发出的烟雾使人看不清火灾现场的火势遍布范围，辨别不清方向，不能识别逃生的途径，误向火灾区域方向移动，很快便会晕迷死亡。防排烟系统能在火灾发生后及时排除现场烟雾，并防止烟雾笼罩非火灾区域及消防电梯部位，使受灾人员拥有逃生的环境条件；且使消防人员能看清现场火情及时扑救。

178. 火灾探测器有哪些种类？

火灾探测器是火灾自动报警系统的感觉器官，能对火灾的烟、温、火焰复辐射、气体浓度等参数响应，并自动发出火灾报警信号；或向指示设备和控制设备传出现场火灾信号。因为火灾探测器是火灾自动报警系统中的关键元件，它的稳定可靠性、灵敏度等指标又易受现场环境因素的影响，所以火灾探测器品种的选择和安装均应严格遵照规范标准进行。

目前市场火灾探测器的种类繁多，按不同的方式有不同的分类。

1）按监测火灾特性分

分为感温、感光、感烟、复合和可燃气体五个类型，每一类型又根据本身工作原理分为多种。

2）按感应元件的构造分

（1）点型火灾探测器，是对现场某一特别点的火灾参数进行监控。

（2）线型火灾探测器，是对现场某一线路的火灾参数进行监控。

3）按操作后是否复位分

(1) 不可复位火灾探测器。火灾报警信号发生后，必须更换探测器的相关组件才能恢复到原来的监视状态，或动作后一次性报废。

(2) 可复位火灾探测器。火灾报警信号发生后，不必更换探测器的任何组件，就能自动恢复到原来的监视状态。

179. 感烟火灾探测器有哪些种类？

感烟火灾探测器有离子式感烟探测器、光电式感烟探测器、红外光束线型感烟探测器和电容式感烟探测器。

离子式感烟探测器和光电式感烟探测器的基本性能比较如表 5-1 所示。

两种探测器的基本性能比较　　　　　表 5-1

序号	基本性能	离子式感烟探测器	光电式感烟探测器
1	对燃烧产物颗粒大小的要求	无要求，均适合	对小颗粒不敏感，对大颗粒敏感
2	对燃烧产物颜色的要求	无要求，均适合	不适合于黑烟、浓烟，适合于白烟、浅烟
3	对燃烧方式的要求	适合于明火、炽热火	适合于阴燃火，对明火反应性差
4	大气环境（温度、湿度、风速）的变化	适应性差	适应性好
5	探测器安装高度的影响	适应性好	适应性差
6	对可燃物的选择	适应性好	适应性差

(1) 离子式感测器的工作原理是，正常情况下电离室在电流作用下正、负离子呈有规律运行，使电离室形成离子电流。当烟离子进入电离室时，正离子和负离子被吸附在烟雾粒子上而中和，使到达电极的有效离子数减少；由于烟粒子作用，使 α 射线被阻挡，电离能力降低，电离室的正、负离子减少，导致电离电流减少，当减少到一定极限时，会使电路动作，发出警报。

(2) 光电式感烟探测器分为散射光式和减光式两种。

①散射光式感烟探测器在光烟粒子浓度达到一定限值时，散射光的能量就是以产生一定大小的激励用光电流，经电路放大后，驱动报警装置，发出火灾报警信号。

②减光式光电感烟火灾探测器是当有火灾烟雾时，光源发出的光线因烟离子的散射和吸收使光的传播特性发生改变，光敏元件接收的光强明显减弱，电路正常状态被破坏，从而发出报警信号。

（3）红外光束线型感烟探测器是当火灾发生时，烟雾扩散到监测区内，使接收到的红外光束辐射通量减弱，当辐射通量减少到极限时，感烟探测器便会发出警报信号。

（4）电容式感烟探测器是根据烟雾进入电容极板间的空间，使电容器的介电常数发生变化，改变了电容阻抗而发出报警信号。

180. 感温式火灾探测器有哪些种类？

感温式火灾探测器是响应异常温度、温升速率和温差等参数的探测器。按其作用原理分为定温式、差温式和差定温式三类。

1）定温式探测器

在温度达到或超过预定值时响应的感温式探测器。常见的有双金属定温式典型探测器，结构形式有圆筒状和圆盆状两种。

2）差温式探测器

指火灾发生后，室内温度升高的速率达到预定值时响应的探测器。

3）差定温式探测器

兼有差温和定温两种功能的感温探测器。当其一种功能失效时，另一功能马上启动。差定温探测器分为电子式和机械式两种、性能比较可靠。

除上述外，还有感光式探测器、气体以定探测器和复合火灾探测器等。

181. 火灾探测器如何选择？

1) 火灾探测器可根据火灾发生与发展的四个阶段进行选择。
（1）前期

火灾还未形成，只出现一定量的烟，基本未造成物质的损失。

（2）早前

火灾开始形成，烟量较大，温度上升，已见火焰，但损失较小。

（3）中期

火灾已经形成，温度较高，火势加速，造成较大的物质损失。

（4）晚期

火灾已经扩散漫延，造成一定损失。

2) 根据火灾特点选择探测器如下：

（1）凡是要求火灾损失较小的重要区域，类似在火灾初期有阴燃和产生大量的烟和小量的热，很少或没有火焰辐射的火灾，如棉、麻等物的引燃等，均适用；而不适用于有烟、粉尘、水蒸气、固体和液体微粒出现的场所，和着火迅速、生烟极少及爆炸性场合。

（2）离子式和光电式感烟探测器适用场合大致相同，但离子式探测器对人看不到的微小颗粒敏感，一些质量较大的气体也会使探测器动作。其敏感元件的寿命比光电式感烟探测器短。

（3）感光探测器适用于有强烈火焰而有少量热和烟产生的火灾，液体燃烧等无阴燃阶级的火灾。不适用于有明火及X射线、弧光，有阳光直接照射或间接照射，火焰出现前有浓烟扩散，探测器镜头易被污染或遮挡的场所中使用。

（4）感温型探测器适用于经常有大量粉尘、水蒸气、湿度高于95%的场所；但不适用于有阴燃火的场所。其中差定温型具有差温型的优点，且比差温型更可靠。差温型适用于火灾早期报警，火灾造成损失较小，但会因火灾温度升高慢而无反应，有时会漏报；定温型允许温度有大的变化，比较稳定，但火灾造成的损失较大，在0℃以下场合不宜使用。

（5）可燃气体探测器适用于使用、生产和聚集可燃气体或液蒸汽的场所。

各种探测器均可配合使用，如感温和感烟探测器组合用于洁净厂房，大、中型计算机房及有防火卷帘门的场所；对有大量烟、热产生，蔓延迅速并有火焰的火灾，如油类燃烧的现场，适合三种探测器组合使用。

离子式感烟探测器具有无误报、结构紧凑、使用寿命长、稳定性好等优点，所以使用较广泛，其他类型的探测器，适用于特殊场合，作为上述探测器的辅助设备。

另外，对火灾形成特征不能预料或估计的场所，可采取模拟火灾实验的方法确定探测器的选择种类。

3）按房间高度选择火灾探测器

（1）当房间高度在12～20m时，适用感光探测器；

（2）当房间高度在8～12m时，适用感烟和感光探测器；

（3）当房间高度在6～8m时，适用感温探测器一级、感烟探测器、感光探测器；

（4）当房间高度在4～6m时，适用感温探测器一、二级和感烟探测器、感光探测器。

（5）当房间高度小于4m时，适用感温探测器一、二、三级、和感烟探测器、感光探测器。

182. 火灾报警控制器的组成及功能是怎样的？

1）火灾报警控制器的组成

（1）主机部分

控制器的主机部分将火灾探测源传来的信号进行处理、报警和中继。无论是集中报警还是区域报警控制器，都是同一模式、同一原理，即收集探测源信号—输入单元—自动监控单元—输出单元。并为使用方便增加了辅助人机接口、键盘及显示部分、输出联动控制部分、计算机通信部分和机打部分等，如图 5-4 所示。

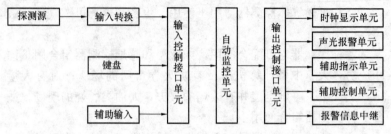

图 5-4　火灾报警控制器主机原理图

(2) 报警控制器的电源部分

电源部分给主机和探测器提供高稳定度的电源，并有电源保护设施，以确保整个系统技术性能的有效性。目前国内大部分控制器都使用开关式稳压电源。

2) 报警控制器的基本功能

(1) 火灾报警

当火灾探测器手动报警按钮或其他火灾报警信号单元发出火灾报警信号时，控制器能及时迅速、准确无误地接收、处理和发出火灾声光报警，指出具体火警的时间和部位。

(2) 主备电源

火灾报警控制器的电源应由主电源及备用电源两部分组成。主电源为 220V 公网交流电，备用电源可选择充电、放电重复使用的各类型的蓄电池，当公共电网停电时，控制器便自动切换为备用电源的蓄电池供电，以保证系统的正常运行。

(3) 故障报警

系统正常工作时，控制器能对现场设备及自身进行监视，一旦有故障发生，便立即报警并指出故障发生的具体部位。

(4) 火灾报警记忆功能

当控制器接收到探测器火灾报警信号时，能保留报警实况，不被丢失，同时不耽误其他火灾报警信号的接收、处理及报警。

（5）时钟单元功能

控制器本身设有工作时钟，为工作状态时的监视参考时间。

（6）火警优先

在系统有故障时发生火灾，报警器能自动转换为报火警，火警消除后再重新转换为原来的故障报警。

（7）输出控制功能

每一火灾报警控制器均有一对输出控制触点，对火灾报警进行联动控制。

（8）调显火警

当火灾报警时，数码管显示首次火警部位，通过操作键盘可显示其他的火警部位。

火灾报警控制器是火灾自动报警系统的重要组成部分、感测部分，随时对区域的情况进行监视探测，是系统的核心；并向火灾探测器供应电源；接收发来的信号，同时报警并显示火灾部位、记录信息、启动灭火设备进行灭火。

第6章 安全防范系统

183. 安全防范系统工程有哪些规定?

1) 智能建筑工程安全防范系统工程的质量检验,除应遵守智能建筑工程质量验收规范外,还应遵守国家相应质量验收规范、国家公共安全行业的有关法规及工程所在地的质量标准要求。

2) 安全防范系统的范围应包括视频安防监控系统、入侵报警系统、出入口门禁(控制)系统、巡更管理系统、停车场(库)管理系统等子系统。

3) 对金融、证券、银行、文博等高风险建筑,除执行智能建筑工程质量验收规范外,还必须执行公共安全行业对特殊行业的相关规定和标准。

184. 安全防范系统工程施工质量控制要点有哪些方面?

1) 设备及材料进场,应在施工单位自检合格的基础上报监理(建设)单位验收,并形成各方认可的文件。设备及材料验收除符合《智能建筑工程质量验收规范》(GB 50339)第3.34、第3.35和第8.2.1条的规定外,还应符合以下要求:

(1) 设备、材料、成品、半成品的规格、质量应符合合同、设计的要求。

(2) 设备、材料、成品、半成品进场应有合格证、检测报告等证明文件原件;在无法提供原件时,可提供复印件,但应标明复印单位、复印人、原件存放单位,并盖抄件单位公章。

(3) 不合格的设备、材料、成品、半成品不得在工程上使用。

2）设备安装、安全防范系统线缆敷设前，现场应具备以下条件：

（1）预埋件、预埋管、桥架等的安装符合设计要求。

（2）弱电井、机房的施工已结束。

（3）具有交接验收记录、隐蔽工程验收记录，且项目技术负责人、监理工程师的签字齐全有效。

3）安全防范系统的电缆沟、电缆井、电缆桥架、电缆导管的施工及缆线的敷设，应符合《建筑电气工程质量验收规范》（GB 50303）第12、13、14、15章的有关规定。当设计有特殊要求时应符合设计要求。

4）安全防范系统的施工质量和观感质量应符合合同、施工图样、施工组织设计、施工方案、技术交底的要求。

（1）检查电（光）线缆、管线的防水、防火、排列、绑扎、桥架架设质量，缆线在桥架内的安装质量，接线盒接线质量，焊接及插接头安装质量等。

（2）检查接地线的材质、焊接质量、接地电阻等。

（3）检查各类摄像机、云台、防护罩、控制器、电锁、辅助电源、对讲设备、探测器等的安装质量、观感质量及安装位置。

（4）检查控制箱（柜）、控制台等的安装质量，应符合《建筑电气工程施工质量验收规范》（GB 50303）第6章的有关规定。

（5）摄像机、监视器、机架的安装和同轴电缆的敷设质量应符合《民用闭路监视电视系统工程技术规范》（GB 50198）的有关规定。

5）对各类控制器、执行器、探测器等部件的功能和电气性能，施工单位应采用逐点测试的方式进行自检，并形成记录。

6）施工单位在安全防范系统设备安装完毕，且形成完整资料后，向建设单位（监理单位）申请进行系统试运行，试运行周期应不少于1个月，并做好试运行记录。

185. 安全防范系统检测有哪些规定？

1) 安全防范系统的检测应由国家或行业授权的检测单位进行，并出具检测报告。其检测内容及合格判定依据应符合国家公共安全行业标准的规定。

2) 安全防范系统的检测应根据合同、施工图样、设计变更、施工组织设计、工程洽商和产品说明书进行。

3) 安全防范系统检测应具备以下资料：

(1) 隐蔽工程检查验收记录；

(2) 设备材料进场验收记录；

(3) 观感质量、安装质量验收记录；

(4) 系统试运行记录；

(5) 设备及系统自检记录。

4) 所有检测记录均应有各方签字。

186. 安全防范系统的检测包括哪些方面？

1) 安全防范系统的综合防范功能检测

(1) 防范的部位、范围及要害部门的设防情况、防范功能、安防设备的进行应符合设计要求；

(2) 各防范子系统之间的联动应达到设计要求；

(3) 监控中心系统记录（包括监控、录像和报警记录）的质量和保存时间应符合设计要求；

(4) 安全防范系统与其他系统集成时，应检查系统的接口、通信功能、传输信息应符合设计要求。

2) 视频安防监控系统的检测

(1) 图像质量检测。摄像机在标准照度下进行图像清晰度及抗干扰能力的检测；抗干扰能力按《安防视频监控系统技术要求》(GA/T 367) 进行检测。

(2) 系统功能检测，包括镜头、云台转动、光圈的调节、变倍、图像切换、防护罩功能的检测。

(3) 系统检测，包括视频安防监控系统监控范围、设备的完好率及接收率检测，矩阵监控主机的切换、控制、编程、记录、巡检等功能。

数字视频录像式监控系统还应检查主机死机记录、图像质量、记录速度、对前端设备的控制功能及通信接口功能、远端联网功能等。

对数字硬盘录像监控系统应检测记录速度、记录检索、回放等功能。

(4) 视频安防监控系统的图像保存时间应满足设计要求。

(5) 系统联动功能检测，包括出入口管理系统、入侵报警系统、停车场（库）管理系统、巡更管理系统等的联动控制功能。

检查数量：抽查总数的 20%，且不少于 3 台，当摄像机数量少于 3 台时全数检查；被抽检设备的合格率应为 100%；系统功能及联动功能全数检测，其功能检测结果应符合设计要求。

3) 入侵报警系统（包括周界入侵报警系统）的检测

(1) 探测器的盲区检测，防动物功能检测。

(2) 探测器的防破坏功能检测，包括报警器防拆报警功能，信号线短路、开路报警功能，电源线被剪报警功能。

(3) 探测器灵敏度检测。

(4) 系统控制功能检测，包括系统布防、撤防功能，系统后备电源自动切换功能、关机报警功能等。

(5) 系统通信功能检测，包括报警信息传输、响应功能。

(6) 现场设备的接入率、完好率检测。

(7) 系统的联动功能检测，包括现场照明系统自动触发、监控摄像机的自动启动、视频安防监视画面的自动调入、相关出入口的自动启闭、录像设备的自动启动等。

(8) 报警系统管理软件功能检测。

(9) 报警信号联网上传功能的检测。

(10) 报警事件存储记录的保存时限应满足设计要求。

检查数量：抽查总数的 20%，且不少于 3 台，探测器总数少于3台时全数检测,其功能应全部符合设计要求。

4)出入口(门禁)控制系统的检测

(1)系统主机在离线时,出入口(门禁)控制器能照常工作;

(2)系统主机在线控制时,出入口(门禁)控制器的存储功能及与系统主机间的信息传递应正常;

(3)检测停电后使用备用电源应急工作的准确性、实时性和信息的存储、恢复功能;

(4)通过主机、出入口(门禁)控制器及其他控制终端,实时监控出入口的情况;

(5)系统对非法入侵的报警能力;

(6)检测安防系统与消防系统报警的联动功能;

(7)现场设备的完好率和接收率检测;

(8)出入口(门禁)管理系统数据存储时限应符合设计要求。

5)系统软件的检测

(1)检测软件的所有功能,应符合合同、产品说明书、设计要求;

(2)软件的适应性、稳定性、实时性、图形化界面友好程度等应符合设计及规范要求;

(3)软件系统操作的安全性应有系统操作人员的分级授权和操作人员的信息存储记录;

(4)对软件进行综合评价,包括软件设计与需求的相符性、程序与软件设计的一致性、软件培训、教材、说明书等资料的描述与程序的一致性、准确性、完整性和标准化程度等。

检查数量:抽查总数的20%,且不少于3台,当不足3台时应全数检查;被检设备的合格率应达100%,系统功能和软件应全数检测,合格率应为100%,其功能应符合设计要求。

6)巡更管理系统检测

(1)按照巡更线路图检查系统终端、读卡机的响应功能;

（2）现场设备的完好率和接入率检测；

（3）检查巡更管理系统的编程、修改及布防、撤防功能；

（4）检查系统的工作状况、信息传输、故障报警、故障所在部位的功能；

（5）检查巡更管理系统对巡更人的监督、记录、安保措施及意外情况及时报警的手段；

（6）线联网式巡更管理系统还应有电子地图上显示信息、故障报警信号和视频安防监控系统的联动功能；

（7）巡更系统数据存储记录的保存时限应符合设计要求。

检查数量：抽查总数的20%，且不少于3台，当不足3台时全数检查，被抽查设备的合格率应达100%；系统功能应全数检测。

7）停车场（库）管理系统的检测

（1）检测车辆探测器的灵敏度及抗干扰性能；

（2）检测自动栅栏升降功能及防砸车功能；

（3）检测读卡器功能、对无效卡的识别功能；读卡器灵敏度和读卡距离；

（4）检测发卡（票）器的功能，吐卡功能及进场时间记录的准确性；

（5）检测满位器显示功能是否正常；

（6）检测计费、收费、统计、显示及信息存储功能；

（7）出入口监控站与管理中心站通信功能；

（8）检测管理系统防折返等其他功能；

（9）有图像对比功能的停车场（库）应检测车牌和车辆图像记录的清晰度、调用图像的方便度；

（10）检测停车场（库）消防系统与管理系统的联动功能、监控摄像机功能；

（11）空车位及收费显示功能；

（12）出入车辆数据记录保存时限应符合设计要求。

检查数量：停车场（库）管理系统功能应全数检测；合格率

应达100%；车牌识别率为98%。

8）安全防范综合管理系统检测

（1）各子系统与管理系统以数据通信方式连接时，应能在监控站观测到各子系统的工作状态及报警信息与实际相符程度；对仅有控制功能的子系统应检测监控站发布命令的响应情况。

（2）综合管理系统监控站，应检测所使用的软、硬件功能。

①检测子系统与综合管理系统监控站对工作状况和报警信息记录的相符性；

②综合管理系统监控站对各种报警信息的显示、记录、统计等功能；

③综合管理系统监控站的数据报表打印、报警打印功能；

④综合管理系统监控站的操作应方便，人机界面应友好性、图形化、汉化。

检查数量：综合管理系统功能应全数检测，合格率应达100%，功能应符合设计要求。

187. 一卡通安全体系的管理有哪些方面？

1）密钥管理系统

（1）密钥管理系统包括密钥的生产、保管、检验、使用、更改及销毁的管理系统。主要工作包括密码的生成和注入，密码的分发和保管，密码的使用，密码方案的选择与更新，安全设备管理档案（包括领导卡、SAM卡、管理卡、操作人员卡等），在线设备与卡的相互认证，发卡中心的安全机制，发卡流程控制，发行母卡、SAM卡、管理卡和操作员卡，通行卡等。

（2）密码管理系统应用流程

① 密码管理中心洗卡（参见相关规范）；

② 发卡中心负责领导卡、SAM卡、通行卡的初始化及发生，管理卡、操作员卡的初始化，并负责通行卡、SAM卡、管理卡、操作员卡的安全设备管理。

（3）密钥管理系统应符合现行国家规定，并满足以下要求：

① 密钥与使用人隔离；
② 管理严密，使用方便；
③ 定期更换密钥原则，同时不影响系统工作；
④ 出现问题有可追溯性；
⑤ 存放的密钥不能读出；
⑥ 主密钥不能出现在传输路径或保留在未经认证的终端设备。

2) 密码管理系统

(1) 采用公开技术，有直接验证安全性的演示；
(2) 密码生成的输入设备不能保存密码的种子；
(3) 发卡系统、密码管理系统等高安全度设备采用多管理卡和多人管理策略；
(4) 高级密钥传送和保存采用双卡和多卡方式；
(5) 密码生成部分不接入网络。

3) 安全设备管理系统

(1) 必须明确每个设备的管理人、存放或使用地点，开始和终止时间、维修记录等，定期检查；
(2) 通行卡的发行数量、存放数量、废品数量、到货数量等必须吻合，白卡、初始化卡、个人化卡、废卡标识明确，防止意外丢失；
(3) 管理卡、SAM 卡、通行卡等涉及密码和安全的设备管理必须有专人负责。

188. 一卡通系统卡片应用范围有哪些要求？终端设备应注意哪些要点？

1) 应用范围有以下要求：
(1) 具有防冲突机制，允许多卡操作；
(2) 工作范围 0~100mm；
(3) 具有至少 DES-3 或相同等级、国际标准的射频通信安全特征；

(4) 通行卡的使用过程，包括防冲突，相互认证，数据的读、写及校验准确率不低于 99.5%，处理时间应不超过 300ms；

(5) 通行卡的读写次数应为 100 000 次，数据保存时间应>10 年；

(6) 每卡刻印一个不可改写的唯一电子识别编号；

(7) 为增加卡片的使用寿命，生产的卡片应有一定的硬度；

(8) 非易失性可读写数据存储区不小于 1KB。

(9) 操作员卡应满足以下特性：

① 使用硬件电子线路逻辑加密或微处理机；

② 不自带电池；

③ 接触式或非接触式。

(10) 卡使用故障率应不超过 1/1 000 000。

2) 终端设备（包括考勤机、停车读卡器、消费 POS 机、读卡器、门禁机等）应注意以下要点：

(1) 可生产或记录交易流水号；

(2) 累计交易额；

(3) 有 5 组以上密码供选择使用；

(4) 有安全数据 MAC 计算功能，命令报文数据中最小 8B 用于推导临时密钥，并对数据进行 MAC 运算和输出 8B 结果；

(5) 使用安全报文输出/输入（传送）；

(6) 关键数据能自动销毁；

(7) 软件下载由专用口令、专人管理控制；

(8) 密码生成管理员信息，对不同终端、不同应用及管理员权限信息应有不同；

(9) 系统终端设备管理中心统一发行卡和管理卡授权，进行编号统一管理。

189. 停车场管理系统主要功能包括哪些方面？

1) 有防砸车功能，能独立或用遥控器控制道闸。

2) 有效卡刷卡经确认后自动抬闸，车通过以后自动关闸。

3）汽车出场交费确认，有效卡刷卡确认后栏杆自动抬起，车辆通过后，栏杆自动回落。

4）车辆出入过程，系统自动登记存储，有效卡、冲卡车辆图像自动拍摄、存储；所有数据自动输入网络服务器。

5）通过先进的网络通信技术实现数据、图像的实时传输，当网络发生故障时，处理机可自动暂存数据，网络恢复后能自动将数据输入。

6）使用先进的网络数据库管理技术自动实时处理数据、系统管理数据及异常数据。

7）使用多级控制及监控技术，且有防修改措施，杜绝作弊和失误。

8）有效卡刷卡确认后自动抬杆，车辆通过自动落杆，对无效卡报警提示。

9）出现意外情况时可用对讲机与保安联系。

10）脱机后控制器能独立工作，出入车辆照常管理，所有数据在计算机恢复后自动上传。

11）可打印报表。

12）具有可扩展性、兼容性，易于升级。

13）智能一卡通管理系统具有标准通信接口和开放的通信协议，提供 TCP/IP 接口，便于系统集成。

14）停车场门禁系统模块：

（1）手动、自动、遥控三种方式控制道闸；

（2）防止重出、重入、无车刷卡现象，有图像对比确认以防失窃；

（3）出入口、控制室有双向对讲；

（4）车辆出入感应读卡距离应不小于 500mm；

（5）自动检测机动车的接近和离开以控制道闸的启闭，防砸车和防尾随车等功能；

（6）具有事件记录、查询和打印功能；

（7）报表查询（整理运行报告、费额记录、时间区段报告、持卡者数据库等）；

（8）多用户管理（临时、长期用户）的综合管理。

190. 停车场管理设备系统有哪些控制要点？

1）进出口票据验读器

可识别条形码卡、磁卡和 IC 卡。

（1）入口票据验读器

核准票据卡的有效入库时间并打入票据卡，输入管理中心；电动栏杆抬起放行，车辆驶出感应圈后栏杆落下；当发现票据卡无效时，禁止进入并报警。

（2）出口票据验读器

核对持卡信息与该卡驶入的车辆是否相符，并将驶出的时间打入票据卡，计算停车费，交费完毕自动抬杆放行，当车辆与持卡人不符时即发报警信号。

2）电动栏杆

电动栏杆由票据验读器控制，并应满足以下要求：

（1）栏杆遇到冲撞立即报警；

（2）受撞自动落下不致损坏栏杆或杆机；

（3）栏杆用铝合金或橡胶制作，长 2.5m；

（4）受车库门高限制，也有将栏杆做成伸缩或折叠形的。

3）自动计费收银机应满足以下要求：

（1）自动计费收银机计价后向停车人显示；

（2）停车人支付停车费后，自动打出停车费收讫票据。

4）泊位调度控制器应满足以下要求：

（1）当有多层或车场规模较大时，应优化调度，使泊位动态均衡，充分利用；

（2）设置感应圈或红外探测器以检测车道和泊位占用情况，然后按先后顺序安排车位；

（3）对进入的车辆引导入位。

5）车牌识别器应满足以下要求：

(1) 入库车辆通过入口时摄像机将车的颜色、外形、车牌号输入计算机进行保留。有的系统可将车牌识别转为数据。

(2) 出库车辆通过出口时将车辆颜色、外形、车牌号等信息用摄像机与入口信息相比对，相符则放行。可用人工或计算机对图像进行识别。

6) 管理中心应满足以下要求：

(1) CRT 图形显示将停车平面图、泊车位的占用量、出入口的开闭情况、通道封锁情况显示在屏幕上，以便车库管理及调度；

(2) 确定计时计费单位并设密码阻止非法入侵的管理程序；

(3) 当人工收费时，可监视收费员的密码输入，打印收费报表；

(4) 对停车场（库）的数据自动统计并存档。

191. 内部停车场管理系统及软件有哪些功能？

1) 内部停车场管理系统有以下功能：

(1) 系统采用中距（300mm）侧向安装，车主停车后随身携带识别卡，可防止非法人员盗走汽车。

(2) 给用户提供内置安保报警监视及 24h 录像功能，当有人开车闯关时自动报警提示保安采取措施。

(3) 车库内编号、卡号相对应，特殊情况可及时报警并设有摄影接口；内部住户车辆车位应固定，物业管理部门发放车位卡，凭卡随意出入，挡车器对车位卡识别、控制挡车器、报警器工作，出现紧急情况时，挡车器还可手动操作。

(4) 当发卡数量多于车位数时，可在入口设车满标志，车满时标志灯亮并禁止车辆进入。

(5) 主计算机对停车场监控管理，对每辆车随时监控和记录。随时增加新卡和删除废卡，无效卡、过期卡自动作废，停车场与大楼各部门联网互通信息，实行统一管理。

(6) 使用的贵宾卡无进出限制可随时入位；月卡有使用期

限,到期停用;储蓄卡预先缴费,按每次停车应缴金额扣减,无余额时停用。

(7) 只要持卡有效,车辆卡靠近读卡器,系统便自动开门让车进入并及时关门防止其他车辆跟入;对无效卡自动识别不予开门。

(8) 防止一卡多用,每辆车进库后该卡自动关闭进库权限,同时赋予出库权限。

(9) 多年同时连续进库时,如持卡全部有效,可全部进库后再关闭车库门,当有非法车进入时发出报警信号。

(10) 当卡丢失或过期时应及时通知管理部门处理,每卡可使用10年以上。

(11) 中央控制计算机也可对库内车辆作各种统计和查询,打印报表。

2) 管理软件有以下功能:

(1) 对会员的加入、查询、删除、修改信息进行处理,使计算机与控制器的信息一致,可根据要求自动或人工删除到期会员。

(2) 监控设备工作状况、设定工作模式、用户登记与保护。

(3) 设置出入口控制器、读卡器等硬件的设备参数及权限。

(4) 可对软件自身的参数和状态进行修改、设置和维护。

(5) 生成车辆使用报表、现存车辆报表、会员报表以便统计和结算。

192. 综合管理系统及软件有哪些功能?

1) 综合管理系统功能

(1) 车辆不必停车刷卡,自动遥测识别,减少车辆堵塞。

(2) 可对不同车辆分组授权,登记有效期,越权车视为无效,过期卡自动作废。

(3) 实时监控车辆出入情况,自动记录;并可对进出车辆进行统计和查询,打印报表;减少现金支付的麻烦,脱机存储可达

5000个记录。

（4）发放识别卡、增加新卡、删除废卡，卡可重复使用，减少损失。

（5）车辆无论以何种形式出入车库，均能自动判断并做出响应。

① 对贵宾卡及月卡车辆自动开门和关门，不用双方干预。

② 临时停车自动进入，在出口处停车的时间、计费通过计算机自动显示，交费后放行。

③ 多车连续出入，持卡有效时自动开门和关门。

④ 对无卡车发出报警，由专人处理。

（6）杜绝一卡多用、进入车库关闭入库权限同时赋予出库权限。

（7）通过中央计算机联网，在任何地方均可查看车库情况。

（8）车辆入库，主人随身携卡，并设监控摄像头，可最大限度防止车辆被盗。

（9）无须人员管理，根据车辆权限自动开、闭库门，并可自动感应防止砸、刮车辆。

2）管理软件功能

（1）可对软件系统自身参数及状态进行修改设置和维护。

（2）可对会员报表、现存车辆报表、车库使用报表进行统计和结算，并可根据需要修改。

（3）可对出入口控制器和读卡器等硬件设备的参数和权限进行设置。

（4）对会员的加入、删除、查询、修改信息等与计算机和控制器信息保持一致，并可根据需要自动或人工删除到期会员。

（5）读卡器探测到车辆后马上向计算机报告，在计算机屏幕上显示出入口车辆的卡号、时间、形状及车主信息；临时停车，计算机可向显示屏输出信息并向远端收费台票据打印机发送收费信息。

193. 出入口控制系统的设计有哪些要求？

1) 出入口控制系统应具备以下功能：

(1) 保护大楼及部门的财产及人身安全；

(2) 避免使用机械钥匙所出现的问题，能 24h 限制人的活动时间和活动范围；

(3) 对进入建筑物的人员所到位置、次数做详细的实时记录；

(4) 依照用户使用设置不同日期、时间可通过哪个门；

(5) 在软件中设定各门的开启和上锁时间，以及每日常开时间；

(6) 减少办公楼安保及管理费用，使环境得到改善且更具安全性；

(7) 出入口控制系统与消防系统形成一个完整的联动一卡通管理系统，消除人为差错。

2) 出入口控制系统设备施工应符合以下要求：

(1) 控制设备（包括门禁控制器、磁力门锁）应符合保障人身安全和楼内安全的要求。

(2) 读卡器的输入方式有密码式、指纹式、感应式识别。

(3) 门禁系统使用 24V 直流安全电压，断电后 8h 内仍能照常工作，且 30 日内数据资料不丢失。

(4) 满足单门、双门等模式的门禁控制设计方式，并留有无限扩展空间。

(5) 信号联动设备可与红外线报警、消防火警、防盗报警、门磁开关硬件联动。

(6) 控制中心软件工作平台基于 NT 技术构建的 Windows 2000 操作系统。

(7) 传输标准：RS—485 通信、TCP/IP 通信协议（可最终实现全球联网）、API 模块库。

3) 出入口管理系统设计施工应满足以下要求：

(1) 出入口管理系统由感应读卡器、电锁、门禁控制器组成（外加计算机和通信转换器可实现联网）；持卡在距读卡器 100～150mm 处晃动一次，读卡机便可将卡的信息传送到主机，合法时便开门让人通过，过程时间小于 0.1s。

(2) 读卡器安装在门边墙的内侧或外侧。

(3) 感应卡具有安全可靠、寿命长等特点（一般可使用 10 年以上）。

(4) 通过通信转换器与计算机实时监控、发出指令开/关门、查看各门前情况、进行数据处理、查询、报表等工作。

4) 软件功能设计施工应满足以下要求：

门禁系统软件为用户提供的功能（包括部门信息、卡片信息、员工资料、人员出入区域、范围时间、门区开关、防盗、消防联动设置、历史记录查询、各种报表发送、远程遥控等。

5) 安防联动功能设计施工应符合以下要求：

(1) 给控制器加设信号输出/输入模块，设置联动流程。

(2) 门磁控信号输入结合刷卡来判定是否开门超时或强行进入。

(3) 红外探测器信息。在重要区域或非工作时间区安装红外探测设备，并与报警器相连，当有动物或人进入防区时自动报警。

6) 系统其他设计施工有以下要求：

(1) 图像核对（包括图像是否是本人；人数是否仅 1 人）。

(2) 记录人员进出；查证身份。

(3) 图像如有问题，立即报警，通过电视摄像机与监视室观察，用电话询问对来客进行核对。

(4) 通过 IC 卡核对持卡真伪、是否有资格入室、是否已入室等内容。

194. 出入口控制系统验收应掌握哪些要点？

1) 自由退出

持卡人进入某区域后,不必刷卡便可退出。

2) 软进入、退出

持卡人进入某区域后,不必按进入、退出顺序使用身份卡。

3) 硬进入、退出

持卡人进入某区域后,必须按先进入后退出的先后顺序使用身份卡。

4) 出入级别

持卡人必须按系统规定的区域、时间、日期(通常日期和节假日)进出。

5) 多人规则

规定在某控制区域最少应有几人。

6) 陪同出入

持卡人进入控制区必须有指定专人持卡陪同。

7) 防反传

持卡人只有退出才能二次进入该控制区;也可特别设置持卡人刷卡后需有另一持卡人刷卡或隔一定时间才能在同一读卡机上刷第二次卡。

8) 隔离通过

持卡人进入某一有两门或两门以上区域时,一门打开时,其余门必须关闭。

9) 不停留通过

持卡人必须在限定时间通过并到达指定地点,其间不得停留。

10) 对伤残人支持

持卡人伤残行动不便,接受此卡的系统允许门开启的时间延长,而不发出鸣警信号。

11) 安全报警

当持卡人遭胁迫使用读卡器时,可按动特殊功能键或输入密码以通知其受胁迫状态。

12) 图像比对

持卡人刷卡后,系统显示持卡人照片及相关信息与现场图像相比较,确认后发出开门指令。

13）人数限制

限制某控制区域持卡人数。

14）巡更管理

(1) 实现在线巡更管理,对于异常情况实时报警,确保巡更人安全。

(2) 用门禁读卡器作巡更点可完善功能和节约费用。

(3) 按规定的路线、时间对巡更人进行考核。

(4) 不必到各子系统进行授权,避免授权混乱。

(5) 同一张有效卡可用于考勤、消费、停车、门禁等多用。

(6) 各子系统的数据归同一数据库管理,并支持多用户访问。

(7) 读卡距离大于 150mm,卡片放在钱包内、手包内不必取出便能刷卡。

(8) 控制器存卡号可达 15000 个,有较大存储空间,控制器可脱机工作时间更长。

(9) 重要门禁可与 CCTV 联网,实现图像监控,可以达到物质充分利用、增加功能、节约成本的目的。

(10) 在控制室实时监控出入口情况。

(11) 在大楼主要管理区的出入口、重要部位、重要房间安装门禁,通过控制室进行监控。

(12) 系统管理软件留有足够的集成接口以便扩展和实现联动。

(13) 内部人员实现一卡通。

195. 周界防范系统设计和施工有哪些控制要点？

周界防范系统采用远程主动红外对射探头,并用接线与主线相连对周边进行实时防范。如有非法进入监控室,计算机立即报警,将显示器切换到报警区,显示时间、部位、探头编号、电子地图等相关资料。

1) 根据周界实际长度布置直线段主动式红外线对射探测器，探测器有效距离为 50～250m，可供选择。

2) 监控中心接到报警后，管理机发出报警信号，并显示发生入侵的区域编号、电子地图，摄像机自动跟踪，自动储存报警记录。

3) 系统使用总线连接结构，并留有扩展接口。

4) 系统具有防剪线报警功能，一旦损坏或被剪能立即向监控中心报警。

5) 系统具备设防、撤防、旁路、密码操作、计算机显示报警区域、电子地图、交流掉电保护等多功能。

6) 根据周界现场实际情况，需要长距离传输时，可加装总线信号中继器。

7) 系统最大容量可预留扩展空间。

8) 通过控制模块实现对报警区域的摄像、灯光联动、记录等监控。

9) 不受光照影响，实现昼夜不断全程监控。

10) 周界报警系统能与统一报警系统（地区报警中心）联网。

196. 电子巡更系统有哪些功能？

1) 实现信息钮功能及位置设定。
2) 实现巡更人员编号、班次设定及信息输出。
3) 预先设定巡更点和巡更路线及抵达时间。
4) 对巡更数据实现手动/自动备份及备份恢复；定期将数据输入软盘，需要时恢复到硬盘上。
5) 实现巡更采集器数据下载及清除功能。
6) 实行巡更违规记录和红色提示。
7) 实现巡更数据随时查询和报表打印。
8) 巡更人名称、时间、班次、巡更路线、巡更人工作情况可随时查询，生成巡更情况总表、巡更遗漏表、巡更事件表；并可将结果打印输出。

197. 电子巡更设计应符合哪些要求？有何作用？

1）电子巡更设计应符合以下要求：
（1）防水密封设计，以便特殊环境使用。
（2）采用感应卡技术，使用和维护方便。
（3）最好使用金属外壳，尤其是保安巡更器应有很强的抗摔功能。
（4）尽量体积小，重量轻，便于使用和携带。
（5）方便使用，感应距离不得太近。
（6）耗能低、电池容量大，不需要经常充电。
（7）数据储存安全，避免断电或电磁干扰使数据丢失，应尽量采用断电保护技术。
（8）尽量扩大储存量，免去频繁上传的麻烦、并可起到数据安全备份的作用。
（9）为方便使用，软件采用傻瓜式操作，降低服务成本。
（10）安排巡更的时间、线路、密度、频率应合理。
（11）软件具备排班核查功能，便于用户考核。

2）电子巡更的作用如下：
（1）监测防护区内保安人员的巡更检查工作。
（2）预防防护区内意外事故的发生。
（3）确保保安人员的人身安全。
（4）与电视监控设备组合使用，以取得很好的防护作用。
（5）发现异常情况后，能及时处理，预防灾害事故的发生。

198. 可视对讲系统有哪些功能和技术要求？

1）可视对讲系统有以下功能：
（1）适用于不同制式双音频及脉冲直拨电话和分机电话；

（2）自动及手动开关、传感器的无线及有限连接报警方式；

（3）可同时连接多路瓦斯、烟雾、红外传感器；

（4）按先后顺序自动接通直拨电话、寻呼台及手机，且同时传至小区管理中心；

（5）自动辨别对方电话机占线、无人接听或联通状态；

（6）具有断电保护功能，多种警情及报警电话信息不被丢失。

2）可视对讲系统的技术要求如下：

（1）住户通过分机对讲功能可与来访客人通话；

（2）住户通过可视分机观察来访客人的情况、面貌特征，确认后开门迎宾；

（3）访客通过门口机录呼住户分机并可对话；

（4）物业管理中心通过管理机可与各住户对讲通话；

（5）物业管理中心摄像头安装后，住户可通过可视功能看到物业管理中心的情况；

（6）物业管理中心通过管理机可看到访客容貌并可对话。

199. 联网可视对讲系统有哪些功能和特点？

1）系统有多路可视视频，管理员室及住户室内可视对讲机同样可监视多个可视门口机状态。

2）单一系统具有多个通话频道，可以同时进行多路双向通话。

3）管理员总机及住户通过总机可以呼叫系统内所有单员与之通话，形成一个大型电话交换机网络。

4）系统可接公共区间对讲电话，供大厅、会场、门卫使用，使住宅管理更全面和灵便。

5）访客可通过共同监视对讲门口机呼叫住户分机和管理员可讲可视总机，可与系统内任一单元对话，门口机具有住户密码开锁功能。系统同时设有防误撞功能，如3次输密码错误门口机自动接通总机提示管理员进行处理。提高安保效果。

6) 系统可通过终端控制机进行联网，最多可连接 63 个系统及 31500 台住户可视对讲机。

7) 第一系统主机可接多台监视对讲门口机，且最多可接 16 台门口机。

第7章 综合布线系统

200. 综合布线系统有哪些规定？

1）综合布线系统工程的质量除应符合《智能建筑工程质量验收规范》（GB 50339）的要求外，还应符合《建筑与建筑群综合布线系统工程验收规范》（GB/T 50312）的规定。

2）综合布线系统施工前应对设备间、交接间、工作区的建筑和环境条件进行检查，检查的内容及质量应符合《建筑与建筑群综合布线系统工程验收规范》（GB/T 50312）的相关规定。

3）设备、材料的进场验收应执行《建筑与建筑群综合布线系统工程验收规范》（GB/T 50312）第 3 节的规定。

4）专业施工单位将系统安装完成后，应对系统进行自检，并在对工程安装质量、观感质量、系统性能检测全部自检合格的基础上，填写自检表并做好记录，所有测试合格报告报总包单位，总包单位检查合格后，报监理验收，合格后由各方签字。

201. 综合布线安装质量检测应包括哪些方面？

1）缆线敷设及终接检测应符合《建筑与建筑群综合布线系统工程验收规范》（GB/T 50312）中第 5.1.1 条、第 6.0.2 条和第 6.0.3 条的规定，并对以下项目进行检测：

（1）预埋线槽和暗管的敷设；

（2）缆线的弯曲半径；

（3）电源线与综合布线系统缆线应分隔布放，缆线间的最小净距应符合设计要求；

（4）建筑物内电、光缆暗管敷设及与其他管线的最小净距；

（5）光纤连接损耗值；

（6）对绞电缆芯线终接。

2）机架、机柜、配线架安装的检测，除应符合《建筑与建筑群综合布线系统工程验收规范》（GB/T 50312）第 4 节的规定外，还应符合以下规定。

（1）端接于 RJ 45 口的配线架的线序及排列方式按有关国际标准规定的两种端接标准（T 568A 或 T568B）之一进行端接，但必须与信息插座模块的线序排列使用同一种标准；

（2）卡入配线架连接模块内的单根线缆色标应和线缆色标相一致，大多数电缆按标准色谱的组合规定进行排序。

3）信息插座安装在活动地板或地面时，接线盒应严密防水、防尘。

4）建筑群子系统采用架空、管道、直埋敷设电、光缆的检测要求应按照本地网通信线路工程验收的相关规定执行。

5）缆线终接应符合《建筑与建筑群综合布线系统工程验收规范》（GB/T 50312）第 6.0.1 条的规定。

6）各类跳线的终接应符合《建筑与建筑群综合布线系统工程验收规范》（GB/T 50312）第 6.0.4 的规定。

7）机架、机柜、配线架安装，除应符合《建筑与建筑群综合布线系统工程验收规范》（GB/T 50312）4.0.1 条的规定外，还应符合以下要求：

（1）机柜不应直接安装在活动地板上，应按设备的底平面尺寸制作底座，底座直接与地面固定，机柜固定在底座上，底座高度应与活动地板面高度一致，然后铺设活动地板，底座水平偏差每平方米不应大于 2mm。

（2）安装机架面板，架前应预留 800mm 的空间；机架背面距墙应大于 600mm。

（3）背板式跳线架应经配套的金属背板及接线管理架安装在墙壁上，金属背板应紧贴墙壁固定。

（4）壁挂式机柜底距地面不宜小于 300mm。

（5）接线端子的标志应齐全。

(6) 桥架或线槽应直接进入机柜或机架。

8) 光缆芯线终端的连接盒面板应有标识。

9) 信息插底的安装要求应符合《建筑与建筑群综合布线系统工程验收规范》(GB/T 50312) 第 4.0.3 条的规定。

202. 综合布线系统工程性能检测有哪些规定？

1) 综合布线系统性能检测应采用专用测试仪器对各条链路进行检测，并对系统的传输技术指标及工程质量进行检查。

2) 综合布线系统性能的检测，应对光纤布线全数检测；对绞电缆布线链路，应抽测总数的 10%，且抽样点必须包括最远布线点。

3) 系统性能检测合格应包括单项合格和综合合格判定。

(1) 单项合格的判定

① 对铰电缆布线各信息端口及水平布线电缆应符合《建筑与建筑群综合布线系统工程验收规范》(GB/T 50312) 附录 B 的指标要求，若有一项不合格，则判定该信息点不合格；垂直布线电缆应对连通性、长度要求、衰减及串扰等进行检测，若有一项不合格，则判定该线对不合格。

② 光缆布线测试结果应符合《建筑与建筑群综合布线系统工程验收规范》(GB/T 50312) 附录 C 的指标要求。

③ 检测不合格的信息点、线对、光纤链路经整改修复后应进行复检，合格后予以签认。

(2) 综合合格的判定

① 光缆布线检测，若有一条光纤链路不合格则判定系统不合格。

② 对绞电缆布线应全数检测，如有以下情况之一则判定不合格：

 a. 无法修复的信息点数超过总数的 1%；

 b. 不合格线对数超过总数的 1%。

③ 对绞电缆布线抽测，其抽测点（线对）不合格率不大于

1%时则判定合格；当抽测点（线对）不合格率大于1%时则判定不合格。对不合格项目应进行加倍抽样检测，仍不合格时应按全数检测的要求进行判定。

④ 全数检测或抽样检测的结论合格，则判定系统检测合格，否则为不合格。

4）系统检测（电气性能检测和光纤特性检测）应符合《建筑与建筑群综合布线系统工程验收规范》（GB/T 50312）第8.0.2条的规定。

5）采用计算机进行综合布线系统的维修和管理时应对以下内容进行检测：

（1）显示所有硬件设备及其楼层平面图；

（2）中文平台、系统管理软件；

（3）实时显示和登录各种硬件设施的工作状况；

（4）显示干线子系统和配线子系统的元件位置。

203. 综合布线系统的意义是什么？有哪些特性？

1）综合布线系统的意义

随着网络信息技术的不断发展，各国政府机关、大型集团公司均针对各自楼宇特点进行综合布线以适应新形势的需要。建设智能化大厦及智能化小区成为当今世界开发的热门。综合布线系统全称：建筑与建筑群综合布线系统也称结构化布线系统（SCS）。它是随着现代化通信需要的不断发展，对布线系统的要求越来越高的情况下，推出的从整体角度来考虑的一种标准布线模式。

综合布线系统是弱电系统的核心工程，由众多的部件组成，包括传输介质、线路管理硬件、连接器、插头、插座、适配器、传输电子线路、电气保护设施等，并由这些部件组成各种子系统。

在信息社会，一个现代化楼宇中，除了应具备传真、电话、消防、空调、照明及动力电线外，计算机网络线路也是不可缺少的一部分。布线系统是建筑物或楼宇内传输网络的重要部件,能使语言及数据设备、交换设备和其他信息管理系统连成一体,并使这些设备与外部网络相连。包括建筑内部及外部线路(电话局及网络线路)间的民用电缆及各相关设备的连接措施。

理想的布线系统表现为:支持语言应用、数据传输、影像影视,而且最终能支持综合型的应用。综合布线系统应是跨行业跨学科系统工程,其中包括:通信自动化系统、楼宇自动化系统、计算机网络系统、办公自动化系统。

2) 综合布线系统有以下特性:

(1) 先进性

布线系统作为一个建筑的基础设施,要采用科学的先进的技术,要着眼未来,确保系统有一定的超前性,使布线系统能够支持未来的网络技术及实际应用。

(2) 模块化

布线系统除固定在建筑物内的水平线缆以外,其余所有的设备均应是可以任意插拔、更换的标准组合件,以便使用、更换、维修和扩展。

(3) 标准化

布线系统要支持和采用各种相关技术的国际标准、国家标准、行业标准,这样才能使基础设施的布线系统能支持实现各种应用、适应未来技术发展的需要。

(4) 可靠性、实用性

综合布线系统要能充分适应现代及未来技术发展的需要,实现语音、高速数据通信、高清晰度图像传输,支持各种网络设备、通信协议,包括管理信息系统、商务处理活动、多媒体系统的广泛应用。综合布线系统还要支持其他一些非数据通信(如电话系统)的应用。

(5) 灵活性

综合布线系统的设备有一定的独立性,能满足多功能的需要,每一个信息点都能连接不同的设备(包括数据终端、数字或模拟式电话机、程控电话机或分机、工作站、个人计算机、多媒体计算机、主机和打印机等）。综合布线系统要能连接成包含环形、星形、总线形等各种不同的逻辑结构。

（6）可扩展性

综合布线系统应有可扩展性以便在发展的将来，可充分将设备扩展到更大规模。

204. 金属导管施工应注意哪些方面？

1) 基本要求

综合布线系统工程使用的金属导管应符合设计要求，表面无锈蚀、无孔洞和明显的凸凹，内壁应光滑无毛刺；在易受机械损伤的部位和受力较大处直埋时，管材应有一定足够的强度。

（1）为减轻直埋导管由于基土沉降时导管口对线缆的剪切力，金属导管口宜做成喇叭形；

（2）为防止电缆线穿入时被划伤绝缘层，金属导管的入口处应无毛刺和尖锐的棱角；

（3）金属导管的煨弯角度不应过大，煨弯处不应有裂纹和凹瘪现象；

（4）金属导管镀锌层剥落处应补涂防腐漆；

（5）金属导管的弯曲半径不应小于所穿电缆的最小允许弯曲半径。

2) 金属导管的切割与套丝

（1）在配导管前，根据图纸实际长度，对金属管进行切割，金属管的切断可用钢锯、电动切管机或切割刀，严禁使用电、气焊切割。

（2）金属导管与配线箱连接、金属导管与导管连接、金属导管与接线盒连接均应在导管端头套丝，焊接钢导管套丝可用套丝机、当加工量较少时可用代丝人工套丝。套完丝的管口应无毛刺，必要时应用锉刀修整光滑。

3) 金属导管弯曲

金属导管埋设时应尽量减少弯曲,每根导管的弯头应不超过3个,直角弯头应不超过2个,并不得有"Z"和"S"弯导管出现;较大截面的电缆不允许有弯头,在不可避免时,可采用内径较大的圆弧形导管或设接线盒。

金属管的弯曲一般使用弯管器,焊缝应在弯曲方向的背面或侧面,然后用脚踩住金属管,手扳弯管器煨弯,并随扳随移动弯管器,其弯曲半径应符合设计要求。

(1) 暗配管的弯曲半径不应小于导管外直径的6倍,当敷设在楼板内时,弯曲半径不应小于管外直径的10倍。

(2) 明配管的弯曲半径不应小于导管外直径的6倍,当仅有一个弯时可不小于导管外直径的4倍,成排导管在转弯处,宜为同弧度弯曲。

水平敷设的金属导管长度超过30m,且弯曲较多时,可在其间设接线盒或拉线盒,或选择较大管径的导管。

4) 金属导管的连接

(1) 采用套接时,短套管或带螺纹的管接头长度不应小于金属管外径的2.2倍。

(2) 金属导管的连接应牢固,两导管口应对准。

(3) 金属管的连接采用短套接时,施工方便简单;采用管接头时,螺纹较美观,保证连接强度较容易。

(4) 无论采用哪种方式,均应保证牢靠和密闭效果。

(5) 金属导管进入信息插座的接线盒后,暗埋管可用焊接固定,管口进入盒内的露出长度应小于5mm。

(6) 明设管应用管帽或锁紧螺母固定,露出锁紧螺母的丝扣应为2~4扣。

(7) 引至配线间金属导管管口位置,应便于线缆连接。

(8) 并列敷设的金属导管管口应排列整齐、有序,并便于识别。

5) 金属导管的敷设

(1) 金属导管暗设应符合以下要求:

① 敷设在水泥砂浆或混凝土中的金属导管,其地基应坚实、平整,不应有下沉,以保证敷设的线缆运行安全。

② 预埋在墙体中的金属导管内径不宜超过50mm,楼板中的直线布导管30m处应设暗线盒,导管直径宜为15~25mm。

③ 金属导管连接时,管口应对准、接缝应严密,不得有水或泥浆渗入,确保穿线顺利。

④ 金属导管应有不小于0.1%的排水坡度。

⑤ 建筑物之间的金属导管埋设深度不应小于0.8m;人行道下面的埋设深度不应小于0.5m。

⑥ 金属导管的两端应有标识,标明建筑物、楼层、房间及长度。

⑦ 金属导管内应设置牵引线。

(2)金属导管明敷设应符合以下要求:

① 金属导管应用卡子固定。

② 金属导管的支持点间距应符合设计要求,当设计无具体要求时不应超过3m,距接线盒0.3m处应设一点用管卡固定,在转弯的两边也应各设一点用管卡固定。

(3)在光缆和电缆同管敷设时,应在导管内预置塑料子管,将光缆敷设在塑料子管内,光缆子管的内径应为光缆外径的2.5倍,使光缆和电缆分开布放。

205. 金属线槽敷设有哪些控制要点?

1)金属线槽的安装应在土建工程基本完成后,与其他管道(如给排水管道、通风管道等)同步施工,或比其他管道稍晚一些时间安装。但尽量避免在装修工程完成后进行。安装金属线槽应符合以下要求:

(1)金属线槽水平度允许偏差不应超过2mm/m。

(2)金属线槽安装位置应符合设计要求,允许偏差不超过50mm。

(3)金属线槽应与地面保持垂直,垂直度允许偏差不应超过3mm。

(4) 金属线槽的接头处用连接板连接，两线槽连接处的水平度允许偏差不应超过2mm；连接螺栓应拧紧。

(5) 直线段桥架长度超过30m或跨越建筑物时，应留伸缩缝，连接宜使用伸缩板。

(6) 线槽转弯半径不应小于槽内线缆最小允许弯曲半径。

(7) 吊支架应保持垂直、整齐、牢固。

(8) 盖板应紧固并要与线槽段接缝错位盖板。

为防电磁干扰，宜用编织铜线将金属线槽连接一直到设备间或楼层配线间的装置，并保持通电良好。

2) 子系统水平线缆敷设支撑保护有以下要求：

(1) 线槽支撑保护。水平敷设时支撑间距为1.5～2m，垂直敷设固定在结构上的支撑宜小于2m；金属线槽支架或吊架应设置在接头外（间距1.5～2m）、转弯处和离槽端头0.5m处；塑料线槽底固定点间距一般为1m。

(2) 预埋金属线槽（管）支撑保护。在建筑物中预埋不同长度的金属线槽（管），按一层或二层设备应至少预埋两根以上线槽，其线槽截面高度不宜超过25mm。在线槽交叉、转弯处或直线段长度超过15m时应设接线盒，以便布线和维护。接线盒盖应能开启，并与地面或墙面平齐，盒盖处应做防水处理。线槽宜引入分线盒内。

(3) 活动地板内埋设线槽时，其净高不应小于150mm。

(4) 在立柱中埋设线槽时，支撑点应避开沟槽或线槽位置设置，且支撑点应牢靠。

(5) 在工作区地毯下布置电线缆时，建设置交接箱，每个交接箱的服务面积可为80m^2。

(6) 在同一金属线槽内布放不同种类的线缆时，应用金属板隔开。

(7) 采用格形楼板和沟槽相结合时，线缆槽支撑保护应符合线槽盖板可开启，盖板与地面相平，盖板及信息插座出口处须做防火处理，线槽宽度宜小于 600mm，沟槽和格形线槽必须贯通等要求。

3) 干线子系统的线缆支撑保护应符合以下要求：

(1) 线缆不得布置在电梯井道或管道竖井中。

(2) 干线通道间应贯通。

(3) 弱电间线缆穿过每层楼板的孔洞宜为圆形和方形，长方形孔洞一般为 300×100mm，圆形孔洞的直径不宜小于 100mm。

(4) 建筑群干线子系统线缆敷设的支撑保护应符合设计要求。

4) 线槽（管）大小选择的计算方法如下：

$$n = \frac{槽（管）截面积}{线缆的截面积} \times 70\% \times (40\% \sim 50\%)$$

式中　　n——用户所要安装的线缆条数（已知数）；

槽（管）截面积——要选择的线槽（管）的横截面积（未知数）；

线缆截面积——选用线缆的横截面积（已知数）；

70%——布置线缆标准允许空间；

40%～50%——线缆实际占用以外的剩余空间。

以上计算方法仅供实际应用中参考。

5) 线缆敷设

(1) 在管道中敷设的 3 种情况：小孔间的直线敷设；沿转角处敷设；小孔到小孔的敷设。

(2) 用人工或机械敷设可根据以下情况适当选择：

① 管道转弯的多少；

② 线缆的粗细和重量；

③ 管道中是否有其他线缆。

上述情况也应根据现场实际条件确定。

206. 塑料槽敷设线缆有哪些形式？

1) "J" 形钩敷设施工步骤

确定布线路由—打开顶棚—在吊索或 "J" 形钩或其他支撑

物上布设线缆—恢复顶棚—从最远一端布至管理间。

2）采用托架施工时，在砖混结构墙壁上每1.5m设置一个托架；在石膏板或空心墙壁上每1m设置一个托架。

3）不用托架施工时，可采用固定槽固定

(1) 25×20～25×30（mm）规格的固定槽应设2～3个固定螺钉并梯形排列。在石膏板或空心墙壁上每0.5m设置一个固定点；在砖混结构墙壁上每1m设置一个固定点。

(2) 25mm×30mm以上规格的槽，每槽应设3～4个固定螺钉并梯形排列。在砖混结构墙壁上每1m设置一个固定点；在石膏板或空心墙壁上每0.3m设置一个固定点。

(3) 除按以上规定设置固定点外，每隔1m设置1道双绞线通过两孔穿入，待布线完成后，将双绞线两端头捆扎在一起。

(4) 垂直与水平布槽的方法相同。

(5) 水平干线与工作区交接处可用金属软管或塑料软管进行连接。

(6) 在竖井通道与水平干线槽的交汇处设置一个塑料套状保护物以防线缆外皮被划伤。

(7) 为保持美观，水平干线槽的转弯处、工作区槽不宜使用PVC槽配套的阴角、阳角、平三通、左三通、右三通、直转角、终端头、连接头等附件。

4）墙壁上布线槽应遵循以下步骤：

确定布线路由—沿路由方向放线—线槽安装拧紧固定螺钉—布线。

5）水平干线槽、工作区槽施工完成后应注意以下几点：

(1) 塑料槽盖应错开槽接缝覆盖；

(2) 活完场清，不留杂物；

(3) 对穿墙孔洞、竖井穿楼板孔洞进行修补；

(4) 对水平干线槽、工作区槽修补部位应用腻子粉刮平。

207. 预埋导管穿线及主干线电缆布线应注意哪些方面？

1) 预埋导管穿线

预埋导管穿线是指在混凝土浇筑前布置导线管内穿线，导线管内有牵引电线或电缆的铁丝或钢丝，安装人员按设计图样布线。

旧建筑物或设有预埋导管的新建筑物布线前应审核图样、查看现场，了解建筑物内水、电、气管道的走向和布局，编制布线施工方案，报监理审批后实施。

对于设有预埋导管的新建筑物，布线应在装饰装修前或与装饰装修同步进行。

线缆导管从配线间一直埋到信息插座安装端，布线时将 4 对电缆线拴在信息插座端的拉线铁丝或钢丝上，在另一端牵引拉线便将电线或电绕拉出配线间导管口，完成布线。

2) 主干线电缆布线

在新的建筑物中通过竖井敷设主干线电缆，将缆线放在建筑物最高层从竖井放下，在每楼层安排一人，引导垂下的线缆，在竖井与电缆的接触处设置防划伤保护物，放缆线过程中应缓慢放线一直到各层的孔洞。

当在大的竖井中布放线缆时，应选在竖井中心的上方挂一滑轮，再将线缆轴的线缆头穿过滑轮向下布放电线缆。到每层楼的线缆应卷成卷存放，待以后端接。

双绞线的弯曲半径为线缆直径的 8~10 倍，光缆的弯曲半径为线缆直径的 20~30 倍，布线缆过程中不应超过允许半径的最小值。

208. 建筑群电缆敷设与双绞线布线应注意哪些方面？

1) 建筑群电缆敷设

(1) 管道内线缆敷设

① 在小孔间的直线敷设；
② 线缆用阻燃 PVC 管；
③ 小孔到小孔；
④ 沿转角处敷设。
(2) 架空线缆敷设
① 根据线缆的质量选择适宜的钢丝绳（一般为 8 芯钢丝绳）；
② 电线杆一般以 30~50m 间距 1 根；
③ 先接好钢丝绳；
④ 每隔 0.5m 设一挂钩；
⑤ 架设光缆；
⑥ 净空高度≥4.5m。

架空线缆敷设时，同杆架设的电力线在 1kV 以下的线与线距离不应小于 1.5m，同通信线的距离不应小于 0.6m；同广播线的距离不应小于 1m；且应在电缆的端部做好标记。

(3) 直埋电缆施工程序
挖缆沟—转角处设人井—放置钢管—穿入电缆—土方回填。

2) 双绞线布线
(1) 双绞线布线的 3 种情况
从中间向两端布线；从工作区向管理间布线；从管理间向工作区布线。
(2) 双绞线布线的标记
用塑料字口套挂；用打号机打号；用油墨笔写号；用标签号。
(3) 双绞线布线注意事项
节约用线；布线平直；线缆端部做标记。

209. 光缆敷设应注意哪些方面？

光缆敷设通常利用建筑物的竖井进行敷设，并采取防火措施。在老式建筑中有采用大槽孔的竖井敷设水、电、气及空调风管的，在这样的竖井内敷设电缆时应采取保护措施。也有将电缆固定在墙角上的。在竖井内敷设电缆有向上牵引和向下垂放两种，其中采用向下垂放的方法比较容易且省力。

1) 光缆敷设的原则

(1) 根据施工图样截取光缆长度（包括余量），配盘应避开河沟、交通要道及障碍物等。

(2) 光缆敷设前应检查光缆是否有断点及其他损伤；检测是否通电良好。

(3) 光缆的弯曲半径不应小于光缆外直径的20倍，光缆牵引时，不应使光缆芯受力，牵引力不应超过150kg，牵引总长度不超过1km，牵引速度不超过10m/min，且端头应做技术处理。

(4) 光缆端头的预留长度不应小于8m。

(5) 光缆敷设前应检查光缆是否有损伤，并对光缆敷设的损耗进行抽测，确认无破损后，再行敷设和连接。

(6) 光缆的连接应由专业培训人员操作，操作过程应由光功率计或其他仪器进行监视，连接应牢靠，耗损最低，连接后应做接续保护并装设接头护套。

(7) 光缆端头应用塑料胶带绑扎，盘好放于预留盒内，预留盒固定在光缆杆上，入地必须穿一定长度的金属管。

(8) 光缆的终端和接续点应做永久标识。

(9) 光缆敷设完毕，应测通长光缆的总耗损，并用光时域反射计观察光缆波导衰减特性曲线。

2) 垂放光缆施工

(1) 将光缆卷轴安放在竖井孔口1～1.5m处，使光缆不至由于入孔而过度弯曲。

(2) 转动卷轴下放光缆。

(3) 引导光缆进入井孔，若为小孔，应在孔口安放一个塑料导向板，以免损伤光缆；若竖井开口较大，则应在竖井上方挂一滑轮，然后拉出光缆端头，将光缆通过滑轮下放。

(4) 在楼层各设一人输导光缆入孔，并使光缆少与孔口产生摩擦。

(5) 竖井内放置的光缆,每 2m 设置一个固定卡。

3) 吹光纤布线技术的应用

(1) 用一空的塑料管(微管)制造一个低成本的网络布线结构。操作时,先将光纤吹入微管,这样减少了对数据网络的干扰,并可节约开支。

(2) 每根微管中可吹入 8 芯光纤,一旦光纤受损可吹出后更新;当光纤吹入微管后,再与另端接好的尾纤相接,然后放入专用的出口盒或配线架上的端接盒内。

(3) 这一技术将光纤与楼宇微管分成两部分,微管安装后,压缩空气便能将光纤吹入管道,优点是操作简单,随用随做。

目前这一新技术已应用在中国新华社、美国哈里·S. 杜鲁门号核动力航空母舰和英国泰晤谷公司的光纤布线工程上。

210. 综合布线系统验收的要点有哪些方面?

1) 环境条件的检查

应对设备间、工作区、交接间的环境条件进行检查。

(1) 设备间、工作区、交接间土建工程已竣工;地面平整光滑,门的设计方便设备及器材的搬运,门锁及钥匙有专人保管。

(2) 预埋导管、线槽、竖井及孔洞的数量、位置、规格尺寸符合设计要求。

(3) 敷设活动地板的房间,活动地板防静电措施的接地应符合设计要求。

(4) 设备间、交接间应设 220V 单项接地电源插座。

(5) 设备间、交接间应设可靠的接地装置,接地体的设置及接地电阻应符合设计要求。

(6) 设备间、交接间的空间、通风、温湿度应符合设计要求。

2) 进场器材的检验

(1) 器材检验的要点

① 工程所有线缆器材的规格、型号、数量、质量应在进场时验收，应有合格证、检测报告、质量保证书，重要器材应有复验报告。不合格的器材不得使用在工程上。

② 经验收合格的器材应做好验收记录，不合格的器材应及时清退出场并做好记录以备查。

③ 工程上使用的器材应与订货合同和封存的样品规格、型号、等级、质量、数量相符。

④ 备件、备品及各种资料应齐全有效。

（2）管材、铁件及型材的检验

① 管材使用钢管、硬质聚氯乙烯等时，管体应光滑、无变形、无损伤，其壁厚及内径应符合设计要求。

② 各种型材的规格、型号、材质应符合设计要求。

③ 当管道使用水泥管时，应严格按通信管道工程施工及验收规范进行检验。

④ 各种铁件的规格、型号、材质应符合现行国家质量标准和设计要求，不得有扭曲、毛刺及破损。

⑤ 铁件的表面镀锌层及其他处理应光滑、平整、均匀，无气泡、脱皮等现象。

（3）缆线进场验收

① 工程使用的光缆、双绞线的规格、型号应符合合同及设计要求。

② 线缆标识、标签应清晰、齐全。

③ 电缆外护套应完好无损、附件合格证及检测报告齐全有效。

④ 电缆试样应在任意三盘中各取 100m，并有接插件试件，试验结果必须合格，并有复验记录。

⑤ 光缆应检查其外观及端头封装是否完好无损。

⑥ 光缆应检查其光纤长度和光纤衰减。测试要求如下：

a. 长度测试：

对每根光纤进行测试，其结果应一致，如长度差异较大，则应该在另一端复测或做通光检查来判定是否断纤。

b. 衰减测试：

使用测试仪进行检测，如不符合标准或出厂检测报告的数值，则应用光功率计进行测试，判定是光纤衰减过大还是检测有误。

⑦ 光纤接插软线检测应符合以下规定：

a. 每根插接软线中光纤类型的标识应符合设计要求。

b. 光纤插接软线两端的活接头端面应有保护帽。

(4) 插接件的检验

① 安保单元过压、过流保护的各项指标应符合设计要求。

② 信息插座、配线模块及其他插接件部件应完好无损，检查塑料材质是否符合设计要求。

③ 光纤插座连接器的使用形式、位置及数量应符合设计要求。

(5) 配线设备验收

① 光、电缆交接设备的规格、型号应符合设计要求。

② 光、电缆交接设备的编号、标记应符合设计要求。其标记的名称、位置应统一并显示清晰。

(6) 双绞线缆验收

双绞线缆的电气性能、机械特征、接插座部件、光缆传输性能指标应符合设计要求。

3) 设备安装检验

(1) 各类配线部件的检验

① 安装螺栓拧紧，面板应安平。

② 各部件应安装齐全，并有明显标识。

(2) 机架、机柜检验

① 机架、机柜零件安装应牢靠，坏损的应更换，漆面脱落应修补，标识应清晰完整。

② 机架、机柜垂直度偏差应不大于 3mm。机架、机柜安装的部位应符合设计要求。

(3) 通用插座（8 位模块式）检验

① 通用插座固定方法应根据现场实际条件确定，宜选用膨胀螺栓固定。

② 通用插座、多用信息插座或集汇点配线模块安装的部位应符合设计要求。

③ 通用插座应安装在活动地板或地面的接线盒内，插座面板可直立或水平安装，接线盒盖开启，并有防尘、防水及抗压功能，盒盖应与地面相平。

④ 插座面板应有标识（包括图形、文字或颜色），与终端设备应配合正确。

⑤ 固定螺栓应牢靠，不应有松动现象。

（4）线槽及电缆桥架检验

① 线槽及桥架安装的水平度不应超过 2mm/m。

② 线槽及桥架安装的位置与图样比较不应超过 50mm。

③ 垂直线槽及桥架的垂直度允许偏差为 3mm。

④ 线槽及桥架相接处应平缓过度，无毛刺。

⑤ 金属线槽及桥架的连接应牢靠。

⑥ 支架和吊架安装应垂直、美观、牢靠。

（5）金属钢管、金属线槽、机架、机柜、配线设备的屏蔽层的接地及接地体的电阻值应符合设计要求。

211. 综合布线子系统验收包括哪些内容？

1）水平干线子系统验收

（1）槽与槽盖、槽与槽是否结合严密。

（2）槽的安装是否符合合同及施工规范的要求。

（3）吊杆、托架的安装是否牢靠。

（4）水平干线槽内的线缆是否已固定牢固。

（5）垂直干线、水平干线在工作区交接处是否按规范包扎严密。

2）工作区子系统验收（抽查）

（1）信息插座是否按规范及设计图样进行安装。

(2) 线槽安装、布线是否整齐、美观、牢固。
(3) 信息面板安装是否端正、牢靠。
(4) 信息插座安装高度是否一致,平整、牢固。
3) 垂直干线子系统验收

垂直干线子系统验收除类似于水平干线子系统的验收内容以外,还应检查以下内容:
(1) 楼层与楼层之间的洞口是否已封闭。
(2) 线缆是否按规范标准要求的间距设置了固定点。
(3) 弯角处是否按规范标准的要求留有弧度。
4) 设备间、管理间子系统验收(施工过程中抽查)
(1) 材料进场验收

① 塑料槽(管)、金属槽(管)是否按设计及规范要求购买。

② 光缆、双绞线是否按设计及规范要求购买。

③ 信息插座、盖、信息模块是否按设计及规范要求购买。

④ 机房设备(包括集线器、接线面板、机柜)是否按设计及规范要求购买。

(2) 环境条件要求

① 管理间、设备间设计。

② 墙面、地面、吊顶、电源插座、信息模块、接地装置等的设计及要求。

③ 活动地板的铺设。

④ 施工机械设备及人员。

⑤ 线槽、孔洞、竖井的位置。

(3) 消防安全要求

① 器材存放是否有防盗措施。

② 发生火情是否有满足需要的消防设施和器材。

③ 器材是否远离火源。
5) 设备安装检查内容
(1) 配线面板与机柜安装

① 配线面板的接线是否正确、美观，跳线安装是否规范。
② 机柜安装的位置是否正确、规格、型号、外观是否符合要求。
（2）信息模块安装
① 信息插座、盖的安装是否平整、方正。
② 信息插座安装位置是否符合规范要求。
③ 标识是否齐全、清晰。
④ 信息插座及盖是否固定牢靠。
6）光缆和双绞线电缆安装
（1）电缆桥架、线槽安装
① 安装是否符合设计和规范要求。
② 安装的位置是否正确。
③ 接地连接是否正确。
（2）布放线缆
① 线缆的标识是否正确。
② 线缆的规格、路由是否正确。
③ 线缆转角处的弧度是否符合规范规定。
④ 竖井内线槽、线缆的固定是否牢固。
⑤ 接线处是否包扎严密。
⑥ 竖井层与楼层间是否采取了防火处理。
7）室外光缆敷设
（1）管道布线
① 管道位置是否正确。
② 线缆规格是否符合设计要求。
③ 防护设施是否有效。
④ 线缆路由是否符合设计要求。
（2）架空布线
① 吊线规格、高度、弧垂度是否符合要求。
② 架设竖杆的位置是否符合设计及规范要求。
③ 卡挂钩的间距是否符合设计及规范要求。
（3）隧道布置线缆

① 线缆规格是否符合设计要求。
② 线缆位置、走向路由是否符合设计要求。
8）线缆终端安装
（1）配线架压线是否符合规范要求。
（2）信息插座安装是否符合设计及规范要求。
（3）光纤制作是否符合工艺及规范要求。
（4）各线路是否符合设计要求。
（5）光纤插座是否符合设计及规范要求。

212. 综合布线系统测试包括哪些方面？

1）电缆性能测试
（1）5类线要求：
接线图、衰减、近端串扰及长度应符合设计及规范要求。
（2）超5类线要求：
接线图、衰减、近端串扰、延时、延时差及长度应符合设计及规范要求。
（3）6类线要求：
接线图、衰减、近端串扰延时、延时差、综合近端串扰、回波损耗、等效远端串扰、综合远端串扰、长度等应符合设计及规范要求。
2）光纤性能检测
（1）光纤衰减。
（2）光纤反射。
（3）类型（根数、单模/多模等）是否正确。
3）系统接地
系统接地电阻应小于 4Ω。

第8章 智能化系统集成

213. 智能化系统集成工程施工质量控制应注意哪些方面？

1）智能化系统集成工程的施工必须严格按照已批准的施工图样及其他设计文件进行。

2）智能化系统集成工程使用的设备、材料进场必须按合同和设计要求进行验收。进场应有产品合格证、检测报告、技术说明书，验收记录应有各方签字，不合格的设备、软件、材料不得在工程中使用。验收合格的设备、软件、材料应按其技术要求妥善保管。进场验收应符合以下要求：

（1）外观应完好无损，无瑕疵，数量、品种、产地应符合合同及设计要求。

（2）设备、软件、材料的质量应符合《中华人民共和国实施强制性产品认证的产品目录》及生产许可证管理的规定；确保硬件设备、材料的安全可靠性和电磁兼容性；软件的功能和系统测试合格后，还应对安全可靠性、可恢复性、兼容性、自诊断及容量进行测试。

（3）自编软件应有软件资料、程序结构说明、安装调试说明、使用维修说明；接口质量应符合接口规范及合同要求，施工前应编制接口检测方案经监理审核后实施，接口功能、性能应符合设计及规范要求。

（4）系统安装完成后，施工单位应进行自检，在自检合格后形成资料报监理单位验收，试运行期间应由管理操作人员认真做好记录并保留试运行全部实测数据。

214. 智能化系统集成的检测有哪些规定？

1）系统集成的检测应在建筑设备监控系统、安全防范系统、信息网络系统、火灾自动报警系统、消防联动系统、通信网络系统及综合布线系统检测完成，系统集成调试完成，经试运行1个月以后进行。

2）建设单位（监理单位）应审核施工单位，依据合同和设计文件对规定的检测项目、检测数量和检测方法编制的系统集成检测方案；并监督施工单位严格按检测方案进行检测。

3）智能化系统集成检测的技术条件应符合合同技术文件、设计文件及相关产品技术文件的规定。

4）智能化系统集成检测应有以下资料：

（1）各子系统测试记录；

（2）软件、硬件进场验收记录；

（3）智能化系统集成试运行记录。

5）智能化系统集成检测应包括软件检测、系统功能检测、系统性能检测、安全检测、接口检测等内容。

215. 智能化系统集成质量控制的重点有哪些？

1）子系统之间的硬件连接、串行通信连接、专用网关（路由器）接口连接应符合合同、设计文件、产品标准、接口规范、产品说明书的要求。

检测数量为全数检测，合格率应达100%。

通用路由器、计算机网卡、和交换机的连接，可采用相关测试命令或根据设计要求用网络测试仪对网络的连通性进行测试。

2）系统数据集成功能的检测应在服务器和客户端分别进行，各系统的数据应在服务器统一界面下显示，界面应汉化和图形化，数据显示应准确，响应时间等性能指标应符合设计要求。

检测数量为各子系统全数检测，合格率应达100%。

3）系统集成的总体指挥能力。系统的报警信息及处理、设备连锁控制功能应在服务器和有操作权限的客户端检测。

检测数量：各子系统全数检测，对各子系统中所含设备抽查总数的 20%，合格率应达 100%。

4) 应急状态联动逻辑的检测方法如下：

（1）现场模拟火灾信号，在操作员站观察报警并做出判断，记录视频安防监控系统、门禁系统、紧急广播系统、空调系统、通风系统、电梯及自动扶梯系统的联动逻辑，应符合设计要求。

（2）现场模拟非法入侵（越界或入户），在操作员站观察报警并做出判断，记录视频安防监控系统、门禁系统、紧急广播系统和照明系统的联动逻辑，应符合设计要求。

（3）系统集成商与用户商定的其他检测方法。

上述联动情况应做到安全、准确、及时和无冲突，且符合设计要求。

5) 系统集成的综合管理功能、信息管理服务功能的检测。智能建筑应用软件应包括办公自动化软件、物业管理软件、智能化系统集成等应用软件系统。应用软件的检测应从其涵盖的基本功能、界面操作的标准性、系统可扩展性和管理功能等方面进行检测，并根据设计要求对行业应用功能进行检测，检测结果应满足设计要求，不合格的应用软件整改后应通过回归测试。应根据合同有关要求进行检测。

检测方法：通过现场实际操作使用，运用案例验证满足功能需要的方法进行。

6) 视频图像的显示应清晰，且切换正常；网络系统的视频传输应稳定、无拥堵。

7) 系统集成不得影响火灾自动报警及消防联动系统的独立运行，应对其系统的相关性进行连带测试。

8) 系统集成的冗余和容错功能（应包括双机备份及切换、数据库备份、备用电源及切换和通信链路冗余切换）、故障自诊断，事故情况下安全保障措施的检测应符合设计要求。

9) 系统集成应有维修说明，包括可靠性维护重点、预防性维护计划，故障查找及迅速排除的措施等。

可靠性维修的检测，应通过设定系统故障，检查系统的故障处理能力和可靠性维护性能等。

10）系统集成安全性的检测应包括访问控制、信息加密和解密、抗病毒攻击、安全隔离身份认证等内容。应符合以下要求：

（1）因特网访问控制。信息网络应根据需求控制内部终端机的因特网连接请求和内容，使终端机用不同身份访问因特网的不同资源，检测结果应符合设计要求。

（2）攻击性。信息网络应能抵御来自防火墙以外的各种网络攻击。使用流行的攻击手段进行模拟攻击，攻而不破为合格。

（3）防病毒系统的有效性。通过网上邻居、邮箱附件、文件传输等方式将已知流行病毒向各点传播，不被感染为合格。

（4）入侵检测系统的有效性。安装入侵检测系统，用流行的攻击手段模拟攻击，若拒绝攻击、及时发现并阻拦为合格。

（5）内容过滤系统的有效性。内容过滤系统安装后，访问受限网址或受限内容应被阻拦；访问不受限网址或受限内容应无阻为合格。

（6）控制网络与信息网络的安全隔离。可采用相关测试命令或根据设计要求用网络测试仪测试，应保证未经授权，从信息网络不能进入控制网络为合格。

11）对工程施工及质量控制记录进行审核，要求真实、准确、完整、齐全。应包括以下内容：

（1）系统集成检测方案；

（2）施工组织设计（施工方案）、技术交底；

（3）设计文件、竣工图、图纸会审、设计变更和工程洽商等；

（4）设备及软件清单；

（5）设备及软件说明书、进场验发记录；

（6）软件及设备使用及可靠性维修说明；

（7）施工过程质量记录；

(8) 系统集成自检报告和检测记录；
(9) 系统集成试运行记录；
(10) 子分部工程竣工验收记录。

216. 系统集成的层次划分是怎样的？

智能建筑系统集成的概念不是把各个系统、设备和技术连成一体，而是一个全系统、内外全方位的综合问题。集成是把系统中心的若干部分、要素联在一起，使之成为一个整体的过程。简单的要素结合不能称为集成，因为集成的原动是系统的核心凝聚作用，只有分清建筑系统集成的层次和各层在系统集成的作用和地位，充分发挥各层次的作用，要素通过优化，以最合理的结构形式结合在一起，形成一个由合适的要素组成的、优势互补的有机体，才能称为集成。集成的目的是成倍地提高整体效果。系统集成的过程分为物理集成、应用集成、管理集成三个阶段。

1）物理集成

智能建筑物理系统集成主要是指楼宇设备自动化系统（BAS）、办公自动化系统（OAS）、通信自动化系统（CAS）以及各个系统所包括的子系统的集成。这样通过不同层次的物理系统集成，架起各系统之间信息沟通的桥梁。有的文献称为"平台集成"或"网络集成"。

2）应用集成

应用集成关心的是整个系统内部的应用软件及用户、包括人与设备之间的控制和信息集成。软件集成就是在硬件集成所架桥梁上建立上桥和通信规则，解决异构软件的互联接问题，如果没有应用软件集成，则智能建筑各系统及子系统的硬件集成就没有意义。因此在一定程度上，应用软件集成比硬件集成更为重要。软件集成要求所使用的各类软件应符合统一标准和开放要求。实际上，任何一个系统，如综合保安系统、火灾自动报警系统、楼宇设备自动化系统等都有自己的应用软件，都实现了自己特定的功能，但又都只是"信息孤岛"。如果把这些应用综合起来，克服相互间的不协调部分，使系统应用综合优化起来，可以减少整个系统对突发事件的处理、决策时间，提高系统效率，实现系统效能的成倍增长。

信息集成是指对系统各种类型的控制信息、管理信息等进行统一处理，避免不必要的冗余，为用户提供统一和透明的界面，实现信息资源共享。这就是应用集成的目的和意义。

3）管理集成

管理和服务是智能建筑基本要素之一。在对系统集成的论述中往往被人们所忽视，这是不对的。管理、服务和人的集成是在上述两个层次集成的基础上，充分发挥集成的作用，发挥效益的重要问题，管理、服务中的着重问题是人的集成。服务和管理的思想能否正确贯彻，最根本的是要通过人来实现。"人的集成"实际是技术实现和组织管理相结合的问题，是工程技术和社会科学相结合的问题。集成对人的工作责任心、协作精神、知识水平、管理技能等方面的素质都提出了更高要求，系统集成能否改造人、改造物业管理组织去适应集成的要求，是一个很困难但又极为重要的问题。对一些集成系统，人们感到不好用，甚至对它的兴趣不大，认为它用途不大、效果不好，这和系统与人的管理集成好坏有关，必须引起高度重视。应用是靠人来完成的，是系统发展的基础，又是需求的实现，是靠人和机器结合来完成的，应以应用为主线集成，"应用是发展之源"。

系统集成的本质是资源共享，是信息集成，是管理的需要。系统集成应根据不同的需求分层次集成。集成的目的首先是管理的需要，而不是集中控制，控制的功能仍在 BA、SA、FA 系统上实现。

217. BMS 楼宇集成管理系统的主要功能有哪些？

1）集中监控和管理

BMS 集成系统是将分散的、相互独立的 BMS 子系统，用相同的环境、相同的软件界面进行集中监控，通过集成对各 BMS

子系统进行监控和管理。经理、部门主管、物业管理部门及管理人员可通过计算机进行监视。消防系统的烟感、温感状态，停车场系统的车位数量，环境温、湿度的参数，空调、电梯等设备的运行状态，大厦的水、电、通风及照明情况，保安、巡更的布防状况可以以生动的图形和方便的人机界面展示用户希望得到的信息。

2) 全局事件响应

BMS集成系统通过接口网关，实现各子系统间的信息交换，各子系统可以互相联动和协调，解决全局事件之间的响应。BMS系统集成后就如同一个系统，无论信息点和受控点是否在一个子系统均可通过编程建立子系统间联动关系。这种跨系统的控制流程，大大提高了大厦自动化水平。如：上班时办公室灯、空调自动打开，保安撤防，门禁、考勤系统记录上下班人员及时间，同时摄像机记录人员出入情况。当发生火灾时自动关闭相关区域的照明、电源及空调，门禁打开电磁锁，CCTV系统将火警画面切换到主管领导，停车场打开栅栏尽快疏散车辆等。

BMS跨系统联动。实现全局事件的管理和工作流程自动化是系统集成的重要特点，也是最直接服务于用户的功能。通过系统集成，节约了人力，提高了工作效率，实现了设备自动化，减少了事故带来的危害和损失。

(1) 保安系统与其他系统联动

包括保安系统内部联动，保安系统与消防报警系统联动，保安系统与停车场管理系统联动，保安系统与楼宇自控系统联动。

(2) 消防系统与其他系统联动

包括消防报警系统内部联动，消防报警系统与保安系统联动，消防报警系统与楼宇自控系统联动。

3) 现代化物业管理功能

BMS的另一主要目的是实现现代化物业管理功能，大厦物业管理内容包括水、电、气、电梯、停车场、公共卫生、电话、环境设施、消防器材、公共服务设施、设备维修管理等。在楼宇

管理系统高度集成的基础上,物业管理系统可以完成以下功能:
(1) 文档管理;
(2) 信息查询;
(3) 统计报表;
(4) 异常情况报警;
(5) 设备管理与维修;
(6) 统计决策;
(7) 领导综合查询;
(8) 服务管理子系统。服务管理子系统的功能如下:
①会场设施的管理;
②业务人员的管理;
③出入控制系统管理;
④广告牌的使用管理;
⑤车辆运用、票务管理;
⑥停车位及计费管理;
⑦服务设施调配及计费管理;
⑧其他。

服务管理子系统主要是在集中信息管理的基础上;大厦物业管理人员根据大厦实际情况制定完善可行的管理制度。

218. 智能建筑系统集成应考虑哪些方面?

1) 智能建筑系统集成应考虑以下几方面:
(1) 技术集成

技术集成是对所用产品进行技术上的统筹规划,进行合理搭配、融合与运用。厂商为保住其所占有的市场并扩大市场份额,必须对产品进行不断的更新换代,一般是先在一个局部进行。厂商所作的改进,更多的是从保护他们自身的利益出发,一方面力图在技术上领先;另一方面,强调升级、过渡、扩展及投资保护,以满足用户的需求。

(2) 功能集成

功能集成是为满足时代发展的需求，从功能角度考虑产品与技术水平，并合理调配各种功能，充分发挥自身的优势，使整个系统达到最优。这一层次的集成不是单纯追求先进的设备和技术，而是整体上达到一定的功能及灵活性。在达到一定功能的前提下，追求低造价和价格最低，保护用户的投资，更方便升级改造。

（3）设备集成

智能楼宇中所用产品不计其数，设备集成是将这些产品进行优化，从中选择出技术先进、标准规范和经济实用的软件和硬件产品。设备集成也就是产品集成。如安全保卫系统，将从不同厂商购进的设备组装在一起，还有的设备供应商已将子系统进行了组合，可直接提供子系统的全套设备，如整套的楼宇自控系统。

（4）工程集成

楼宇智能化包含的系统繁多、要求的技术含量高，工程的种类及内容繁杂，施工人员来自不同的岗位，并各工序、各工种又互为条件或基础。所以，要求施工单位对施工应有统一安排，实现楼宇集成化管理。

2）智能楼宇系统集成在层次上分为以下三层

（1）子系统横向集成

是各子系统的联动和优化组合，实现几个关键子系统的协调优化运行、报警联动控制等功能。其中 BAS 的横向集成较为复杂。

（2）子系统纵向集成

目的在于实现各子系统的功能。对 BA 子系统，如照明系统、保安系统、环境控制系统等，需要进行部分网关开发工作。

（3）一体化集成

是在横向集成的基础上建立智能集成管理系统，即建立一个实现功能集成、软件集成、网络集成的高层管理系统。在通信自动化、办公自动化、建筑设备自动化、安全自动化、火灾自动报警、综合布线及综合建筑管理系统实现集成。

219. 智能建筑系统集成应掌握哪些原则？

1）满足用户需求原则

智能建筑系统集成主要任务是满足用户需求和便于用户使用，给用户提供一个安全、舒适、快捷的环境，达到科学管理、提高效率、节约能耗的目的。有特殊要求的楼宇应提供特殊的服务。

2）使用与管理原则

本着设计和管理的原则，应考虑以下方面：深化设计、设计的实用性、可靠性、先进性、扩充性、规范性及开放性。

3）综合性原则

智能建筑系统集成是多技术、多学科、多系统的综合规划，保证系统的统一性。总之整个系统的集成工程需要综合设计和统一管理。

220. 智能化楼宇综合管理系统结构和功能是怎样的？

当前大多智能楼宇是多家单位共用的建筑，具有物业管理信息系统、楼宇公共信息服务系统和楼宇用户信息系统。

1）楼宇物业管理信息系统功能

（1）租户管理

利用计算机辅助设计图形技术，建立楼宇各层平面空间文档，实现集中有效地管理（包括租用面积、出租情况和承租户信息资料，费用的计算、统计、核收管理和记录档案）。

（2）设备及物资

建立楼宇设备、物资数据库，通过统计和整理进行跟踪管理，并与楼宇自动化系统相连，提供设备维修保养方法和运行过程的管理。

（3）信息和事务管理

实现物业管理办公自动化、人事管理、财务、水电计费、防灾及安全管理。

2) 楼宇公共信息服务系统功能

(1) 楼宇内部信息交流

包括内部文件、通知、电话簿、通信录及楼宇新闻等。

(2) 信息发布

通过 Web 服务器向外界发布信息，如楼内各公司信息、基本信息、入驻企业介绍、商品分类信息及报价、招租招商信息等。

(3) 电子邮件

包括楼宇内部之间及与外部的电子邮件业务。

(4) 工作流程处理平台

包括日程安排、协作、和资源预定

(5) 多媒体触摸屏

为进入楼宇的人员提供引导、查询信息的服务。

(6) 网络管理与安全

包括防火墙的网络管理。

3) 楼宇用户信息系统

是 IBMS 的重要组成部分。因用户从事业务的不同，使信息特点有所不同。在规划设计时应充分考虑这一点，满足用户的需求，向用户开放公共信息资源及楼宇 Intranet 信息系统。

221. 智能化楼宇综合管理系统如何集成？

不同建筑类型的系统工程有不同的集成方式。如剧院工程，其主要业务是演出，而主要围绕演出则有其明显的工艺流程，如装台、走台、演出及拆台。为这些工艺而安排的工作，要求我们利用科学的手段，将物质流、人流转换成数字流。围绕主线为其服务的办公自动化和物业管理工作。如建筑设备自动控制、通信系统、安防系统、办公、照明系统等一系列运作。又如机场建筑，主要是为旅客服务，主线是协调工作，如进出港信息、行李分检和提取、照明区域控制、安检和边检、登机桥的使用等，达到节能高效的目的。

在系统集成时应有针对性，应考虑功能、管理及信息共享。不能单纯地将多少系统堆积而搞集成，应以信息共享为目标，真正实现适用和实用的目的。系统集成，开放性是前提。开放系统市场需要做好四方面工作。

1）建立一套可操作的技术规范，这需要多个厂商和标准化组织的协作。

2）设计和开发满足市场需求的商品。应注意到，好技术不等于好产品，好产品又不等于好商品这一道理。

3）向社会发布技术规范并配合一定的商业策略，使其在业界成为正式或事实上的标准。

4）努力扩大市场份额，开放是以市场为导向，是很多厂商协同努力的结果。计算机和网络有较好的开放性，相比之下，智能建筑产品就远未达到这样的开放程度。

5）构建一个智能化系统，首先要确定目标，如目标不合理会造成损失浪费，致使业主的投资得不到应有的回报。故，目标的选择应有方向性、操作性和及物性。

（1）方向性：

目标应能提示所涉及事件未来的活动。

（2）操作性：

决策所提出的控制或策略能对与目标有关事件施加影响，使之按目标指示的方向发生变化。

（3）及物性：

目标应能针对或提示与目标相关的事件，这些事件都是决策所需要的。智能建筑集成应服从人们所倡导的以人为本的目标，实现用户需求的功能。最终目的是让用户得到一个配置合理、价格低廉、性能最优的解决方案，并能有利于以后的升级和更新。追求整体效益，使效应具有整体大于各部分之和的突现性。

6）系统集成的方法还应包括预见性。系统集成是一个长期的动态过程，局部的改进与更新是不可避免的。因此，必须有引用预先计划的产品改进理念。总之系统集成是将各种部件组合在一起，形成一个有机整体。为了做到这一点，就应有选择地实现各种部件的组合。

222. 楼宇综合管理系统主干网是如何集成的？

智能化系统的控制中心是计算机。计算机以外的辅助设备具有专用的性质。系统集成就是要寻找共性，使他们联系起来相互进行协作。对专用部分，尽量采用数字技术，以便使计算机发挥更大的作用。以计算机为各子系统的控制核心，用网络将这些计算机连接起来，就形成了系统集成的环境和基础。将计算机联接的方式有两种：一种是通过计算机的 I/O 端口，另一种是采用网络适配器（网卡）。

1）标准 I/O 端口

RS-232 端口是计算机标准配置的串行接口，其连接器有 25 针和 9 针之分，二者具有相同功能。凡符合这一标准的数据设备，均可与计算机相连接，来配合通信协议，实现信息交换。

2）网络

当采用网络进行连接时，在计算机中必须具备和网络相适应的网卡和通信协议。

3）RS-485 总线

一般的计算机并不配置 RS-485 端口，需要插入一个专门的 I/O 卡。RS-485 是一个工业标准总线，与 RS-232 相比，它的特点是有较强的抗干扰性能，传输距离也较远，已在 BAS 和智能小区的控制系统中使用。

大多数智能建筑子系统均有自己的中央操作站可以监视子系统的工作状况，必要时也可人工操作。假想，如果能在计算机屏幕上看到所有子系统的信息，并可通过计算机键盘对子系统中央工作站进行操作，就能用一台计算机监视整个建筑智能化系统，这就做到了系统集成。

智能建筑为了满足多种不同功能和管理的需求，建立了若干个不同结构模式和功能的计算机系统。如用于建筑物内各种机电设备、保安、消防、车库等实时要求的监控与管理计算机系统（BMS）；对于建筑物内各类信息共享和处理的办公自动化计算机（OAS）；实施建筑物内通信方式和网络管理的通信与网络管理计算机系统（CMS），每一个系统又由若干子系统组成，这些系统及其子系统具有各自不同的系统结构模式。其实，智能建筑系统集成的目的是实现整个 IBMS 各种功能的集成，将分散的智能综合成整体的高智能，以提高建筑物的智能化程度和对建筑物的综合协调和管理能力。要实现功能，首先就要建立一定的系统集成模式，将各系统及其子系统连为一体，然后通过系统一体化的高速通信网络（即网络集成），同时在整个建筑物内采用统一的计算机操作系统平台（软件界面集成），操作和运行在同一界面环境下，以实现分散控制、集中管理的功能。该系统集成模式可以形成信息和任务共享、控制相对分散独立、硬件配置灵活、软件组态方便的结构模式。

智能建筑一体化系统集成从功能角度分为两个层次，中央管理层和各系统功能服务层。中央管理层的集成是指系统的集成，用以满足建筑物管理功能的需求。各系统功能服务层是由各系统的集成来满足建筑物服务功能的需求。在有条件时可再扩展和提升 BMS 系统集成为 IBMS 的系统集成。因此 IBMS 的系统集成模式必须遵循系统整体设计的结构模式和规定，同时在设计时要将这两个层次中各个具有不同网络结构和软件功能的子系统合乎逻辑地综合集成为一个统一的开放式网络系统。中央管理层的系统集成模式应具有与各种不同形式的网络联网能力，具有未来可将系统扩展及提升为更高级网络标准和技术兼容的能力。

另外还应有满足现代管理运行机制的需要，满足系统快速响应时间，满足系统的高度可靠性，满足系统的分步实施和可扩展性要求。

223. 智能化楼宇综合管理软件系统集成的技术手段有哪些？

1) 采用协议转换方式实现系统集成

签有不同通信协议的互联网络，可用通用协议转换器的方式将 BAS、SAS、FAS、CPS 等系统通过多路通信控制器转换集成到 BMS 系统中，把相关信息（如状态信息、报警信息）送至 BMS 中的数据服务器中，再把相关联动信息送到控制器 DDC 中，来实现 BMS 的联动控制和综合信息管理。通用协议转换器集成提供转换器是一种开发方法和工具，用户可以任选不同的产品，利用开发方法和工具进行二次开发。所以，可集成的产品很广泛，只要提供产品的信息格式和通信协议便可集成，但协议转换器只能解决集成系统的网络匹配问题，将来必定要被新技术所代替。

2) 采用开放式标准协议实现系统集成

（1）Lon Mark 标准

Lon Mark 是实时控制领域的标准，是 1991 年美国 Icheion 公司推出的标准。采用 Lon Talk 协议和相应的网络 Lon Works 技术。Lon Works 是一个完整的、可互操作的、成熟的、低成本、全开放的分布式控制网络技术。

（2）BA Cnet 标准

开放式标准协议实现设备及子系统间无缝连接的可行方法。建筑自动化属于过程控制，至今没有国际标准协议，从而影响了智能建筑的发展。美国暖通空调工程师协会于 1995 年推出了楼宇自动控制领域第一个开放式标准通信协议 BACnet，密切结合建筑工程特点，定义了 39 种服务、23 种对象、三层网络结构、6 种数据链路结构，正在向 BACnet/IP 方向发展。同年成为被认证的美国标准，使很多设备厂商都采用这一标准进行设备制造，为智能建筑系统集成打开了有利局面。

3) 采用 OPC 技术实现系统集成

微软公司提供的 OLE 对象链接和嵌入是用于应用程序之间数据交换及通信的协议，它允许应用程序链接到其他软件对象中。这种用于过程控制的 OLE 通信标准就是 OPC。OPC 重点解决应用软件与过程控制设备之间的数据读取和写入的标准化及数据传输功能。OPC 提供信息管理域应用软件与实现控制域进行数据传输的方法，提供应用软件访问过程控制设备数据的方法，解决控制设备与应用软件之间通信的标准问题。采用 OPC 技术进行系统集成比采用 ODBC 技术更广泛。所以采用 OPC 技术进行系统集成，将是智能建筑系统集成的主要方式。如果能将两种技术结合应用，将会更快推动系统集成技术的发展。

4) 采用 ODBC 技术实现系统集成

ODBC 是微软公司推出的一种应用程序访问数据库的标准，并且是解决异种数据库之间互联的标准。该标准适用于各种数据库，目前已得到广泛应用，ODBC 兼容的应用软件通过 SQL 结构化查询语言并可查询和修改类型的数据。一个单独的应用程序通过 ODBC 可访问很多不同类型的数据库及不同格式的文件。ODBC 具备了一个开放的从个人计算机、小型机、大型机数据中存取数据的方法。开发者可以由此开发很多个异种数据库进行访问的应用程序。现在，ODBC 已成为客户端访问服务器数据库的 API 标准。只要所使用的数据库支持 ODBC 技术规范，无论其数据库类型为何都能进行信息交换。采用 ODBC 及其他开放分布式数据库技术实现系统集成，是智能建筑实现系统集成的重要方式。

224. 智能化楼宇综合管理子系统集成能实现哪些功能？

1) 设备资源共享

其中包括内部网络设备的共享，对外通信设施的共享，以及许多公共设备的共享等。

2) 信息共享

信息包括楼宇内实时采集的控制加各类事件以及报警信息，收集并整理用户及物业管理需要的业务和各类办公自动化信息（如图文、声像及数据等），另有来自外部的各类信息（图文、声像、数据等）。通过收集整理建成一个共享信息库，供物业管理人员和用户随时调阅查看，提高了系统信息的共享性。

3）集中监视、联动与控制管理

包括楼宇安保系统、火灾报警系统、车库管理系统、一卡通系统、设备自动化等系统工作状态的集中监视和管理；楼宇自动化系统、安保系统、一卡通门禁系统、火灾报警系统的联动控制。集中控制包括设备工作时间表及其他需要集中管理的功能等。

4）全局事件的决策管理

在楼宇内发生突发事件时实施应急决策等功能，及时进行决策加处理。

5）信息共享

通过对信息的采集、处理、查询和存储管理，实现智能化楼宇的信息共享。

6）系统的维护、运行、管理及流程自动化管理

通过事件响应、时间响应程序的方式来实现楼宇机电设备流程的自动化控制，确保对系统正常运行的各种方法和诊断设备的管理。设备流程的自动化管理和控制可减少人员的手工操作，并使设备运行处在最佳状态，达到节约人力、节能的目的。IBMS系统具有依赖性，他必须建立在其他子系统基础之上才能运行；其独立性体现在有自己的网络架构（包括Web功能的集成化监视平台、协议转换网类和监控服务器）。IBMS系统的一项主要工作是网类接口的协议转换。不同系统的通信协议，其通信方式也不相同，目前还没有统一标准，所以要根据不同情况开发不同的网关接口。

225. 系统集成设计包括哪些内容？综合系统包括哪些子系统？

1）系统集成设计包括以下内容：
（1）系统集成分析，对用户需求作充分分析，开始初步设计。
（2）系统集成设计，包括总体设计、深化设计、总体规划。
（3）系统集成实施，包括购置设备、研制软件、安装调试及验收。
（4）系统集成评价，包括系统试运行管理、调整及验收。
（5）集成系统运行的管理及维护。
2）集成后的综合系统包括以下子系统；
（1）设备管理自动化系统 BAS，包括冷冻站监控系统、变配电监控系统、照明控制系统、电梯监视系统、热力站监控系统、给排水监控系统、空调监控系统等。
（2）中央计算机及网络系统 CCN。
（3）保安管理自动化系统 SAS，包括停车场管理系统，访客管理系统、保安巡更管理系统、闭路电视监控系统、出入口控制系统、防盗报警系统等。
（4）背景音乐及紧急广播 BMEB。
（5）火灾自动报警系统 FAS，包括火灾自动报警和消防联动控制系统等。
（6）通信自动化系统 CAS，包括无线通信系统和程控交换机系统。
（7）智能卡系统 ICS。
（8）综合布线系统 PDS。
（9）微波卫星通信及共用天线电视系统 CATV。
（10）建筑系统。
（11）办公自动化系统，包括综合信息数据库系统、物业管理系统、业务处理系统、首脑决策系统、管理信息系统、事务处理系统等。

(12) 环境规划。

(13) 其他相关系统。

系统集成设计除包括接口和功能独立的子系统以外，还包括与其他概念和范围更广泛的系统之间的接口处理，如整体建筑、环境规划及强电系统等的接口。

第9章 电源与接地

226. 电源与接地工程有哪些规定？

1）智能化系统电源、防雷接地系统的检测除应执行智能建筑工程质量验收规范外，还应执行国家强制性条文所要求的检测和验收项目，并应检查有关电气装置的质量检验、认证等相关文件。

2）智能化系统的供电装置和设备包括以下部分：

（1）应急工作状态下的供电设备，包括建筑物内各智能化系统配备的应急发电机组、各智能化子系统备用蓄电池组、充电设备和不间断供电设备等。

（2）正常工作状态下的供电设备，包括建筑物内各智能化系统交、直流供电，及供电传输、操作、保护和改善电能质量的安全设备和装置。

3）各智能化系统的电源、防雷及接地系统的检测可作为分项工程，在各系统检测中进行，也可综合各系统电源与接地系统进行集中检测，并由相应的检测机构提供检测报告。

4）防雷及接地系统的检测和验收应包括建筑物内各智能化系统的防雷电入侵装置、等电位联结、防静电干扰和防电磁干扰接地等。

5）电源与接地系统必须保证建筑物内具备智能化系统的正常运行和人身及设备安全。

6）电源、防雷接地系统的工程实施及质量控制如下：

（1）工程实施及质量控制应包括前期准备、进场设备和材料验收、隐蔽工程检查验收和过程检查、安装质量检查、系统自检和试运行等。

(2) 工程实施前应做好工序交接、与建筑结构、装饰装修、给排水及采暖、通风与空调、电气、电梯等工程的接口确认。

(3) 工程实施前应检查设计文件及施工图样的完整性。智能建筑工程必须按已经审批的设计文件实施。工程中发生的变更应按智能建筑工程施工质量验收规范附录 B 中表 B.0.3 的要求填写设计变更审核表，完善施工现场质量管理检查制度及施工技术措施。

(4) 按合同和设计文件的要求，对设备、软件、材料进行进场验收。进场验收应有书面记录和参加人签字，并经监理工程师签字，未经验收和验收不合格的设备、软件、材料不得使用在工程上。验收合格后应按产品技术要求妥善保管。

(5) 设备、软件及材料进场验收应保证外观完好无损、无瑕疵、品种、产地、数量应符合合同和设计要求；设备、软件产品的质量检查应符合产品质量要求；新产品、新材料应提供有关主管部门批准资料；进口产品应提供产地和商检证明、合格证明、检测报告及中文版的使用维修说明书。

(6) 隐蔽工程验收记录应有监理工程师签认。

(7) 用对照图样、检测和现场观察的方法对设备安装质量和观感质量进行验收、验收应符合《建筑工程施工质量验收统一标准》（GB 50300）第 4.0.5 和 5.0.5 的规定。

(8) 施工单位安装调试后，应进行自检（对检测项目逐项检测）。

(9) 征得监理同意后，按合理周期进行试运行，并做好记录、提供试运行报告。

227. 电源系统检测的重点有哪些内容？

1) 智能化系统应使用按《建筑电气工程施工质量验收规范》（GB 50303）验收合格的电源。

2) 智能化系统配置的不间断电源、稳流稳压电源装置的检测，应符合《建筑电气工程施工质量验收规范》（GB 50303）中第9.1、9.2节的规定。

3）智能化系统配置的应急发电机组的检测应符合《建筑电气工程施工质量验收规范》（GB 50303）中第8.1、8.2节的规定。

4）智能化系统配置的蓄电池组及充电设备的检测应符合《建筑电气工程施工质量验收规范》（GB 50303）中第6.1.8条的规定。

5）智能化系统主机房集中供电专用电源设备、各楼层用户电源箱的安装质量检测应符合《建筑电气工程施工质量验收规范》（GB 50303）中第10.1.2条的规定。

6）智能化系统主机房集中供电专用电源线路的安装质量检测，应符合《建筑电气工程施工质量验收规范》（GB 50303）中第12.1、12.2、13.1、13.2、14.1、14.2、15.1、15.2节的规定。

228. 防雷与接地系统检测的控制重点有哪些？

1）智能化系统的防雷及接地应该按照《建筑电气工程施工质量验收规范》（GB 50303）验收合格的建筑物共用接地装置。采用建筑物金属体作为接地装置时，检测接地电阻不应大于1Ω。

2）智能化系统的单独接地装置的检测应符合《建筑电气工程施工质量验收规范》（GB 50303）中第24.1.1条24.1.2、24.1.4和24.1.5条的规定。检测接地电阻应按设备要求的最小值为准。

3）智能化系统的防过流、单独接地装置、防过压元件的接地装置、防电磁干扰屏蔽的接地装置、防静电接地装置的检测应符合设计要求及《建筑电气工程施工质量验收规范》（GB 50303）中第24.2节的规定。

4）智能化系统与建筑物等电位联结的检测应符合《建筑电气工程施工质量验收规范》（GB 50303）中第27.1、27.2节的规定。

5) 智能化系统检测应提供以下资料：
(1) 设计图样及竣工图、图样会审、设计变更及工程洽商。
(2) 施工方案、技术交底、隐蔽工程验收记录。
(3) 供电设备装置的认证、质量验收、技术文件，进场验收记录。
(4) 防雷接地电阻测试和子系统、分项工程检测记录。

229. 楼宇供配电系统由哪些组成？有哪些要求？

各类建筑为了接收从电力系统送来的电能，需要有一个内部的供配电系统。楼宇的供配电系统由高压及低压配电系统、变电站（包括配电站）和用电设备组成。它是整个建筑物的动力系统，为楼宇内的给排水系统、电梯系统、安防及消防系统、空调系统、照明系统提供电力能源。

智能建筑用电设备的种类多、负荷大（一般大于 $100W/m^2$），且用电负荷比较集中。一般情况下空调负荷占总用电量的 45%，电梯、水泵及其他动力设备约占总用电量的 25%～35%，照明总负荷占总用电量的 20%～30%。一些智能化设备属于不间断工作的重要负荷，供电的可靠性和电源质量是保证智能化设备及其网络稳定工作的重要因素。所以，智能建筑对供电有以下要求：

1) 保证供电的可靠性

根据智能建筑的特点，为了保障楼内人员和设备的安全，对供电的可靠性提出了特殊要求。应根据建筑物内用电负荷的性质和大小，外部电源情况，负荷与电源之间的距离来确定电源的回路数，保证供电的可靠性。由于智能建筑用电负荷大，因此应对负荷进行分析，合理划分级别，以便正确设计供配电系统，又不至造成损失浪费而使建筑物的投资增加。

除应有外网的可靠电源外，应具备应急备用电源（包括发电机组和蓄电池）。备用发电机组和蓄电池，其容量应能保证全部一级负荷和二级负荷供电（主要保证事故照明装置和消防设备的供电)。根据负荷大小,同供电部门确定是同时供电,还是采用一用一备的供电方式,并由此确定高压供电系统是单母线分段运行还是用单母线运行。

2) 满足电源的质量要求

稳定的电源质量是用电设备正常工作的根本保证,电源电压的动、波形的畸变,多次谐波的产生都会对智能建筑的用电设备的性能产生影响,对计算机及网络系统产生干扰,导致降低设备的使用寿命,使控制过程中断或造成失误。所以应该采取措施减少电压损失,防止电压偏移,抑制高次谐波,为智能建筑提供稳定、可靠和高质量的电源。

3) 减少电能损耗

智能建筑配电电压一般采用 10kV,只有证明 6kV 确有明显优越性时,才采用 6kV 的电压,有条件时也可采用 35kV 配电电压。高压深入负荷中心,以减少 6~10kV 配电线路中的电能损耗,这对节约用电及降低经营成本,加强维护管理等方面都有实际意义。

230. 电源质量标准涉及哪些方面?

电源质量的优劣直接影响到用电设备的工作性能,关系到电力系统是否安全可靠地运行。电源的质量指标主要有电压偏移、电压波动、电压频率、电压谐波及电压的三相不平衡程度。电源质量标准在以上所述方面的反应如下:

1) 电压波动

由于大功率设备的启动会引起电压的临时波动,特别是对照明及电子设备(智能型设备)特别敏感,电压的波动引起照明的闪烁,给人一种很不舒服的感觉,对人们的心理影响很不好。电子设备、智能设备在电压波动时不能正常工作,甚至造成毁损。采取的方法包括:对大功率设备采用专用变压器供电,如空调变压器与电子设备、智能设备、照明设备变压器分开设置;对大功率设备采用降压启动,以降低对用电网的冲击影响。

2）电压偏移

各种电气设备都标有额定电压值。但在实际运行过程中，由于电力系统负荷的变化及用户负荷的变化等原因，往往使用电设备的终端电压值产生偏移，一般规定电压值的偏移不超过±5%。当电压过高或过低时，监测系统应予以报警，同时采取系统或局部的调压及保护措施。对电压偏移的改善一般要求在电网的高压侧采取措施，使电网的电压随负荷的增大而升高，反之则降低。对重大负荷设备终端宜安装调压、稳压装置。

3）电压频率

在电气设备上标有额定频率。我国电力工业的标准频率为50Hz，美国和日本为60Hz。由于频率直接影响各种电气设备的阻抗值及交流电动机的转速，直接影响电子系统运行的稳定性，因此对频率的要求比对电压值的要求严格，一般不超过±0.5%。

4）谐波

电力系统中交流电的波形理论上为正弦波，但在实际中由于三相电气设备的三相绕组不完全对称，带有铁芯线圈的励磁电流装置及大型可控硅整流装置产生了与50Hz基波成整数倍的高次谐波。由于电气设备的感抗和容抗都与频率成正比，使电网中功率损耗和能量的损失增大，使各电机、电器设备发热，减少使用寿命。同时使电气各设备、通信设备、计算机设备的工作质量受到干扰，或毁损。对于电力系统中产生谐波的电力设备应采取措施，限制其产生谐波，例如在回路中加电抗器或用隔离变压器。

5）系统中三相电压的不平衡

在低压系统中采用Y/Y₀三相四线制，单相负荷接在相电压上。因为单相负荷在三相系统中不可能完全平衡，所以三个相电压产生不平衡，当不平衡电压作用在三相电动机或三相设备上时，由于相电压的不平衡使得三相设备的负序电流增加，而增加了转子内的热损失。当电动机电压的不平衡超过20%时，在接近满负荷时就会产生过热，持续一定时间便会使线圈烧毁。所以，在设计中应尽量使单相负荷均匀分布在三相中，使相电压不平衡反应敏感的单相设备应分开供电,以防烧毁设备线圈事故的发生。

231. 楼宇供配电系统结线方案有几种?

1) 典型楼宇供配电系统主结线

智能建筑由于功能上的需要,一般都采用双电源进线,即要求有两个独立电源,常用的供电方案如图 9-1 所示。

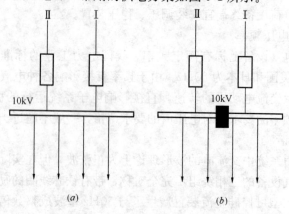

图 9-1 常用的高压供电方案

方案(a)为两路高压电源,正常时一用一备,即当正常工作电源因事故停电时,另一路备用电源自动投入运行。具体工程应用时,将两路电源互为备用,这样将给供电部门运行调度上带来一定的灵活性。此方案具有一定的优越性,它可以减少中间母线联络柜和一个电压互感器柜,对节省基建投资和减少高压配电室建筑面积十分有利。这种方案要求两路都能保证 100% 负荷用电,当母线检修或母线发生故障时,将会造成全部停电。因此这种方案常用在大楼负荷较小,供电可靠性要求相对较低的建筑中。

方案(b)为两路电源同时工作,当其中一路故障时,由母线联络开关对故障回路供电,与方案(a)相比,增加了母线联络柜和电压互感器柜，对于变电所的面积增加了。这一方案的供电可靠性高，操作方便，适用于负荷大、高压出线回路较少的智能建筑。

目前我国最常用的主结线方案如图 9-2 所示，采用两路 10kV 独立电源。变压器低压侧采用单母线分段方式。图 9-2 中的两路电源互为备用主结线。若供电线路和变压器均在 100 备用选择设备的条件下，供电的可靠性是比较高的。

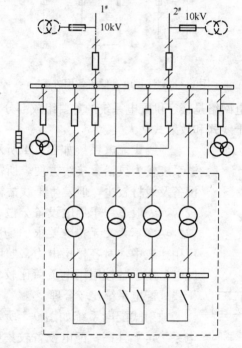

图 9-2 常用双电源主结线方案

对于规模较小的高层建筑，由于用电量较小，当地获得两个电源又比较困难，附近又有 400V 的备用电源时，可采用一路 10kV 电源作为主电源，400V 电源作为备用电源，如图 9-3 所示。

2）低压配电系统

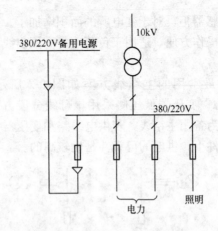

图 9-3　高压供电、低压备用方案

低压配电网络是楼宇供配电系统的重要组成部分。低压配电系统可分为干线式和放射式两大类。

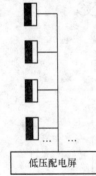

图 9-4　干线式配电系统

干线式配电系统如图 9-4 所示。这种配电系统较为灵活,接线方便,所需要的配电设备及线材较少,但发生干线故障时影响面较广,一般适用于用电设备分散,且比较均匀、功率不大又无特殊要求的场所。在高层民用建筑中,对各楼层电力、照明设备的供配电,由于各楼层用电负荷比较均匀,采用干线式配电系统比较合理。

放射式配电系统如图 9-5 所示。这种配电系统可靠性高,配电设备较集中,且检修方便,缺点是系统灵活性差,对有色金属材料的消耗量较大,这一系统适用于容量大、负荷集中或较重要的用电设备。消防电梯、消防水泵等均采用的是双回路放射式配电。

低压配电系统应保证重要负荷供电的可靠性,对第一类负荷和第二类负荷应设置备用电源;一般应将动力电和照明电分开设置，配电系统应接线简单，便于检修，操作方便，单相设备应均衡配置，力求三相均衡；对于三相负荷不平衡的场所，其单相负荷不平衡所引起的中性线电流不得超过变压器低压侧额定电流的 25%，且任何一相负荷电流都不得超过额定电流值。

对于大型的智能建筑，多为放射式、干线式相结合配置。裙层和地下设备层大功率用电设备较多，应采用电缆放射式对设备组或单台设备供电。高层建筑上部各层的配电有几种方式，工作电源采用分区干线式。所

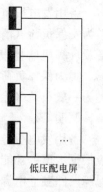

图 9-5　放射式配电系统

谓分区，就是将整个楼层依次分为若干个供电区，每区可为一个配电回路，也可以分为动力、照明及其他几个回路，电源线路引至某楼层后，通过分线箱再分配至各楼层的总配电箱。工作电源也可采用由底层到顶层的垂直母干线向所有各层供电。为了保证供电，通常另设一回路备用母干线。

232. 应急电源系统如何配置？

按照我国《高层民用建筑设计防火规范》（GBJ 50045—1995）的有关要求，为保障楼宇消防设施及其他设备的重要负荷用电，大多数高层建筑均配置应急发电机组，以便在公网停电时，照常满足消防用电及应急照明的需要。重要设施，如计算机中心、高级宾馆负责经营管理的计算机、新闻情报信息处理中心、银行以及重要机构的通信网络应设置应急发电机组和不间断电源装置（简称 UPS），以提供可靠的备用电源。

备用发电机组功率一般按一级负荷的容量选定。一些重要的民用建筑可按一级负荷或部分二级负荷设置。设计时，发电机组的功率一般按变压器容量的 10%～20% 考虑，实际应用中是否能满足使用要求是很难估计的。实践证明，按备用发电机组计算负荷配置，并用大功率电动机的启动条件校核为宜。

备用发电机组容量在计算时，可将建筑用电分为三类。第一类为安保负荷（消防电梯、消防水泵、防排烟设备、应急照明设备及计算机监控设备、通信设备、业务用计算机及相关设备）；第二类为保障负荷（工作区照明，局部电梯及通道照明）；第三类为一般负荷（除一、二类以外的负荷，如水泵、空调及其他设备、照明等）。

备用发电机容量的计算，必须包括第一类负荷，第二类负荷应根据大厦的功能及电网情况而定，如果公网供电比较稳定，能保障两路独立电源可靠供电，且大厦的功能要求不太高，则第二类负荷可不必计算在内。只有大厦功能级别高时，才将第二类负荷全部或部分计算在内。如主要职能部门、银行、证券大厦营业大厅的照明等。

应将保安负荷或部分保安负荷相加来选择发电机容量。当公共电网停电时，若现场未发生火灾，则消防设施不启动，备用发电机仅保障负荷供电；而发生火灾时，保障负荷只有计算机及相关设备仍用电，工作区照明也暂停，只保证消防设备用电，所以要考虑这些设施在不同情况下的用电量，应选择能满足其最高用电量的发电设备。备用发电机容量可取变压器总装机容量的 10%～20%。备用发电机功率计算公式如下：

$$P = \frac{K \cdot P_j}{\eta}$$

式中　P——备用发电机组功率（kW）；

　　　P_j——负荷设备计算容量（kW）；

　　　η——发电机并联运行不均匀系数（一般取 0.9，单台设备时取 1）；

　　　K——可靠系数一般取 1.1。

当电动机启动时，发电机出线端出现大的电压降，规范规定此电压降不应低于额定电压的 80%，否则将会引起其他电气设备跳闸。电动机的功率越高，选择发电机的容量也就越大，不然会引起电动机起动困难、电机绕组温度升高或由于电压过低而使保护开关跳闸。所以按电动机功率来检验发电机的容量，实际就是检验电动机起动时的发电机母线的电压降。为了减少电压降，可采用降压起动的方法而不是增加备用发电机的功率。

233. 低压电动机、电加热器及电动执行机构接线的质量控制包括哪些方面？

1）主控项目

（1）电动机、电加热器及电动执行机构的可接近裸露导体必须接地（PE）或接零（PEN）。

（2）电动机、电加热器及电动执行机构绝缘电阻值应不大于 $0.5M\Omega$。

（3）100kW 以上的电动机应测量各项直流电阻值，偏差不应大于最小值的 2%；无中性点引出的电动机，测量线间直流电阻值的偏差不应大于最小值的 1%。

2）一般项目

（1）电气设备安装应牢固，螺栓及防松零件齐全有效，防水防潮电气设备的接线入口及接线盒盖应做密封处理。

（2）除电动机随机文件说明不允许在施工现场抽芯检查外，有下列情况之一的电动机，应作抽芯检查：

①电气试验、外观检查、手动盘转和试运转有异常情况。

②出厂时间已超过制造厂保证期限，无保证期限的已超过出厂时间一年以上。

（3）电动机抽芯检查应符合以下规定：

①轴承无锈痕，注油脂的型号、数量和规格正确，平衡螺丝锁紧，转子平衡块紧固，风扇叶片无裂纹；

②线圈绝缘层完好、端部绑线不松动，槽楔紧固、无断裂，引线焊接饱满、膛内清洁，通风孔道畅通；

③连接用紧固件的防松零件完整、齐全；

④其他指标符合产品技术文件的特殊要求。

（4）在设备接线盒内裸露的不同相导线间，如导线对地间最小距离应大于 8mm，否则应采取绝缘防护措施。

234. 供配电系统监测控制包括哪些方面？

1) 甲级、乙级标准的供配电监控系统应有以下功能：
(1) 电源及主供电回路电流值显示；
(2) 变配电设备各高低压主开关运行状态监视及故障报警；
(3) 电压显示；
(4) 电能计量；
(5) 功率因数测量；
(6) 应急电源的电压、频率及电流监视；
(7) 电力系统计算机辅助监控系统应留通信接口；
(8) 变压器超温报警。
2) 丙级标准的供配电监控系统应有以下功能：
(1) 电源及主供电回路电流值显示；
(2) 变配电设备各高低压主开关运行状态监视及故障报警；
(3) 功率因数测量；
(4) 电压显示；
(5) 应急电源的电压、电流、频率监视；
(6) 电能计量。

根据《智能建筑设计标准》（GB/T 50314—2000）的规定，大功率不停电电源设备、电源设备（应急备用）、变配电设备均为设备监控的对象，并对甲、乙、丙级智能建筑的设计要求也有所不同。由监测系统对供配电设备的工作状态，及对电流、电压、功率、频率、用电量、开关的动作、功率因数等参数进行测量（如图 9-6 所示）。管理中心根据测量的数据进行统计、分析、查找供电异常的原因，予以维修保养，并对用电负荷进行控制和自动计费。对电网供电状况进行监视，一旦有断电故障，控制系统应采取相应控制措施，应急发电机自动投入运行，确保安防、消防、电梯及通道应急灯的用电，切断空调、洗衣房等非重要设备的供电。同样在复电时控制系统也将有相应的复电控制措施。

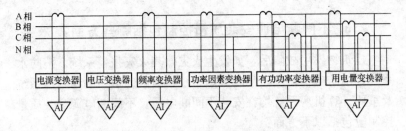

图 9-6 配电回路监测系统原理图

235. 柴油发电机组安装质量如何控制？

1）主控项目

(1) 柴油发电机组至低压配电柜馈电线路的相对地间、相间的绝缘电阻值应大于 0.5MΩ；塑料绝缘电缆馈电线路直流耐压试验为 2.4kV，时间 15min，泄漏电流稳定，无击穿现象。

(2) 柴油发电机的试验必须符合《建筑电气工程施工质量验收规范》附录 A 的规定。

(3) 发电机中性线（工作零线）应与接地干线直接连接，螺栓防松零件齐全，且有标识。

(4) 柴油发电机馈电线路连接后，两端的相序必须与原供电系统的相序一致。

2）一般项目

(1) 柴油发电机组本体和机械部分的可接近裸露导体应接地（PE）或接零（PEN）可靠，且有标识。

(2) 受电侧低压配电柜的开关设备、手动或自动切换装置和保护装置的验收，应按设计的自备电源使用分配预案进行负荷试验，机组连续运行 12h 无故障为合格。

(3) 柴油发电机组随带的控制柜接线应正确，紧固件的紧固状态应良好，无遗漏或脱落。开关、保护装置的规格、型号正确，验证出厂试验的锁定标记应无位移，否则应按制造厂的要求重新试验标定。

236. 不间断电源安装质量控制包括哪些方面？

建筑物发生故障后，如发生火灾，其火灾报警系统、消防水系统、消防电梯系统、消防排烟系统、疏散通道照明与指示系统及重要计算机房系统均在安装不间断电源。不间断电源安装质量控制应包括以下方面：

1) 主控项目

（1）不间断电源的输入、输出，各级保护系统和输出的电压稳定性，波形畸形变化系数、频率、相位、静态开关的动作等各项技术性能指标试验调整，必须符合产品技术文件和设计文件的要求。

（2）不间断电源的整流装置，静态开关装置逆变装置的规格、型号必须符合设计要求；内部结线连接正确，紧固件齐全、牢靠，焊接连接无脱落现象。

（3）不间断电源输出端的中性线（N级），必须与由接地装置直接引进的接地干线相连接，做重复接地。

（4）不间断电源装置间、连接线间、线对地间的绝缘电阻值应大于 $0.5M\Omega$。

2) 一般项目

（1）引入和引出不间断电源装置的主回路电线、电缆及控制电线、电缆应分别穿保护管敷设，在电缆支架上平行敷设应保持 15mm 的距离；电线、电缆的屏蔽护套接地连接应可靠，与接地干线就近连接并紧固件齐全。

（2）安放不间断电源的机架组装应横平竖直，水平度、垂直度允许偏差不应大于 1.5%，紧固件齐全有效。

（3）不间断电源正常运行时产生的 A 声级噪声，不应大于 45dB；输出额定电流为 5A 及以下的小型不间断电源噪声，不应大于 30dB。

（4）不间断电源装置的可接近裸露导体应有可靠的接零（PEN）或接地，且有明显标识。

237. 照明系统有哪些具体要求？

1）照明设计的基本原则

照明设计的基本原则是经济、安全、美观、适用。所谓经济包含两方面意义：1. 确定照明设施要符合当前我国在电力供应、设备、材料方面的生产水平；2. 采用先进的技术，充分发挥照明设施的实际效益，尽可能以较小的投入取得较大的照明效果。适用是指能提供一定数量和质量的照明，保证规定的照度水平，满足工作、学习和生活的需要。灯具的类型、照度的高低、光色的变化等都应与使用要求相一致。生活和工作环境需要稳定柔和的灯光，使人们适应这种光照环境而不厌倦。照明设计必须考虑照明设施安装、维护的方便性，要安全可靠并有美化环境和装饰作用。特别是对于装饰性照明，更有助于丰富空间的深度和层次，显示物体的轮廓，表现材质美，使色彩和图案更能体现设计意图，达到美的效果。

2）设计内容及步骤

（1）确定照明的种类、方式和照度值；

（2）选择灯具和光源类型，并适当布置；

（3）进行光度计算，确定光源功率；

（4）确定电源和电压；

（5）选定照明配电网络的形式；

（6）选定导线的规格型号和截面及敷设方式；

（7）选定并配置安装配电箱、开关、熔断器及其他电气设备；

（8）绘制布置平面图并汇总安装容量，列出主要设备及材料清单，必要时编制概（预）算，进行经济分析。

238. 照明灯具有哪些种类？

1）按灯具的布局分：

一般照明、局部照明和混合照明。

2) 按灯具的散光分：

(1) 直接照明：

灯光直接照在物体上，如白炽灯和裸露装设的荧光灯。其特点是亮度大，常用在局部照明或公共大厅等场合。

(2) 间接照明：

大部灯光照在顶棚或墙上，再反射到物体上，得到的光线柔和且没有很强的阴影，适用于需要安静的卧室或客房。

(3) 一般漫射：

灯光照在上下左右的光大致是相等的，如：有透明球形罩的灯。

(4) 半直接照明：

60%的灯光直接照射在物体上，用半透明的塑料或玻璃、化学板等作灯罩，使光线不眩目。适用于商店、办公室的顶部和卧室、客房。

(5) 半间接照明：

60%以上的光照在顶棚和墙上，仅有少量光线照在物体上。

3) 按照明的用途分

(1) 事故照明：

因发生故障，使正常灯失去作用，为安全通道或其他必须照常工作的场合提供的照明，标示色为红色。

(2) 正常照明：

正常工作时使用的照明，可单设或与值班、事故照明同用，但必须单独控制线路。

(3) 障碍照明：

安装在建筑物的顶部，用于提示飞机注意；安装在船舶航道上指示晚间航行。

(4) 值班照明：

用来作无人工作时的部分照明，可用正常照明或事故照明的部分灯照明，但应设线路控制开关。

(5) 警卫照明：

是用在警卫区的照明，警卫照明应根据现场重要性及工程所在地治安部门的具体要求设置，一般沿警卫线布置。

239. 电光源有哪些工作特性？

1) 灯泡（灯管）功率：

指灯泡（灯管）工作时消耗的电功率。额定功率是指灯泡（灯管）在额定电流下所消耗的功率。一般厂家灯泡（灯管）均按一定的功率等级进行生产。

2) 额定电压、电流：

指光源按规定进行工作所用的电压和电流。当灯泡（灯管）在规定的电压和电流正常供电时，其光源才最佳。

3) 发光效率：

光源经济性指标参数，等于灯泡发出的光通量 F（lm）与消耗的功率 P（W）之比。

4) 光通量输出：

灯泡正常工作时发出的光通量与工作时间长短有关，一般时间越长，则光通量输出的越低。

5) 光谱能量分部：

光源的发光是通过很多不同波长的辐射组成，其各波长的辐射能量（功率）各有不同，光源的光谱辐射能量（功率）按波长的分布称为光谱能量（功率）的分布。

6) 寿命：

光源从初次通电工作至完全或部分丧失其价值的全部点燃时间。

7) 显示性：

光源显现被照物颜色的特性，用显色指数评价。光源显色指数用被测物实际颜色与光源照射下物体的相符程度来衡量。

8) 色温：

光源的颜色用色温来表示。在黑体辐射中，随温度的变化颜色也在变化，用黑体加热在不同温度所发射的光色来表达一个光源的颜色，称为色温。某个光源所发射光的颜色，看来与黑体在某一温度下所发出光的颜色相同时，黑体的这一温度称为该光源的色温。

常用照明电光源主要特性比较如表 9-1 所示。

常用照明电光源的主要特性比较　　　表 9-1

光源名称特性	白炽灯	卤钨灯	荧光灯	荧光高压汞灯	管形氙灯	高压钠灯	金属卤化物灯
额定功率范围/W	10~1000	500~2000	6~125	50~1000	1500~100000	250~400	400~1000
光效/lmW^{-1}	6.5~19	19.5~21	25~67	30~50	20~37	90~100	60~80
平均寿命/h	1000	1500	2000~3000	2500~5000	500~1000	3000	2000
一般显色指数/Ra	95~99	95~99	70~80	30~40	90~94	20~25	65~85
色温/K	2700~2900	2900~3200	2700~6500	5500	5500~6000	2000~2400	5000~6500
启动稳定时间	瞬时	瞬时	1~3s	4~8min	1~2s	4~8min	4~8min
再启动时间	瞬时	瞬时	瞬时	5~10min	瞬时	10~20min	10~15min
功率因数	1	1	0.33~0.7	0.44~0.67	0.4~0.9	0.44	0.4~0.61
频闪效应	不明显	不明显	明显	明显	明显	明显	明显
表面亮度	大	大	小	较大	大	较大	大
电压变化对光通的影响	大	大	较大	较大	较大	大	较大
环境变化对光通的影响	小	小	大	较小	小	较小	较小
耐热性能	较差	差	较好	好	好	较好	好
所需附件	无	无	镇流器启辉器	镇流器	镇流器触发器	镇流器	镇流器触发器

240. 甲级标准智能建筑中的照明自动控制系统有哪些功能？

甲级标准智能建筑中的照明自动控制系统具有以下功能：
1) 泛光照明控制。
2) 庭院灯控制。
3) 停车场照明控制。
4) 公共部位，如门厅、楼梯及走道照明控制。
5) 重要场所设的智能照明控制系统。
6) 航空障碍灯状态显示、故障报警。

数字式照明控制器具有调光和控制功能，如图 9-7 所示。

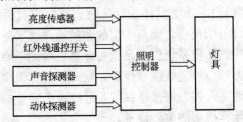

图 9-7 照明控制器

多个照明控制器可以组成网络，如图 9-8 所示。主干网络与

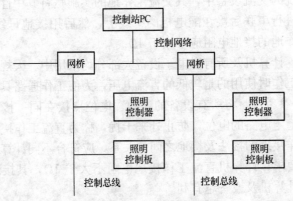

图 9-8 照明控制网络的组成

分支网络用网桥进行连接组成分布系统。建筑物的各个楼层均可组成网络,其照明控制器可通过网络与智能建筑的中央控制室交换监控信息,当有突发事件发生时能及时作出相应的联动配合反应。

照明控制分为开关模式和多级或无级模式。开关模式只有开、关两种状态,无中间状态;多级或无级模式是营造良好环境的合理途径。

遥控断路器用于公共场所的灯开关,具有开关、短路、过载保护的作用;定时开关用于有固定作息时间的教室或办公室。

241. 计算机房防雷接地如何设置?

1) 计算机房的防雷设计主要是防止感应雷和瞬间电流变化对机房电子设备的伤害,而直击雷的防护通过楼宇防雷系统来完成。计算机房的防雷系统应立足于对计算机房的重要电子设备的保护,对电力及信号进线进行保护,同时在计算机房内设计均压等电位,拉地笼,并做好接地保护,形成一个完整的防雷保护系统,以保护计算机房的重要设备。

2) 计算机房的接地系统主要包括以下部分:

(1) 交流接地。其作用主要是保护人身和设备的安全,在计算机系统的交流设备中,其交流工作地的实施是将其中性点用绝缘导线进行串联后接在配电柜的中线上,然后用接地母线接地。交流工作地的接地电阻应不大于 4Ω。

(2) 计算机及所有微电子设备大部分均采用中、大规模集成电路,工作时使用的是较低的直流电压,为使工作通路具有同一"电位"参考点,将所有设备的"地"电位点接在同一接地装置上,以稳定电路的电位,防止外来干扰,称为直流工作接地。计算机工作接地的接法及接地之间的关系,应符合不同计算计系统的具体要求;计算机直流工作接地电阻不大于 1Ω,其接地电阻越小对计算机及设备越有利。

(3) 安全保护地的作用是当绝缘被击穿时保护人身及设备的

安全，当绝缘未被击穿时也能使电流不直接接触人体，对人身安全起到一定的保护作用。计算机房内的安全保护地是将所有机柜外壳用绝缘导线进行串联后，用接地母线与大地相连，其接地电阻应不大于 4Ω。

（4）等电位接地是在建筑重要区域和工作人员经常通行的地方设置相对的抗高频干扰接地组。机房的主机室、顶棚、活动地板支架及墙面等处均应有良好的接地。

（5）防雷保护地，目的是防止雷电对建筑物、计算机设备及人身的伤害。为防止感应雷沿机房电源线进入，损害计算机房内的设备，在各配电柜进线处均设置避雷器，其防雷接地电阻应小于 10Ω。

242. 接地装置安装质量如何控制？

1）主控项目

（1）测试接地装置的接地电阻值必须符合设计要求。

（2）利用建筑物基础钢筋的接地装置或人工接地装置必须在地面以上，按设计要求的部位设置测试点。

（3）防雷接地系统人工接地装置的接地干线埋设，经过人行道处的埋深不应小于 1m，且应采取夯实辗压措施或在其上方铺设卵石或沥青混凝土面层。

（4）接地模块顶面的埋深不应小于 0.6m，模块之间的间距不应小于模块本身长度的 3～5 倍。接地模块埋设基坑的开挖，一般为模块外形尺寸的 1.2～1.4 倍，开挖时对地层的土质情况应做好记录。

（5）接地模块应在基坑内垂直或水平放置，保持与原土层良好接触。

2）一般项目

（1）接地模块应集中引线，用干线将接地模块并联焊接成一个完整环路，接地模块焊接点的材质与干线材质应一致，钢制的热浸镀锌扁钢引出线不应少于 2 处。

(2) 当设计无具体要求时，接地装置的顶面埋深不应小于 0.6m；角钢、钢管、圆钢接地极应垂直埋入地下，其间距不应小于 5m。接地装置的焊接应采用搭接焊，焊接搭接长度应符合以下要求：

①圆钢与圆钢搭接时为圆钢直径的 6 倍，且双面施焊；

②扁钢与扁钢搭接时为扁钢宽度的 2 倍，且不少于三面满焊；

③除埋设在混凝土中的焊接接头外，其他各环境条件下的接头均应采取防腐措施；

④圆钢与扁钢搭接时为钢筋直径的 6 倍，且应双面施焊。

⑤扁钢与角钢，扁钢与钢管焊接时，紧贴角钢的外侧两面或紧贴 3/4 钢管表面，上下两侧满焊。

(3) 当设计无具体要求的，接地装置所使用的钢材应作热浸镀锌处理，其最小允许规格、尺寸应符合表 9-2 的规定。

最小允许规格、尺寸 表 9-2

种类、规格及单位		敷设位置及使用类别			
		地 上		地 下	
		室内	室外	交流电流回路	直流电流回路
圆钢直径（mm）		6	8	10	12
扁钢	截面（mm²）	60	100	100	100
	厚度（mm）	3	4	4	6
角钢厚度（mm）		2	2.5	4	6
钢管管壁厚度（mm）		2.5	2.5	3.5	4.5

243. 避雷引下线和变配电室接地干线敷设质量如何控制？

1) 主控项目

(1) 当利用金属构件或金属管道做接地线时，应在构件或管道与接地干线间焊接金属跨接线。

(2) 暗设在建筑物抹灰层中的引下线应用卡钉分段固定；明设的引下线应平直、无急弯，与支架焊接处应用油漆严密防腐。

(3) 变压器室和高低压开关室内的接地干线应有不少于2处与接地装置的引出线相连。

2) 一般项目

(1) 明设接地引下线及室内接地干线的支撑件间距应均匀，垂直直线部分为1.5～3m；水平直线部分为0.5～1.5m；弯曲部分为0.3～0.5m。

(2) 钢制接地线当使用焊接时，连接质量应符合国家标准《建筑电气工程施工质量验收规范》（GB 50303—2002）中第24.2.1的规定，材料的采用及最小允许规格、尺寸应符合表9-2的规定。

(3) 变配电室内明设接地干线的安装应符合以下规定：

①当沿建筑物墙壁水平敷设时，距地面高度250～300mm；与建筑物墙壁间的间隙10～15mm；

②为便于检查，敷设的位置应不妨碍设备的拆卸与检修；

③当接地线跨越建筑物变形缝时，应有补偿装置；

④高压配电室、变压器室的接地干线应设置不少于2个供临时接地用的接线柱或接地螺栓；

⑤接地线的表面沿长度方向，每段为15～100mm，分别涂以黄色和绿色相间的条纹。

(4) 接地线在穿越楼板、墙壁和地坪处应加套钢管或其他坚固的保护套管，钢套管应与接地线相连接。

(5) 设计要求设接地的幕墙金属框架和建筑物的金属门窗，应就近与接地线可靠连接，连接处不同金属间应采取防电化腐蚀措施。

(6) 当电缆穿越零序电流互感器时，电缆头的接地线应通过零序电流互感器后接地；由电缆头到穿越零序电流互感器的一段电缆，其金属护层和接地线应对地绝缘。

(7) 配电间隔和静止补偿装置的栅栏门及变配电室金属门铰

链处的接地连接，应用编织铜线。变配电室的避雷器应就近与接地干线相连。

244. 接闪器安装质量如何掌握？

1）主控项目

建筑物顶部避雷带、避雷针等必须与顶部外露的其他金属物连成一个完整的电气通路，且与避雷引下线可靠连接。

2）一般项目

（1）避雷带、避雷针的设置位置应正确，当采用焊接时，焊缝应饱满，当用螺栓固定时，应设有备帽等防松零件，焊接部位应用防腐油漆涂刷严密。

（2）避雷带安装应平直，固定点支撑件的间距应均匀，固定应牢靠，每个支撑件能承受大于 49N 的垂直拉力。当设计无具体要求时，支撑件的间距应符合国家现行标准《建筑电气工程施工质量验收规范》（GB 50303—2002）中第 25.2.2 条的规定。

245. 建筑物等电位联结质量如何控制？

1）主控项目

（1）建筑物等电位联结干线，应从接地装置有不少于 2 处直接连接的接地干线或总等电位箱引出，等电位联结干线或局部等电位箱间的连接线形成环形网路，环形网路应就近与等电位联结干线或局部等电位箱相连，支线间不应采用串联连接。

（2）等电位联结线路的最小允许截面应符合表 9-3 的规定。

线路最小允许截面（mm^2） 表 9-3

材 料	截 面	
	干 线	支 线
钢	16	6
钢	50	16

2）一般项目

（1）等电位联结的高级装修金属零件和部件，应有专用螺栓与等电位联结支线相连，并设置标识；连接螺栓应紧固、防松零件应齐备。

（2）等电位联结的可接触裸露导体或其他部件、构件与支线应可靠连接，机械紧固、钎焊或熔焊应导通正常。

246. 接地装置的安装程序是怎样的？

1）建筑物基础接地体

底板钢筋敷设完成，按设计要求做接地施工，经检查确认，才能支模板或浇筑混凝土。

2）人工接地体

按设计要求的位置开挖沟槽，经检查确认，才能打入接地极和敷设地下接地干线。

3）接地模块

按设计位置开挖模块坑，并将地下接地干线引到模块上，经检查合格后才能相互焊接。

4）接地装置的隐蔽

接地装置安装后，首先进行自检，自检合格填写隐蔽工程验收单、报监理工程师验收，监理工程师验收合格并在隐蔽工程验收单上签字后，方能覆土回填。

247. 避雷引下线和变配电室接地干线敷设的程序是怎样的？

1）利用建筑物柱子主筋做引下线，在柱子主筋绑扎后，按设计要求的方法接通引下线，经监理验收后才能支模板。

2）直接从基础接地体或人工接地体暗敷埋入抹灰层内的接地线，应经监理检查确认后，方可贴面砖或刷涂料。

3）直接从基础接地体或人工接地体引出明敷引下线，先埋设或安装支架，经监理验收合格后才能敷设引下线。

接闪器的安装应在接地装置和引下线施工完成以后进行，且与引下线相连。

248. 建筑物等电位联结的程序是怎样的？

1）总等电位联结，对可作导电接地体的金属管道入户处和供总等电位联结的接地干线位置，必须经监理检查验收合格后，才能安装焊接总电位联结端子板，按设计要求做总等电位联结。

2）辅助等电位联结，对供辅助等电位联结的接地母线位置，必须经监理检查验收合格后，方可安装焊接辅助等电位联结端子板，按设计要求做辅助等电位联结。

3）对有特殊要求的建筑金属屏蔽网箱，应在网箱施工完毕，经自检合格后，填写验收合格报验单，报监理验收；监理验收合格并在验收单上签认后，方可与接地线相连。

第10章 环　　境

249. 环境检测有哪些规定？

1）智能建筑环境检测应包括通信控制室、监控室、计算机房及重要办公区域环境系统的空间环境、室内空调环境、视觉照明环境、室内噪声及室内电磁环境检测。

2）室内温、噪声、相对湿度、照度、风速、一氧化碳和二氧化碳含量等参数的检测值应符合设计要求。

3）环境检测时，应对主控项目的20%进行抽检，合格率应达到100%；对一般项目的10%进行抽检，合格率应达到90%。系统检测结论与处理应符合以下规定：

（1）检测结论分为合格和不合格。

（2）主控项目有一项不合格，则为系统检测不合格；一般项目有两项或两项以上不合格，则为系统检测不合格。

（3）系统检测不合格应限期整改，然后重新检测，直至合格。重新检测数量应加倍抽检。当存在不合格时，应对不合格项单独整改直至合格，并应在竣工验收时提供整改结果报告。

250. 环境系统检测应符合哪些要求？

1）主控项目

（1）空间环境的检测

① 为网络布线留有足够的配线间；

② 主要办公区域顶棚净高不小于2.7m；

③ 楼板满足预埋地下线槽（线管）的条件，网络地板、架空地板的铺设应满足设计要求。

(2) 室内空调环境检测

① 室内温度，夏季 24～28℃，冬季 18～22℃；

② 实现对室内湿度、温度的自动控制，并符合设计要求；

③ 舒适性空调的室内风速，夏季应不大于 0.3m/s，冬季应不大于 0.2m/s；

④ 室内相对湿度，夏季 40%～65%，冬季 40%～60%。

(3) 视觉照明环境检测

① 灯具满足眩光控制要求；

② 工作面水平照度不小于 500lx；

③ 灯具布置应模数化，消除频闪。

(4) 环境电磁辐射的检测应执行《环境电磁波卫生标准》(GB 9175) 和《电磁辐射防护规定》(GB 8702) 的规定。

2) 一般项目

(1) 室内空调环境检测

① 室内 CO 含量率小于 10×10^{-6}g/m^3；

② 室内 CO_2 含量率小于 1000×10^{-6}g/m^3。

(2) 空间环境检测

① 防静电、防尘地毯、静电泄漏电阻在 1.0×10^5～$1.0\times10^8\Omega$ 之间；

② 采取的降低噪声和隔声措施应适当；

③ 室内装饰色彩合理组合，建筑装修材料应符合《建筑装饰装修工程质量验收规范》(GB 50305) 的有关规定。

(3) 室内噪声测试推荐值：智能化子系统的监控室 35～40dBA，办公室 40～45dBA。

(4) 应具备以下相关资料：

① 技术文件；

② 设计文件；

③ 室内装饰材料质量证明文件、进场验收记录；

④ 智能建筑工程分项工程质量检测记录表。

251. 机房工程包括哪些子系统？建设要求有哪些？

1）机房工程包括以下子系统：

环境系统，供配电系统、UPS电源系统、专用精密空调系统、浪涌过电压防护系统、接地系统、屏蔽系统、VM计算机控制系统、防静电系统、消防系统等。

计算机房的建设应满足环境整洁和一定扩展的要求，在建设时应注意以下方面：

（1）计算机房应设在位于干线综合体的中间部位。
（2）应尽可能靠近建筑物电缆引入区和接口。
（3）计算机房应设在服务电梯附近，以便装运笨重设备。
（4）计算机房内部应注意以下方面：
① 应安装符合机房要求的消防系统；
② 室内无灰尘，通风良好，有较好的照明亮度；
③ 使用标准防护门，墙壁涂阻燃漆；
④ 使用合适的门锁，有安全通道。
（5）防止可能发生的自来水管爆裂及暴雨带来的水害。
（6）防止易燃易爆物的靠近和电磁干扰。
（7）计算机房的地面到天花板的净高应为 2.55m，且无障碍；门高应为 2.1m，宽 0.9m，地板承重压力不得低于 $500kg/m^2$。

2）机房设计应掌握以下要素：

房间大小，房间高度，照明设施，地板负重，电气插座，配电中心，管道部位、楼内气温控制、门的开启方向、位置和大小、端接空间，接地要求，备用电源，保护设施，消防设施等。

252. 机房场地环境国家有哪些相应标准和指标要求？

1）机房场地环境有以下相关国家标准：
（1）《电子计算机机房设计规范》（GB 50174—93）；
（2）《计算机站场地安全要求》（GB 9361—88）；
（3）《电子计算机场地通用规范》；

(4)《计算机机房用活动地板技术条件》(GB 6650—86);
(5)《电子计算机机房施工及验收规范》(SJ/T 3003—93);
(6)《建筑设计防火规范》(GBJ 16—87);
(7)《气体灭火系统施工及验收规范》(GB 50376—97);
(8)《建筑内部装修设计防火规范》(GB 50222—95);
(9) 客户机房的场地概况及装修平面图要求。

2) 机房建设的指标要求:

(1) 开机时电子计算机机房的温、湿度应符合表10-1的规定。

(2) 停机时电子计算机机房的温湿度应符合表10-2的规定。

(3) 机房环境规定。

① 尘埃:国家标准B级,粒径$\geq 0.5\mu m$,个数≤ 18000粒/dm^3。

② 噪声:计算机开机时,主机操作员位置<60dB;空调机位置<65dB。

③ 接地电阻:小于1Ω。

④ 零地电位差:小于1V。

⑤ 供电:采用三相五线制。

⑥ 电压:三相电压380V。

⑦ 照度:250~400lx。

⑧ 应急照明:大于5lx。

⑨ 电磁干扰:机房内无线电杂波$\leq 0.5V/m$,磁场干扰强度$\leq 800A/m$,符合IN 50091—2的相关规定。

(4) 电话机房内的温、湿度,应符合表10-3的规定。

(5) 电视中心机房内的温、湿度,应符合表10-4的规定。

253. 机房工程设计应注意哪些方面?

开机时电子计算机机房的温、湿度　　　表10-1

级别/项目	A级		B级
	夏季	冬季	全年
温度	23℃±2℃	20℃±2℃	18~28℃
相对湿度	45%~65%		40%~70%
温度变化率	小于5℃/h并不得结露		小于10℃/h并不得结露

停机时电子计算机机房的温、湿度　　　　表 10-2

级别 项目	A 级	B 级
温度	5～35℃	5～35℃
相对湿度	40%～70%	20%～80%
温度变化率	小于 5℃/h 并不得结露	小于 10℃/h 并不得结露

电话机房内的温、湿度　　　　表 10-3

机房名称	温度		相对湿度	
	长期工作条件	短期工作条件	长期工作条件	短期工作条件
交换机房	18～28℃	10～30℃	50%～55%	30%～75%
控制室	18～28℃	10～30℃	50%～55%	30%～75%
话务员室	10～30℃		50%～75%	

电视中心机房内的温、湿度　　　　表 10-4

机 房 名 称	温 度	相 对 湿 度
编辑室	18～28℃	50%～70%
控制室	18～28℃	50%～70%
复制转换室	18～28℃	50%～70%

1）钢瓶间

钢瓶间是专为存放消防钢瓶用的，内墙应涂乳胶漆饰面，内设防爆灯。

2）监控室

监控室设在主入口处，通过走廊，工作人员可以顺利进入监控室。这一空间具备以下功能：

（1）人机分离，工作人员可以远程处理主机设备数据，这样可以尽量减少进入机房的次数和时间，可以保证机房环境卫生和尽量减少人为的误操作。

（2）对外来人员进行登记。

（3）监控机房环境、设备及安全运行状况。

(4) 优化机房办公环境,为机房人员营造一个舒适的办公环境。

3) 电信总机房

电信总机房是放置电话总机和接线人员活动的区域,装修风格和非屏蔽机房基本相同,但架空地板的高度为 300mm,空间开敞,使人感到自由舒畅,少压抑感。

4) 机房空间

计算机机房是计算机场地的核心,机房中最为核心的 IT 设备就布置在机房中。所以,机房必须有较高的可靠性。必须通过值班监控机房才能进入主机房。通过安装铝合金微孔条幅吊顶,装设架空抗静电硫酸钙地板、防火隔断和铝塑板内墙面构成机房的整体环境,以实现相对封闭的主机房环境。在监控机房的保护下,有效地将外界对于主机设备的干扰降到最低限度,这样才能保证主机房清洁度、湿度、温度,形成一个恒湿、恒温程度较高的可用机房环境,进一步保护了消防控制室 IT 设备中存储、处理及传输的数据不被丢失,设备不致受到损坏。

5) 卫星电视接收与有线电视系统机房

卫星电视接收与有线电视系统机房是放置电视接收设备的场所,装修形式和所用材料与非屏蔽机房基本相同,但架空地板的高度为 300mm。

6) 高效可用机房场地环境

7) 消防控制室

消防控制室是布放消防控制主机和其他消防设备及供消防控制人员活动的场所,其架空地板的高度为 300mm,空间宽敞明亮、无压抑感。

8) 防渗漏水

水对机房的损害是较为严重的,所以在精密空调的附近应加设敏感的感应线缆,并焊接一圈铝合金防水槽,将感应线缆沿槽敷设。这样哪怕是空调出现少量的漏水,感应线缆也会最先报警。而漏水先被控制在防水槽中,就能使工作人员尽快发现故障点并予以排除。对可能漏水较多的管井及卫生间，应在活动地板的下方砌防水埂，并用水泥封堵，以防流入机房造成损失。

9）防电磁

如果机房位于市区，环境繁杂，频率在 0.15～2000MHz 的电磁干扰信号都可能对设备产生影响。最好使用整体金属机柜，利用其对电磁屏蔽的良好特性，对重要设备给予屏蔽保护。

10）减少室内外温差对机房的影响

机房中的设备对温度的变化十分敏感，国家规范要求在 22℃±2℃。特别在夏季，精密空调为了平衡温度差常过负荷运行，这样一是增加了投资费用，二是降低了空调机的使用寿命，使设备过早被淘汰。

11）吊顶

吊顶选用铝合金板，形式有方形板、条幅板、扣板、异形板、铝合金格栅、铝合金挂片等多种。颜色多采用珐琅烤漆工艺，使颜色纯朴而耐久。

12）墙面及隔断

在机房的隔断上使用铝塑板，具有容易维护、电磁屏蔽能力强和装饰效果好等优点。

13）地板

为防止精密空调送风风速过快，超过 3m/s，特将地板高度设置为 350mm。

254. 计算机房的使用面积如何确定？

1）方法一

面积 $S = KA$

式中 S——计算机房的使用总面积（m^2）；

K——系数，每台设备预计所占面积，一般情况下选择 5、6、7 三种（根据设备体积的大小来选定）；

A——计算机房间内所有设备的总数量。

2) 方法二

面积 $S = K\Sigma S_i \quad (i=1,2,\cdots,n)$

式中 S——计算机房的使用总面积（m²）；

K——系数，同方法一；

Σ——所有总和；

S_i——代表设备台；

i——变量 $i=1,2,\cdots,n$

n——代表计算机内所有设备的总数量。

255. 机房工程环境系统有哪些具体要求？

1) 温度和湿度

设备对温度和湿度有一定要求，一般温度和湿度分为A、B、C三级，设备间可选其中A级或选B级及C级综合执行，如表10-5所示。

2) 灰尘

设备对计算机房内的灰尘量有一定要求，一般情况将房间分为A、B两级，如表10-6所示。

3) 热量

热量主要由以下几方面产生：

(1) 设备间外围结构发热量；

(2) 设备发热量；

(3) 室内工作人员本身发热量；

(4) 室外补充空气所带入的热量；

(5) 照明灯具发出的热量。

计算出以上总发热量后，再乘以系数1.1，便是空调负荷，以此选择合适的空调设备。

4) 照明

计算机房内在距地面800mm部位的照度不应低于200lx。事故照明在距地面800mm部位的照度不应低于5lx。

5) 供电

计算机房内的供电电源应满足以下要求：

(1) 电压：380V/220V；

(2) 频率：50Hz；

(3) 相数：三相五线制或三相四线制/单相三线制。

根据设备的不同性能允许电源变动范围如表 10-7 所示。

(4) 计算机房内供电容量。把计算机房内存放的每台设备用电量的标注值相加后再乘以一定的系数。从电源室到计算机房使用的电缆，除应符合《电气装置安装工程规范》中配线工程的规定以外，其载流量还应减少 50%。计算机房内的配电柜应设在计算机房内，并应设防触电装置。

计算机房内的各种电力电缆应为耐燃铜芯屏蔽电缆。如空调设备、电气设备等。

6) 安全

计算机房的安全分为 A、B、C 三个类别，如表 10-8 所示。

根据计算机房的要求，计算机房的安全可按 A 类执行，也可综合 B 类或 C 类同时执行。

(1) 计算机房的安全很重要，应有完善的计算机房安全措施；

(2) 计算机房应有安全管理制度。

7) 噪声

计算机房的噪声应小于 70dB。若长时间在 70~80dB 的噪声环境下工作，会影响工作效率和人的身心健康，且可能造成人为的设备故障。

计算机房间温度和湿度指标　　表 10-5

指标　　级别 项目	A级		B级	C级
	夏季	冬季		
温度（℃）	22±4	18±4	12~30	8~35
相对湿度（%）	40~65	35~70	30~80	
温度变化率（℃/h）	<5 要不凝露		>0.5 要不凝露	<15 要不凝露

尘埃量度表 表 10-6

指标 级别 项目	A级	B级
粒度（μm）	>0.5	>0.5
个数（粒/dm³）	<10000	<18000

注：A级相当于30万粒/ft³，B级相当于50万粒/ft³。

依据设备的性能允许电源变动范围 表 10-7

指标 级别 项目	A级	B级	C级
电压变动（%）	−5～+5	−10～+7	−15～+10
频率变化（Hz）	−0.2～+0.2	−0.5～+0.5	−1～+1
波形失真率（%）	<±5	<±5	<±10

计算机房间的安全等级 表 10-8

指标 级别 项目	C级	B级	A级
场地选择	—	@	@
防火	@	@	@
内部装修	—	@	b
供配电系统	@	@	b
空调系统	—	@	b
火灾报警及消防设施	@	@	b
防水	—	@	b
防静电	—	@	b
防雷电	—	@	b
防鼠害	—	@	b
电磁波的防护	—	@	@

注：—：无要求；@：有要求或增加要求；b：要求。

8) 电磁场干扰

计算机房无线电干扰较强,在频率为 0.15~1000MHz 范围内不大于 120dB。计算机房内磁场强不大于 800A/m(相当于 10Oe)。

9) 隔断

根据计算机房设备的布置和工作需要,可用玻璃将计算机房隔成若干个房间。隔断可采用防火的铝合金或轻钢龙骨,安装 10mm 厚玻璃,或从地板面至 1.2m 安装难燃双塑板,从 1.2m 以上安装 10mm 厚玻璃。

10) 火灾报警及灭火设施

A 类和 B 类计算机房应装火灾自动报警装置。在机房内、工作间、吊顶上方、活动地板下,主要空调管道及易燃物存放部位应设温感或烟感探测器。

A 类计算机房内应设置卤代烷 1211、1301 自动灭火系统,并配备手提卤代烷 1211、1301 灭火器。

B 类计算机房在条件许可的场合应设置 1211、1301 自动灭火系统,并配备手提式卤代烷 1211、1301 灭火器。

C 类计算机房应配备手提式卤代烷 1211、1301 灭火器。

A、B、C 类计算机房除纸介质等易燃物外,禁止使用泡沫、水等易产生二次破坏的灭火剂。

11) 吊顶

为了布置照明灯具及吸噪,一般在建筑物梁下加一层顶棚吊顶。吊顶材料应满足防火要求。我国大多数采用轻钢或铝合金做龙骨,安装吸声铝合金板、喷塑石英板、难燃铝塑板等。

12) 墙面

墙面应选择不易产生且不易吸附灰尘的材料。目前都采用在光滑的墙面涂阻燃漆或在墙壁上装耐火胶合板的方法装饰墙面。

13) 地面

为方便敷设电源线和电缆线,计算机房地面一般采用抗静电活动地板,其系统电阻应在 1~10Ω。活动地板的施工应符合

《计算机房用活动地板技术条件》标准。带有走线口的活动地板称为异形地板。走线口应光滑，以防损伤电线、电缆。

计算机房严禁铺地毯，以防产生静电引发火灾和积灰尘。计算机房的活动地板应光洁、防尘、防潮，并平整牢固。

14) 建筑物防火与内装修

(1) 建筑物防火

A类建筑物的耐火等级必须符合《高层民用建筑设计防火规范》(GBJ 45—82) 中规定的一级耐火等级。

B类建筑物的耐火等级必须符合《高层民用建筑设计防火规范》(GBJ 45—82) 中规定的二级耐火等级。

与A、B类安全设备间相关的辅助房间及其他工作房间，其耐火等级不应低于建筑设计防火规范 (TJ 16—74) 中二级耐火等级。

C类建筑物的耐火等级应符合《建筑设计防火规范》(TJ 16—74) 中规定的二级耐火等级。

与C类计算机房相关的其他工作房间及辅助房间，其建筑物的耐火等级不应低于《建筑设计防火规范》(TJ 16—74) 中规定的三级耐火等级。

(2) 内装修

根据A、B、C三类等级进行计算机房装修时，装饰材料应符合《建筑设计防火规范》(TJ 16—74) 中规定的难燃材料或非燃材料，具有防火、防潮、防尘、吸噪、抗静电等功能。

室内CO含量率小于 $10\times10^{-6}\,\mathrm{g/m^3}$；室内$CO_2$含量率小于 $1000\times10^{-6}\,\mathrm{g/m^3}$。

256. 对机房照明系统有哪些具体要求？

机房照明质量的优劣，直接影响着工作人员的身心健康和工作效率，并会影响计算机的可靠运行。所以，对机房照明系统有以下具体要求：

1) 机房照明

不闪烁、不眩光、照明度大、光线分布均匀、不直接照射光面，特别是显示设备和控制板离地面 800mm 处的照度应不低于 400lx。

2）应急照明

采用高效格栅荧光灯（2×36W/220V），通过配电柜中接触器与机房 UPS 输出端相连。当公网停电后，由 UPS 进行临时供电，应急照明的照度应不低于 50lx。

3）工作照明

根据机房吊顶情况，工作照明应选用高效格栅荧光灯（2××36W/220V），省电、照度高，灯具的尺寸与吊顶板的尺寸相符，美观协调，无生理眩光。

257. 对机房工程屏蔽系统有哪些要求？

计算机房的屏蔽工程是将机房内的辐射限制在一个特定区域，或阻止辐射进入特定区域而进行的工程。

一般机房抗电磁干扰应符合《电子计算机场地通用规范》（GB 2887—2000）的规定。

建造特殊计算机房，因投资大、技术指标要求高，应特别谨慎，每一分部分项工程都要认真施工，才能达到预期的屏蔽效果。施工具体要求如下：

1）机房屏蔽工程施工的一般要求

（1）机房电磁屏蔽壳体在焊接时应符合《钢结构工程施工及验收规范》（GBJ 205—83）中第 3 章、第 4 章的有关规定。

（2）机房电磁壳体在焊接施工时应采取有效的排烟通风措施。

（3）机房施工时，如确实需要或根据设计要求在屏蔽壳体上安装紧固件，应将紧固件与壳体接触处焊接严密、牢靠。

（4）各种屏蔽壳体与建筑楼板、墙体、地面应安装牢靠、紧密，并绝缘良好。

（5）机房内装修及其他项目施工时，严禁损坏屏蔽壳体，必要时应采取相应的保护措施。

（6）屏蔽工程施工时，每道工序完工后，施工单位在自检合格的基础上，填写工程验收报验表，报监理验收。监理对照图样、施工规范验收合格，并在工程验收报验表上签字后，施工单位方可进入下道施工工序。

2）机房主体结构施工时应采用的屏蔽措施

（1）机房基础地面施工时，应增设屏蔽措施。

（2）机房墙面施工时，应增设屏蔽措施。

（3）机房的出入口和与外部连通的孔洞应与周边屏蔽措施预留或做衔接处理。

（4）对机房墙、顶、地面接缝处，应做好屏蔽衔接处理。

3）机房电磁屏蔽工程的保护

（1）施工时，不得在屏蔽物体上喷水或其他有腐蚀的液体。

（2）施工结束后，应对机房屏蔽体及其他附件做防腐处理，防腐处理的材料及施工工艺应符合《建筑防腐工程施工及验收规范》(TJ 212—76)中的有关规定。

（3）对于焊缝应按规定进行检查验收，合格的焊缝应做防腐处理。

（4）对电磁屏蔽体有关的电缆、管道应按有关规定进行衔接保护处理。

4）机房电磁屏蔽工程的检测

（1）机房电磁屏蔽壳体与建筑地面、墙面、楼板及一切接触物的绝缘性能检测，应符合设计及规范的要求。

（2）机房电磁屏蔽效能的测试。机房电磁屏蔽效能的检测应根据设计要求确定，检测方法应符合《高效能屏蔽室屏蔽效能测试方法》的规定。

258. 机房固态屏蔽工程有几种施工形式？

1）装配式电磁屏蔽壳体

装配式电磁屏蔽壳体是预先把屏蔽壳体制成组合件，然后进行组装，形成一个完整的电磁屏蔽整体壳体。

（1）装配式电磁屏蔽壳体应注意以下方面：

①屏蔽壳体内地面为正方形或矩形时，在安装前应用对角线法定出四个角的位置点；

②屏蔽壳体安装场地应平整、坚实，符合设计要求；

③屏蔽壳体安装现场应清洁干净、无杂物，符合安装现场要求。

（2）装配式电磁屏蔽壳体组装前应做好以下准备工作：

①铜网式组件的装配处应用酒精擦洗干净，紧固结合处应按设计要求进行搪锡处理；

②揭掉钢板式组件与紧固件接触处的保护膜，并用酒精擦洗干净，无保护膜的，应用砂纸将锈及污物清理干净后再用酒精擦洗干净；

③把钢板组件周边用酒精擦洗干净后加垫软质导电材料或搪锡后方可组装紧固。

（3）装配式电磁屏蔽壳体施工应注意以下方面：

①顶板组件和墙板的安装顺序与安装工艺应符合产品说明书的规定；

②地板组件的铺设应符合产品说明书的要求，钢板焊接的地板的焊接应符合前述电磁屏蔽壳体的焊接要求；

③组装式屏蔽壳体装配时，接缝处必须牢固严密，有软质导电材料衬垫，并紧固可靠；

④钢板组件紧固后，接缝处应按设计要求涂刷导电漆，导电漆涂刷应均匀无遗漏。

2）焊接式电磁屏蔽壳体

焊接式电磁屏蔽壳体是按设计要求将预先加工的单元金属板在现场组焊成电磁屏蔽壳体。其施工要点如下：

（1）焊接宜从底面内侧一角的板块开始，依次向四周到顶部施焊。

（2）焊接式电磁屏蔽壳体使用的单元金属板必须符合设计要

求,尺寸偏差应在允许偏差内。

(3) 采用分段逆焊时,焊缝不得有虚焊和漏焊现象。

(4) 焊缝处的电磁性能,不能因为裂缝降低整体屏蔽效果,所有焊缝不得有裂纹或开口。

(5) 顶面及侧面单元板块必须与支撑架和吊杆焊接牢固。

(6) 单元体相接处的焊接有阶梯重叠连续焊接、非阶梯重叠连续焊接、邻接连续焊接三种方式。

(7) 屏蔽壳体应按规定涂防锈漆,涂层应均匀无遗漏。

(8) 焊接完成后,应及时对焊缝的质量进行验收,不合格的焊缝应及时整改,直至合格方可进入下一道工序的施工。

(9) 屏蔽壳体焊接完毕后应及时清除焊渣及其他杂物。

(10) 屏蔽波导风口、门框等应与壳体板块焊接牢固。

(11) 顶面的绝缘支撑龙骨与吊架,宜与顶面的金属板块同时焊接。

3) 多层屏蔽

多层屏蔽是将屏蔽作成多层以便达到预计效果,在表面与金属间留有很小的空间,而不是紧密地接合为一体,在这很小的空间里充满空气或其他电介质,使屏蔽效果更好。

多层屏蔽投资大、费用高、施工难度大,应严格按设计要求进行施工。

4) 薄膜屏蔽

屏蔽薄膜是一种金属膜,附着在一个支撑金属膜结构上,靠金属膜抵抗电磁场的干扰。薄膜屏蔽施工应注意以下方面:

(1) 薄膜屏蔽工程所使用的金属膜厚度应符合设计要求;

(2) 金属薄膜的厚度应均匀;

(3) 薄膜与其他金属体接触应良好。

259. 计算机房非固态屏蔽工程施工是为了什么?

计算机房非固态屏蔽工程的施工是由于必须在有屏蔽工程的计算机房的地面、墙体、顶板上,开设必要的孔洞、门窗、管道、或其他造成机房屏蔽壳体不能连续屏蔽时，所作的屏蔽工程。其施工主要有以下几个部位：

1）计算机房屏蔽体所必须开设的门窗；
2）计算机房屏蔽体所必须开设的通风孔；
3）计算机房屏蔽体所必须开设的电缆、电线、水管、设备、仪表的进入孔洞；
4）其他原因使机房与其他金属体出现的不连续处。

260. 计算机房常见的接地形式有哪些？

1）直流工作接地

计算机及所有微电子设备，大多采用中、大型集成电路，在较低的直流电压下进行工作。为使工作通路的电位参考点统一，将所有设备的接地与接地装置相连，以便稳定电路的电位，防止外来干扰的工程为直流工作接地。

计算机直流工作接地的接法、接地之间的关系及电阻的大小，应根据不同计算机的需要而确定。计算机电阻应不大于 1Ω。接地电阻越小对计算机越有利。

2）交流工作接地

交流工作接地的目的是为了保护人身及设备的安全。计算机系统交流电设备的接地施工，是把中性点用绝缘导线串联后，接在配电柜的中性线端子上，最后用接地母线与接地装置相连。交流工作接地电阻应不大于 4Ω。

3）保护接地

保护接的目的是为了在绝缘未被击穿时隔离人与带电体，起到保护人身安全的作用。一旦在绝缘被击穿时，使电流顺利导入大地，起到保护人身及设备安全的作用。

计算机房的保护接地是将所有机柜、设备的外壳用绝缘导线串联起来，通过接地母线与接地装置相连。安全保护接地电阻应不大于 4Ω。

4）防雷接地

防雷接地的目的是避免雷击,保护建筑物、人员和计算机设备的安全。以防感应雷沿机房电源线进入室内,对人员及设备造成伤害,所以在各配电柜进线处均设置避雷器。其防雷电阻小于 10Ω。

5) 等电位接地

在工作人员经常走动的地方和重要区域设置相应的抗高频干扰接地组。计算机房的主机室顶棚、活动地板支架及墙壁等处均应有良好的接地。

第11章 住宅（小区）智能化

261. 住宅（小区）智能化有哪些一般规定？

1）住宅小区智能化适用于建筑工程中所有新建、改建或扩建的民用住宅和住宅小区智能化的工程施工，及质量控制、系统检测和质量评定。

2）住宅小区智能化应包括安全防范系统、通信网络系统、监控与管理系统、综合布线系统、环境、室外设备及管网、电源与接地、家庭控制器、信息网络系统、火灾自动报警系统、消防联动系统等。

3）火灾自动报警系统及消防联动系统的内容应包括建筑设备监控系统，消防控制室与安全防范系统、早期烟雾探测火灾自动报警系统、大空间早期火灾智能检测系统、大空间红外图像矩阵火灾自动报警及灭火系统、可燃性气体泄漏及联动控制系统、公共广播与紧急广播系统、视频安防监控系统、门禁系统、停车场（库）管理系统、家居可燃气体泄漏报警系统。

4）安全防范系统包括视频安防监控系统、入侵报警系统、出入口（门禁）控制系统、巡更管理系统、停车场（库）管理系统、监控中心系统、视频安防监控系统、数字视频录像式监控系统、安全防范综合管理系统、访客对讲系统等。

5）通信网络应包括卫星数字电视及有线电视系统、通信系统等。

6）信息网络系统应包括控制网络系统、计算机网络系统等。

7）管理及监控系统应包括建筑设备监控系统、表具数据自动抄收及远传系统、公共广播与紧急广播系统、住宅（小区）物业管理系统等。

8）家庭控制器的功能应包括家庭紧急求助、家用电器监控、表具数据采集及处理、通信网络和信息网络接口、家庭报警等。

9）住宅小区智能化的工程实施及质量控制应符本书第 1 章第 3 节第 30、31 问的相关规定。

10）设备安装质量检查

（1）火灾自动报警及消防联动系统设备安装质量应符合《火灾自动报警系统施工及验收规范》(GB 50166) 的要求。

（2）其他系统的设备安装质量应符合本书通信网络系统、信息网络系统、建筑设备监控系统、安全防范系统及综合布线系统等章节的有关规定。

262. 住宅（小区）智能化系统的检测有哪些规定？

1）住宅（小区）智能化系统的检测应在工程安装调试完成后，经过不少于 1 个月的系统试运行，具备正常投运条件后进行。

2）住宅（小区）智能化系统的检测应以系统的功能检测为主，结合设备安装质量检查、设备功能和性能的检测及相关内容进行。

3）住宅（小区）智能化系统的检测应根据施工图样、设计文件、工程合同技术文件、设计变更文件、设备产品技术文件进行。

4）住宅（小区）智能化系统检测应提供以下工程施工及质量控制记录：

（1）隐蔽工程及随工检验记录；

（2）设备材料进场检验记录；

（3）工程安装质量及观感质量验收记录；

（4）设备及系统自检记录；

（5）系统试运行记录。

5）信息网络系统、通信网络系统、电源与接地系统、环境系统、综合布线系统的检测应符合相关规定。

6)其他系统的检测应符合本书第 11 章第 263、264、265、266、267 问的相关规定进行。

263. 火灾自动报警及消防联动系统检测质量控制包括哪些内容？

火灾自动报警及消防联动系统功能检测除应符合本书第 5 章的相关规定外，还应符合以下规定：

1)可燃气体泄漏报警时自动切断气源及打开排气装置的功能检测；

2)已纳入火灾自动报警及消防联动系统的探测器不得重复接入家庭控制器；

3)可燃气体泄漏报警系统的可靠性检测。

264. 安全防范系统检测应符合哪些要求？

1)主控项目

访客对讲系统的检测应符合以下要求：

(1)门口机呼叫住户和管理员机的功能、电控锁密码开锁功能、在火警等紧急情况下电控锁自动释放功能、CCD 红外夜视（可视对讲）功能等应符合设计要求；

(2)室内机的门铃提示和管理员与访客之间的通话应清晰，通话保密功能与室内开启单元门的开锁功能应符合设计要求；

(3)公共电网停电后，备用电源应能保证系统正常工作 8 个小时以上；

(4)门口机与管理员机的通信及联网管理功能、门口机与管理员机、室内机相互呼叫和通话的功能应符合设计要求。

2)一般项目

访客对讲系统室内机应具有自动定时关机功能，可视访客图像应清晰；管理员机对门口机的图像可进行监视。

入侵报警系统、出入口控制（门禁）系统、巡更管理系统、停车场（库）管理系统、视频安防监控系统的检测应符合安全防范系统的有关规定。

265. 监控与管理系统检测应符合哪些要求？

1) 主控项目
(1) 表具数据自动抄收及远传系统的检测应符合以下要求：

①水、电、气、热（冷）能等表具远程传输的各种数据，通过系统可进行查询、打印、统计和费用计算等；

②水、电、气、热（冷）能等表具应采用现场计量、远传数据，选用的表具应符合国家产品标准，表具应提供产品合格证和计量检定证书；

③系统应具有防破坏报警、故障报警、时钟功能；

④电源中断系统不应出现误读数，并有数据保存措施。

(2) 建筑设备监控系统除符合规范有关规定外，还应具备饮用水蓄水池过滤设备、消毒设备的故障报警功能。

(3) 住宅（小区）物业管理系统的检测除执行信息网络系统应用软件检测的规定外，还应进行以下内容的检测，使用功能应符合设计要求。

①信息服务项目应包括电子商务、远程教育、远程医疗、电子银行、娱乐、家政服务等，其内容的检测应符合设计要求。

②住宅（小区）物业管理系统应包括住户房产维修、住户物业费的查询及收取、住户人员管理、住宅（小区）工程图纸管理、住宅（小区）公共设施管理等；

③住宅（小区）物业管理系统的信息安全，应符合信息网络系统安全系统检测的要求；

④物业管理公司人事管理、财务管理及企业管理等内容的检测应符合设计要求。

(4) 紧急广播与公共广播的检测应符合以下要求：

①系统的输出输入不平衡度、音频线的敷设、接地形式及安装质量应符合设计要求，设备之间的阻抗匹配应合理；

②放声系统应分布合理，符合设计要求；

③最高输出电平、输出信噪比、声压级和频宽的技术指标应符合设计要求；

④通过响度、音质和音色的主观评价，评定系统的音响效果。

(5) 功能检测应包括以下方面：

①紧急广播与公共广播共用设备时，紧急广播通过消防分机控制，具有最高优先权，当火灾或突发事件发生时，应能强制切换成紧急广播，并以最高音量播出；紧急广播功能检测应符合火灾自动报警及消防联动系统检测的相关规定。

②背景音乐、公共寻呼插播和业务宣传。

③公共广播系统应分区控制，分区的划分不得与消防分区相矛盾。

④功率放大器应有冗余配置，当主机发生故障时，按设计要求配备的备用机能自动投入工作运行。

2) 一般项目

(1) 建筑设备监控系统除前述按建筑设备监控系统的检测外，还应进行以下内容的检测：

①室外园区艺术照明的开启和关闭时间设定、控制回路的开启设定和灯光场景的设定及照度调整；

②园林绿化浇灌水泵的控制、监视功能和中水设备的控制、监视功能。

(2) 表具现场采集的数据与远传数据相一致，每类表具总数达到 100 个及以上时按 10% 抽检，当少于 100 个时抽检 10 个。

(3) 住宅（小区）物业管理系统房产的出租、房产二次装修管理、住户投诉处理，以及数据资料的记录、保存、查询等功能检测应按信息网络系统应用软件的检测的相关内容进行。

266. 家庭控制器的检测应符合哪些要求？

1) 家庭控制检测应包括家庭报警、家庭紧急求助、表具数据采集及处理、通信网络和信息网络接口、家用电器监控等内容。表具数据抄收及远传系统、通信网络和信息网络的接口、家庭控制器的检测应符合以下要求：

（1）系统承包商应根据接口规范制定接口测试方案。接口测试方案应经检测机构批准后实施。系统接口测试结果应符合设计要求，实现接口规范中规定的各项功能，不发生通信瓶颈及兼容性问题，并保证系统接口的制造和安装质量。

（2）系统承包商应提交接口规范，接口规范应在合同签定前由合同签定机构负责审定。

2）主控项目

（1）家庭报警功能的检测应符合以下要求：

①入侵报警探测器的检测应符合前述安全防范系统中入侵报警系统检测的相关规定；

②家庭报警的布防、撤防转换及控制功能；

③感温探测器、感烟探测器、燃气探测器的检测应符合国家现行产品标准。

（2）家庭紧急求助报警装置的检测应符合以下要求：

①可操作性，老年人和未成年人在紧急情况下应能方便地发出求助信息；

②应具备故障报警和防破坏功能；

③可靠性，及时准确地传输紧急求助信号。

（3）家用电器的监控功能检测应符合设计要求。

（4）家庭控制器应在出现故障或误操作时及时报警并具有相应的处理功能。

（5）无线报警的发射功率及频率的检测。

3）一般项目

家庭紧急求助报警装置的检测应符合以下要求：

（1）每户宜安装一处及以上的紧急求助报警装置（如卧室、客厅）；

（2）紧急求助报警装置，宜设一种及以上的报警方式（如遥控、感应或手动等）；

(3) 报警信号宜能区别求助的内容；
(4) 紧急求助报警装置宜设夜间显示。

267. 室外设备及管网质量控制有哪些？

1) 室外电缆导管及线路的敷设，应符合《建筑电气工程施工质量验收规范》（GB 50303）中的有关规定。

2) 安装在室外的设备箱应有防潮、防晒、防锈、防水等措施；设备浪涌过电压防护器设置及接地装置、联结方式应符合现行国家标准及设计要求。

3) 质量评定文件资料

(1) 设备和系统检测记录

(2) 工程实施及质量控制记录

(3) 技术、使用和维护手册

(4) 竣工图样和竣工技术文件

(5) 其他文件

①相关工程质量事故报告；

②施工组织设计（施工方案）、设计变更、技术交底；

③工程合同技术文件。

268. 住宅（小区）建设应具备哪些设施？

1) 配备家居配线箱。家居配线箱内设置电话、电视、信息网络等智能化系统进户线的分界点、分配点。

2) 在主卧室、书房、客厅等房间设置相关信息端口。

3) 住宅（小区）宜设置电表、水表、燃气表、热能（有采暖地区）表的自动计量、抄收及远传系统，并宜与公用事业管理部门系统联网。

4) 宜建立小区物业管理综合信息平台。实现物业公司办公自动化系统和小区信息发布系统、车辆出入管理系统的综合管理。小区宜应用智能卡系统。

5) 安全防范系统的配置不宜低于《安全防范工程技术规范》

(GB 50348) 第5.2节规定的提高型安防系统的配置标准。

269. 别墅建设对设施有哪些具体要求?

1) 别墅(小区)建筑智能化系统的配置应符合智能建筑设计标准中规定的基本配置要求,并根据建设标准调整、提高系统功能要求,合理配置智能化系统。

2) 宜将信息设施系统、建筑设备管理系统、火灾自动报警、安全防范技术系统等,在物业管理综合信息平台上实现系统集成。

3) 别墅小区信息系统宜增设以下子系统:
(1) 地下车库、电梯等设置移动通信室内覆盖系统;
(2) 小区公共场所设置背景音乐广播系统;
(3) 公共服务管理系统;
(4) 智能卡应用系统;
(5) 计算机网络安全管理系统。

4) 别墅配置应符合以下要求:
(1) 别墅配置家居配电箱和家庭控制器。
(2) 应在卧室、客厅、卫生间、书房、厨房设置相关信息端口。
(3) 应设水表、燃气表、电表,有采暖要求的地区应设热能表的自动计量、抄收及远传系统,并与公用事业管理部门系统联网。
(4) 应建立小区物业管理综合信息平台。实现物业公司办公自动化系统、小区信息发布系统和车辆出入管理系统的综合管理。小区宜应用智能卡系统。

5) 建立互联网站和数据中心,提供物业管理、电子商务、VOD、网上信息查询与服务、远程教育及远程医疗等增值服务项目。

6) 别墅小区建筑设备管理系统应满足以下要求:
(1) 应能监控公共照明系统;

(2) 应能监控给排水系统；

(3) 应能监视集中空调的供冷/热源设备的运行/故障状态，监测蒸汽、冷热水的温度、流量、压力及能耗，监控送排风系统。

7) 安全防范技术系统的配置不宜低于《安全防范工程技术规范》(GB 50348)第5.2节中先进型安防系统的配置标准，并应满足下列要求：

(1) 宜设置周界视频监视系统，宜采用周界入侵探测报警装置与周界照明、视频监视联动，并留设报警对外接口；

(2) 访客对讲门口主机可先用智能卡或指纹识别技术开启防盗门；

(3) 一、二层和顶层的外窗、阳台应设入侵报警探测器；

(4) 燃气进户管道宜设自动阀门，能在气体泄漏时发出报警信号，并自动关闭阀门和切断气源。

270. 楼宇设备自控系统包括哪些子系统？

1) 冷冻站监控系统

冷冻站监控系统包括冷却塔风机的自动控制、冷冻水泵的自动控制、冷冻机组的节能控制、冷冻水系统的压差控制和中央管理站对冷冻站的控制。其各功能如下：

(1) 冷却水泵运行状态监测、控制和故障报警；

(2) 冷却塔风机运行状态监测、控制和故障报警；

(3) 冷水机组冷却水出水温度、流量的监测及控制；

(4) 冷水机组冷却水进水温度的监测及控制；

(5) 冷水机组运行状态的监测、控制和故障报警；

(6) 集水器、分水器压差的监测及控制。

2) 空调监控系统

(1) 空调系统的湿度控制；

(2) 空调系统的温度控制；

(3) 制冷器的防冻监控；

(4) 新风、回风、排风的控制;
(5) 风机的工作状态及故障报警;
(6) 过滤器的工作状态监测。
3) 变配电监控系统
变配电监控系统的低压配电系统。
(1) 要求实时监测和计量供电系统的运行参数,显示主接线图、交流及直流系统和 UPS 系统运行图与运行参数,对系统各开关变位和故障变位进行正确的区分,对参数超限报警,对事故、故障进行顺序记录,可查询事故原因并显示、制表及打印,可绘制负荷曲线并显示、打印及远程报表。
(2) 要求对计算机提供不间断电源系统(UPS)冷冻站配电、变压器、高压系统和高二次线中的各点进行监控,主要包括电压量、电流量、无功电度、有功电度、温度、功率因数等数据的测量和开关控制。
4) 给排水监控系统
对楼内生活用水、污水、消防用水、冷冻水箱等的给排水装置进行监测和启/停控制,其中包括压力测量、开关量及液位测量。要求显示各监测点的参数、设备运行状态和非正常运行状态的故障报警,并有效控制有关设备的启停。
5) 照明监控系统
用中央监控系统按预定的时间顺序每天进行开关控制及监视其工作状态,并用图像显示、文字记录的形式打印出来。
6) 热力站监控系统
用中央监控系统监测热交换器的热水出水温度、流量并控制热水泵的启动和停止。
7) 安全防范监控系统
是智能建筑不可缺少的重要部分,它为建筑提供了安全监视、门禁入侵报警等方面的服务功能。安全监控系统采用的微机控制矩阵系统,直接集中完成视频切换控制、水平/俯仰/变集控制及内设的自检测功能。系统为了方便管理还可以设分控键盘。

安全防范系统的功能如下:

(1) 门禁系统。对出入人员进行识别和记录,可在需要时输出。

(2) 入侵报警系统。通过传感器获取楼宇主要通道、小区通道重要事件及周边情况,以便加强楼宇及小区的防范工作。其传感器包括被动红外探测器、主动红外探测器、红外微波双鉴探测器、振动传感器、玻璃破碎传感器及各类脚动、手动开关等。

(3) 将整个防范系统组成一个有机的整体。当出入口非授权人入侵或入侵报警时,在中央控制室接到报警信息,通过信息交换,安全监视系统打开报警地点附近的摄像机并切换到指定监视器上进行监视,同时打开视频录像机对现场情况进行记录,在需要时输出。

8) 消防广播和背景音乐

(1) 技术性能要求

①为满足消防报警要求,扬声器布置间距应小于25m,功率不小于3W,能实现上下楼层和本楼层的同时报警。

②扬声器的分布间隔一般为楼层高的2~2.5倍。

③智能楼宇的BAS,美国、新加坡等国认为应由OA、CA、BA组成,我国的部分学者则认为应将BA中的火灾报警及消防系统FA和楼宇的信息管理MA分开设置。

扬声器最大音响度不大于80dB,声场均衡度不小于8dB,语音清晰度大于85%。

MA的设计要求如下:

①MA——楼宇信息管理自动化,是对集成后各系统的集中监控管理,应掌握以下原则:

a. 界面友好;

b. 权限集中;

c. 反应迅速;

d. 功能齐全;

e. 灵敏度高。

(2) 设计要求

①公共广播音响的设计应与消防系统互相配合，并实行分区控制。

②背景音乐系统主要是为楼宇公共场所及工作区提供平时广播、背景音乐等，一旦有火灾发生，便可立即切换成事故报警广播、疏导群众撤离和实施扑救指挥处理。

③在发生火灾及非常事件时，系统可以接收消防中心的信息切换，并自动投入事故广播和火灾报警广播。

271. 中央管理计算机有哪些功能？

1) 显示功能

(1) 动画显示

运转状况图的颜色随数据值的变化而变化。

(2) 监视器系统图显示

显示设备实际的工作状况及数据。

(3) 多窗口显示

监视器可以显示一览表及控制画面。

(4) 画面移动显示

图表不能同时显示时，可利用移动画面来显示。

(5) 趋势图、直方图显示

以最多 48h 时间内的数值，每 1min 将计测值、每 30min 或 1h 将累计值分别显示在趋势图、直方图、累计图、组合图上。

(6) 日历显示

显示年月日、时间、星期。

(7) 报警一览表显示

一览表中显示系统所发生的报警，并用报警级别和管理点名称进行检索。

(8) 维修登记一览表显示

一览表中显示维修登录管理点，并可用管理点号码和管理点名称进行检索。

(9) 程序一览表显示

根据程序的类别，在一览表中显示日历、时间程序、趋势图、直方图、联动程序等名称。

(10) 预约画面显示

可进行预约画面设定、显示。预约画面可有20幅，并可任意登录和变更。

(11) 报警指示显示

报警发生时，完成显示，且有处理程序和紧急联系地址等画面。

(12) 直接选择显示

可在画面中选择所需要的画面。

2) 监控功能

(1) 报警发生监控

自动报警和显示强制画面，并能设定报警级别的报警铃声。

(2) 状况监控

对数字及模拟管理点的状况进行监控。

(3) 启/停失败监控

输入命令与输出状况不一致时拒绝执行并发出警报。

(4) 计测值上下限监控

设定计测值上下限、超越上下限时拒绝操作并报警。

(5) 计测值偏差监控

设定计测值偏差范围、超越范围时报警并拒绝操作。

(6) 连续运动时间监控

当连续运行时间超越设定时限，发出报警并拒绝操作。

(7) 运行时间累计监控

设定设备运行累计时间，到时发出警报，作为维修保养依据。

(8) 监视器使用范围监控

设定监视器、报警铃、打印机的使用范围、超越范围时报警并拒绝操作。

(9) 启/停次数累计

设定设备的启/停次数,到时发出报警和作为维修保养依据。

3) 操作功能

(1) 远程设定值变更

可从系统界面调出所需画面,以便更改远程设定值。

(2) 手动启/停

可从系统界面调出所需画面,以便手动启/停设备操作。

(3) 程序设定值变更

可对变更时间、标准值、登录管理点、控制数据等程序重新设定。

(4) 允许/禁止设定

以管理点和程序为单位,可暂停局部操作,但不影响其他操作。

(5) 维修登录/解除

以管理点为单位,可暂停控制操作和报警判断的执行。

(6) 密码设定

每一项操作执行时,可指定操作设备范围和操作许可级别。

(7) 鼠标操作

用鼠标选择画面并进行操作。

4) 控制功能

(1) 时间程序

将动力设备登录在时间程序中,可自动驱动设备定时开/停。

(2) 日历功能

使用自动判定闰年、大月、小月的万能日历。

(3) 联动程序

以管理点状态变化、报警发生等为指定条件,预定好对象,可驱动对象运行。

(4) 火灾意外事故程序

发生火灾时,停止空调等相关设备的运行。

(5) 停电处理

在商业用电停电时,功能被中止,只有火灾意外事故程序及手动操作还可运行。

(6) 自备电源发电机强行驱动控制

在商业用电电网停电时,发电机启动供电;在公网恢复供电时,发电机自动驱动工作参数,让自备设备停止运行。

(7) 室外空气引入控制

使用室外空气作冷房循环使用时,对引入空气实行有效的控制。

(8) 简易运算控制

设定加减乘除及 AND/OR 等理论运算程序并执行验算

(9) 远程设定值的时间控制

对一年后的预定月日进行自动更改。

5) 数据管理辅助功能

(1) 用户数据处理辅助功能

可将指定设计值、累计值、趋势数据等输入到各记忆媒体中,可在常用的计算机软件中应用这些数据。

(2) 趋势数据的再显示功能

以月为单位,按时将趋势图、直方图、高速趋视图及日报、月报、年报显示;将报警记录、操作/现状、变化记录等所收集、积累的数据储存在磁盘中。

(3) 操作/现状、变化记录

将长期记录的启动/停止等命令和设备状况变化等数据,以图表显示并打印出来。

(4) 报警记录

将长期记录的报警发生和复位等数据,以图表显示并打印出来。

6) 安全保障管理功能

(1) 运行实绩管理;

(2) 设备登记簿/记录履历管理;

(3) 安全保障时间表管理。

7) 记录功能

(1) 报表打印机

负责打印日、月、年报表。

(2) 彩色打印机

对显示器内画面进行复制和保存,并可在复制时移动画面。

(3) 信息打印机

负责打印报警记录、复位记录、启停失败记录、计测值上下限报警记录、日报变化记录、停电/恢复供电记录、工作记录、状态变化记录。

8) 内部互通电话及与其他系统通话功能

(1) 音频监控功能

用鼠标选择远程子机电话,以便监控其附近的声音。

(2) 与其他系统间的通信功能

通过安全保障系统、电源监控系统、内部互通电话、冷却装置监控等。

(3) 通话功能

利用鼠标选择远程子机电话,以便互通电话。

9) 自诊断功能

(1) 系统异常情况自行监控

不断监控系统中各模块情况、通信情况,以便在发生异常情况时打印信息和保存。

(2) 传送系统故障监控

远程装置传送发生异常时,能报警显示。

272. 分站设置有哪些监理要点?

1) 分站至监控点距离的确定

各分站与监控点的最大距离应根据选定的传输速率和传输介质按产品说明书规定的性能参数确定,不得超越规定。分站作为现场控制设备,在按就近配置的原则设置在现场,不受楼层限制。

2）分站 I/O 点的数量及分站形式

各分站的 I/O 点形式，可分为开关量输入（DI）、开关量输出（DO）、模拟量输入（AI）、模拟量输出（AO）四种形式。设计时应从设备监控点出发，设置 I/O 点的数量和类型。

应对以下重点进行监控：

（1）在 I/O 点的使用上，分站的另一种点型是"累加点"，这种配置不必太多，只是在监控方案无疏漏，可不考虑预留问题。

（2）分站的选型应根据单体机组控制方案确定后便可组成网络。设计单位根据建筑结构及设备配备情况首先确定几个总线或子环及其路径，再按分站靠近现场又接近网络的原则选定分站位置，最后确定 I/O 点的数量。

（3）分站的控制范围避免过大，应就近设置在受控设备的旁边。

3）分站监控区的设置

（1）对集中布置的设备群应设置在同一个监控区内，其中包括大空间照明回路、低压配电室等。

（2）对大型设备应设置在同一个监控区内，其中包括集中空调箱、柴油机组、冷冻机组等。

273. 监控中心设计重点控制有哪些？

1）监控中心宜设在主楼的底层，应保证以下几方面：

（1）无烟尘、蒸汽及有害气体侵入。

（2）周边环境较安静，中央控制室是要求环境噪声级最低的场所。

（3）远离电梯房、水泵房、变电室等易产生电磁辐射干扰的场所。

（4）远离易燃易爆场所。

（5）环境参数符合产品要求，或按以下数值选择监控中心的位置。

①振幅小于 0.1mm；

②频率小于 25Hz；

③磁场强度小于 800A/m。

2）监控中心工作室组态应根据系统规模大小而定。中型以上系统除中央控制室外还应附设若干专用室。专用室包括软硬件开发室、信息媒体保管室、备用电源 UPS 室等。

3）监控中心设置集中空调系统。

4）中央控制室宜设金属骨架架空活动地板，高度不低于 0.2m；各类导线敷设在地板下的线槽中。

5）不间断电源设备按规模设置专用室时，面积应不小于 $4m^2$；蓄电池专用电源室设排风装置，应与中央控制室隔离设置。

6）规模较大的系统且有多台监视设备布置在中央控制室中时，监控设备应直线单排布置；屏前净空不得小于 1.5m，屏后净空不得小于 1m。

7）中央控制室宜采用天棚暗装室内照明，室内照度最低平均照度宜为 150～200lx，不足时可加设壁灯补充照明。

8）规模较大时，应设中央控制室对外的安全通道。

9）监控中心应根据规模的大小配备灭火器具，严禁配置消防水喷淋装置。

274. 楼宇设备自控系统的设备选型应掌握哪些原则？

系统设备的选型应考虑系统网络结构、数据传输速率、系统容量、系统软件配置等多方面因素。

1）系统网络结构

BAS 一般采用两级网络结构。选型应考虑先进性、通用性及以下方面：

（1）系统是否有点与点的通信功能，一旦系统主机发生故障，现场控制器之间仍能通信畅通无阻。

（2）系统设有标准接口，以便空调系统与信息处理系统、通信系统、消防报警系统联网。

2）系统容量

系统容量是系统技术性能的重要指标，其容量大小反应系统控制能力和控制规模。系统容量是指系统网络最多连接工作站和控制装置的个数。

3）数据传输速率

数据传输速率和网络传输的介质，直接影响着数据处理的质量和速度。

4）系统软件的配置

系统软件的配置直接影响着系统运行、操作、功能、系统维修与保养。软件应有服务性和先进性，主要体现在先进的操作系统，简单的程序编写方法及丰富的软件功能。

275. 系统的分类及设备选型是怎样的？

1）根据 BAS 系统规模分类，如表 11-1 所示。

BAS 系统规模分类　　　　　　　　　　表 11-1

系统规模	监控点数（个）
小型系统	40 以下
较小型系统	41~160
中型系统	161~650
较大型系统	651~2500
大型系统	2500 以上

2）凡能实现集中监控的系统均应归为本系统，中型以上系统应首先考虑功能分级，软件与硬件分散配置的集散型系统（TDS）应实现以下目标：

（1）中心站发生故障不影响分站设备的工作，局部网络通信控制不因停电而中断。

(2) 监控管理功能集中在中心站和备有操作级的终端,实时性强的调节和控制功能由分站完成。

3) BAS系统应优先采用共享总线型网络拓扑结构。环型及多总线结构是可选结构,但必须符合其系统容易扩展、集中监控、系统规模的要求。

4) 中型以上系统,无论采用哪种网络结构,BAS系统对某一监控点实施监控的信号传递路径应符合图11-1所示。

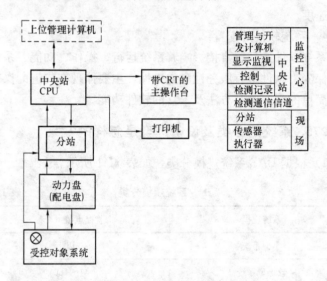

图 11-1　BAS系统的信号传递路径

5) 大型或较大型系统分站应做到以下几点:

(1) 以一台微处理机为核心,按设计实现全部功能。

(2) 与中间站之间实现数据通信,分站间实现直接数据通信。

(3) 将分站设置在其控制设备的附近。

分级分布式系统结构如图11-2所示。

中型系统及设备分布较分散的较小系统,应采用分级分布式的监控系统。

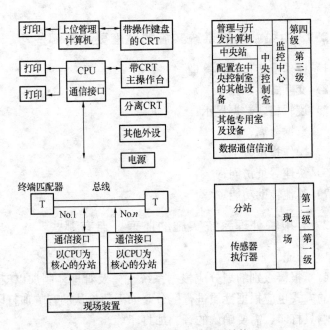

图 11-2 分级分布式系统的结构

276. 楼宇设备自控基本功能系统实施的监理要点包括哪些方面？

1) 对远程终端单、控制器及可编程序逻辑控制器的监控；
2) 对建筑设备监视、检测和控制；
3) 视频显示集成；
4) 操作人机界面；
5) 警报管理；
6) 数据的采集和历史化；
7) 报告生成；
8) 网络集成；
9) 数据集成和交换（采用工业标准技术对不同的计算和设施系统进行数据集成和交换）；
10) 趋势分析。

277. 中央站功能系统实施的监理要点有哪些？

1) 操作员接口软件管理；
2) 交互式菜单；
3) 逻辑格式数据显示；
4) 数据分离；
5) 操作指示；
6) 快速寻址访问；
7) 其他辅助功能。

278. 报警处理系统实施的监理要点有哪些？

1) 功能

（1）报警级别的划分应根据系统规模及管理体制加以安排，报警的方式也应根据性质进行区分，如无须确认的音响加打印及无音响只打印、需要确认的音响加打印等。

（2）用中央站接收来自分站的报警时，即使有多个报警同时并发也不会丢失报警信息。

2) 技术要求

（1）无论操作员接口处于退出访问状态或访问状态，均应事先处理报警信号。

（2）建立优先级结构，按报警信号的危险程度，至少应有不少于10个报警信息可被缓冲储存，包括防火功能的中型以上系统至少不能少于20个。

3) 报警显示

在指定的终端CRT上清晰地显示报警信息，并显示处理操作指示（如通知设备主管工程师电话）。

279. 状态汇总报告系统实施有哪些监理要点

提供系列汇总报告，以便对系统运行状态的监视、管理水平评估、运行参数优化和设备管理自动化。

1）趋势汇总报告

（1）按照已定的采样周期，连续记录指定点的工作状态，并形成趋势记录。

（2）要求采样周期以 1min 为增量，在 1～60min 内任意选择，在报告中所选择的变量个数应大于 10 个。

2）报警汇总报告

（1）当前处于报警状态所有点的模拟量数值与规定的极限值和开关量状态。如非法入侵、烟雾等。

（2）当前处在报警锁定状态的监控点汇总报告。

（3）当前处在报警锁定状态，但已进入报警状态的监控点汇总报告。

（4）模拟点状态汇总报告，当前处在正常或报警状态、高低报警极限值、即时值。

（5）具有命令响应功能，各监控点当前状态的汇总报告。

（6）开关点状态汇总报告，包括工程单位、当前状态。

（7）退出工作的监控点汇总表，应注明退出依据和时间。

（8）设备当前状态汇总表，全部连接在网络上的设备动作/不动作，进入/退出工作。

（9）运动时间、启/停次数汇总报告（区别点、级的设备分别列出）。

（10）能量使用汇总报告，记录每天、每周、每月各能量消耗及其统计值。

280. 分站功能系统实施的监理要点有哪些？

1）A/D 转换
2）输出/输入点处理软件
3）滤波
4）工作单位
5）模拟量报警对比
6）消除反跳

7) 控作命令控制软件

(1) 命令优先级；

(2) 命令执行延时；

(3) 执行信息反馈。

8) 报警锁定软件

(1) 时间锁定；

(2) 硬锁定。

9) 统计软件

(1) 接通/分断时间统计；

(2) 启/停次数统计。

281. 时间管理系统的监理要点有哪些？

1) 例外日时间程序

提供一组例外时间程序用以容纳例外假日和法定节假日的启停程序时间表。要求如下：

(1) 程序驻留于DCP中，可提前一年编程；

(2) 最少容纳16个例外假日时间表。

2) 时间程序

对需要被控的系统编制一个单独的启/停程序时间表，控制灯光照明、制冷或加热系统、空调机组系统等。具体要求：

按照时间程序启/停设备的设定能力，需按每台设备每天有2次启/停过程来计算。

3) 自动时制转换

充分利用自然日光节能具体要求：

(1) 时间转换及时间程序自动调整；

(2) 预先设定的日、时系统的时钟，向前或向后调整成新的日、时显示。

4) 临时时间程序

提供在DCP中的临时时间程序，可在特殊情况下临时代替预先已经编程排定的启/停时间程序。具体要求：

(1) 应能提前一周设置临时程序;

(2) 执行完毕临时时间程序后,可自动删除,进入正常时间程序;

(3) 临时时间程序应适用于所有被指定的日期

282. 能量管理程序软件实施有哪些监理要点?

所有程序软件应满足以下要求:

(1) 从中央站或其他规定的终端可对能量管理程序进行访问、退出/进入工作操作及修改。

(2) 应用程序及其他相关数据文件应存放在有备用电源能坚持 72h 及以上的 RAM 中。

283. 事件启动诱发程序实施的监理要点有哪些?

1) 诱发源

(1) 状态诱发

按指定的"诱发状态",如开关量状态、报警状态变化等,导致:"诱发程序"的执行。

(2) 手动诱发

操作人员按动按钮或键盘导致"诱发程序"的执行。

(3) 时间诱发

按照预定的时间导引"诱发程序"的执行。

2) 按诱发源导引"诱发程序"功能启动的事件

(1) 开关控制点切换到某一指定状态,如启动、停止、分断、开启、关闭等。

(2) 模拟控制点设定一个恒值,实现对恒值的控制。

3) 监理要点

(1) 相连的命令必须设有防电流浪涌时间延迟,延迟时间宜为 1~15s;

(2) 诱发程序命令必须设有优先级的结构;

(3) 能逐个安排诱发源的"诱发程序"导引启动预先规定的

事件；

(4) 能与时间表程序相连；

(5) 能逐个安排时间和状态诱发源退出或进入工作。

284. 直接数字控制软件实施的监理要点有哪些？

各分站均设驻留储存器，以提供过程控制的 DDC 计算方法和完成顺序控制所需要的逻辑算符、算术算符、控制计算法及相关的算符。具体要求：

1）DDC 程序应包括对全部输出量所指定的初始值；

2）中央站可以完成对全部 DPC 设定点的程序显示及修改；

3）各 DDC 回路执行时间间隔可以 1s 为增量，在 $2\sim120s$ 内调整。

285. 可视对讲系统的作用及功能有哪些？

1）可视对讲系统作用

来客与住房双向通话或可视通话，住户同意来客进入时，可遥控防盗门开关开门迎客；一旦有陌生可疑人进行叫门，可向保安管理中心进行报警。是一种很理想的安全防范系统。

可视对讲系统是智能小区一个非常重要的系统之一，包括直按式对讲系统、小户型套装对讲系统、普通数码式对讲系统、可视对讲系统和联网可视对讲系统等。

可视对讲系统主要是通过观察监视器对来客进行监视，将不同意来访人拒之门外，有效防止陌生人的攻击，安装了接收器，可以不让别人知道家中有人。

2）系统的主要功能

(1) 可同时设定带断电保护的多种警情报警语音和电话号码；

(2) 可适用不同形式的双音频及脉冲直拨电话、分机电话；

(3) 按顺序自动拨通先拨打的直通电话、寻呼台及手机，并及时传送到小区管理中心；

(4) 能自动识别对方电话机占线、接通或无人值班状态；
(5) 自动及手动开关、传感器的无线及有线连接报警方式；
(6) 能同时连接瓦斯、烟感、红外传感器。

对讲系统的产品繁多且功能齐全，不可视与可视可同时共用，可根据用户意愿进行选用。

286. 可视对讲系统原理是怎样的？

可视对讲控制系统是采用单片机控制技术、数位式总线传输技术而设计的小区安保控制系统。整个由安保管理中心或物业管理中心、单元门门禁机、住户分机三大主要部分组成。

系统以管理中心机和中心控制机为管理及控制中心，通过信号转换器将各单元系统连为一体。

系统设备品种繁多且动能完备，适应各种不同的智能楼宇、小区和用户的不同要求。在系统中不同器材可相互兼容或互换。

单元门门口机是普通型或豪华型数字编码式主机。一台门口机可带1500台可视或非可视分机，可带1200台解码器。一般情况下，以带1000台以内分机或1000台以内解码器的效果最佳。

可视对讲系统原理如图11-3所示。

287. 可视对讲系统的设计原则有哪些？

1）可扩展性与灵活性

为保证用户数量不断增加和投资的经济性，系统的布线必须留有合理的扩展空间和灵活、兼容性，以便根据用户的需要灵活变换。

2）可靠性及安全性

为使整个可视对讲系统可靠安全运行，必须首先保证可视对讲系统布线的可靠安全性。从系统布线方案的设计、器材及材料的选购及工程实施的各个阶段都必须全盘考虑到所有影响系统可靠安全性的各种因素。

3）规范化及标准化

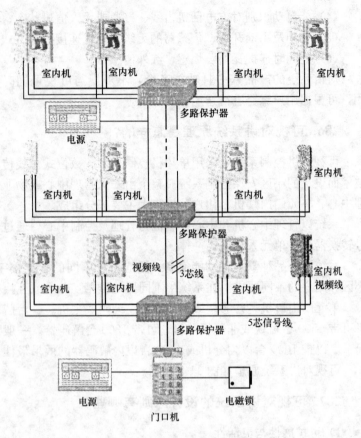

图 11-3 可视对讲系统原理图

可视对讲通信介质的选择应符合现行安全防范技术规范的规定,包括系统布线连接件、器材、器件及使用材料。系统的施工必须符合国家现行电信工程实施标准及安全防范技术的规定。

4）优化性能价格比

在满足系统功能、性能及前展性的前提下,尽量控制系统投资,使投资经济合理。

5）先进性与成熟性

选购性能合理、优良的可视对讲系统,所使用的设备、材料应具有先进性、保障性,由社会和用户认同的生产厂家出产的产品。

288. 可视对讲系统设计应满足哪些要求?

1) 住户通过分机的对讲功能与来客进行通话。
2) 住户通过可视分机可以看到来客的容貌和举动,同意来客进入时可按动开锁键开门迎客。
3) 物业人员通过中心管理机与门口机、住户通话。
4) 来客通过门口机呼叫住户并通话。
5) 物业人员可通过中心管理机与门口来客对话,并能看清来客的容貌和举动。
6) 中央管理机配备CCD摄像头后,住户可通过可视功能看到管理中心的情况。

289. 可视对讲系统的3种结构有哪些区别?

楼宇可视对讲系统从系统形式上可分为封闭式和开放式;按功能可分为单对讲系统和可视对讲系统两种类型;按结构的不同可分为多线制、总线多线制和总线制3种结构形式。多线制、总线多线制和总线制3种结构的性能指标如表11-2所示。对讲系统的结构形式如图11-4所示。

3种系统结构的主要性能指标　　　　　表11-2

性　能	多　线　制	总线多线制	总　线　制
设备价格	低	高	较高
施工难易程度	难	较易	易
系统容量	小	大	大
系统灵活性	小	较大	大
系统功能	弱	强	强
系统扩充	难扩充	易扩充	易扩充
系统故障排除	难	易	较易
日常维护	难	易	易
线材耗用	多	较多	少

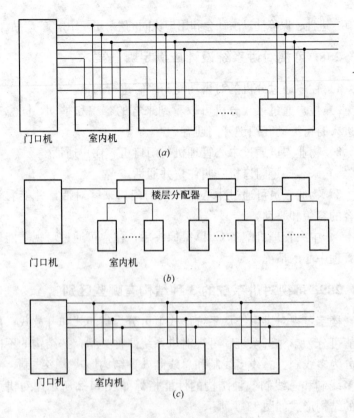

图 11-4 楼宇对讲系统的结构形式
(a) 多线制;(b) 总线多线制;(c) 总线制

290. 单对讲系统有哪些特点?

1) 具有美观大方的金色铝成型主机面板。
2) 具有方便简单的单键直按式操作按钮。
3) 待命电流少,可省电。
4) 主机面板可根据房数随意调整变化。
5) 带夜光装置和不锈钢按键,房号可灵活变换。
6) 具叮铃门铃声或双音振铃。
7) 操作方便。当停电时,可用防停电电源供电。来客按键后,主人分机收到振铃声，晚间来客可按动灯光键照明，主人与来客对话后，可按动开锁开关开门迎客。来客进门后，大门自动关闭。

8) 系统安装应配置以下部件和材料：
(1) 电源线（电源线线径应$\geqslant 0.5 mm^2$）；
(2) 直接主机；
(3) 电控锁；
(4) 闭门器；
(5) 分机。

291. 分散控制式可视对讲系统有哪些优点？

随着可视对讲系统的发展，社会市场流行着传统式系统、数位式系统和分散控制式系统。分散控制式系统是一种新的设计思想，即在同一时间内，可能仅有一两个住户使用室内分机。安装系统配线时，不将共同线连在一起，只将正在使用的室内机与主机系统相连。分散控制式系统在抗干扰、传输距离、系统维修、稳定度及配线方式等方面都与其他系统有明显的改进和提高。

分散控制式可视对讲系统为专用独立的可视对讲系统。还有一种通过CAJV的可视对讲系统，是在入口门外的摄像机视频输出经同轴电缆接入调制器，由调制器输出的射频电视信号经过混合器进入大楼的公用天线电视系统。调制器将输出电视调制在CAJV系统的空闲频道上，并通过频道通知住户。住户可开启电视机相应频道观察门外情况，并用对讲系统与来客通话。

分散控制式系统与其他系统比较如表11-3所示。

分散控制式系统与其他系统比较 表11-3

项 目	传统方式	单纯数位方式	分散控制方式
配线方式	5＋N，配线不易	简单	比单纯数位方式复杂
交流声及无线电波干扰	严重	严重	轻微

续表

项 目	传统方式	单纯数位方式	分散控制方式
传输距离	无限制可达1km	没有标准,各厂家不一样	标准RS-485,可达1.5km。若加一个标准放大器,可增加1.5km,尤其适用于别墅社区
线路维修	困难	简单	简单
系统维修	一户故障即可能使全栋无法通信	一户故障即可能使全栋无法通信	一户最多只影响同一控制器的四户

292. 直接可视对讲系统具有哪些特点？

直接可视对讲系统是有一定发展前景的产品，它可把来客的清晰图像直接传给住户。其特点是：

1) 内置红外线摄像头晚间也可摄取清晰的图像。
2) 具有叮铃和双音振铃。
3) 待命电流少，可节约电能。
4) 面板可随住户心愿灵活调换。
5) 操作简单

（1）来客按动主机面板，住户机发出铃声，显示来客图像，主人与来客通话确认后，通过住户机遥控电控锁开门迎客，客人进门后闭门器驱动大门自动关闭。

（2）公共电网停电时，系统自动切换成防停电电源继续维持系统工作。

（3）若住户需要观察楼下情况，按动监视键可开启屏幕显示楼下情况，约10s时间后自动关闭。

293. 网络可视对讲系统的功能及配置是怎样的？

1) 系统功能

(1) 系统具有多路可视视频监视,管理员及住户均可视多个门机情况。

(2) 单一系统具有多个通话频道,可以同多路对讲。

(3) 管理员可通过总机与所有单元通话;各住户机也可以通过总机与系统内各单元通话,形成一个大型电话交换机网络。

(4) 系统可接公共区间电话,接至门卫、大厅、会场等区域使用。

(5) 来客可直接呼叫住户或管理员及系统内任一单元通话;系统具备防误撞和住户密码锁功能,来客3次密码错误,门口机自动通知管理员处理。

(6) 系统通过中央联网终端机联网,最多可接63个系统和31500台住户可视对讲机,以满足广大住户的需求。

(7) 第一系统主机可接多台:共同监视对讲门口机,配备门口处理器后可接16台门口机。

2) 配置

联网型可视对讲系统基本配置如表11-4所示。

联网型可视对讲系统基本配置　　　　表11-4

管理员室	公共区间	住户室内
管理员可视对讲机房号显示器	可视对讲中央计算机控制机 可视对讲中继资料收集器 共同监视对讲门口机 电源供应器 公共门防盗电锁	住户室内可视对讲机 住户门铃按键

294. 监理工程师对可视对讲系统施工验收的哪些参数进行检查?

监理工程师对可视对讲系统施工验收的检查,可参照表11-5中的相关参数进行核查。

对讲系统监理的各项目参数表　　　　　表 11-5

设备	检测项目		参数	
门口机	对讲部分供电电压(+,−)		直流 12V±2V	
	通话时对讲部分供电电压		直流 12V±2V	
	可视部分供电电压(+,−)		直流 18V±2V	
	通话时可视部分供电电压		直流 18V+1V/直流 18V−2V	
	信号线	电压(Sa,−)及电阻	3.5V±0.8V	∞
		电压(Sb,−)及电阻	0V	∞
	语音线(2,−)电阻		∞	
	语音线(6,−)电阻		∞	
	对讲模块供电电压(1,3)		直流 12V+1V/直流 12V−2V	
	视频线电阻(V,M)		75Ω±10Ω	
	通话时信号线	电压(Sa,−)	3.5V±0.8V	
		电压(Sb,−)	0V	
	开锁电压(Ab+,Ab−)		12V	
管理机	对讲部分供电电压(+,−)		直流 12V±2V	
	通话时对讲部分供电电压		直流 12V±2V	
	信号线	电压(Sa,−)及电阻	3.5V±0.8V	∞
		电压(Sb,−)及电阻	0V	∞
	语音线	电阻(2,−)	∞	
		电阻(6,−)	∞	
	视频线电阻(V,M)		75Ω±10Ω	
	通话时信号线	电压(Sa,−)	3.5V±0.8V	
		电压(Sb,−)	0V	
中控器	中控器供电电压(+,−)		直流 12V±2V	
	总线信号线	电压(D1,−)	4V±1V	
		电压(D2,−)	0V	
	总线视频线电阻(V,M)		75Ω±10Ω	
	通话时总线信号线	电压(D1,−)	4V±1V	
		电压(D2,−)	0V	
	联网信号线	电压(A,−)	3.5V±0.8V	
		电压(B,−)	0V	

续表

设备	检测项目		参　数	
电源	可视部分供电电压(＋,－)及电流		18V＋1V/18V－2V	2A
	对讲部分供电电压(＋,－)及电流		12V±2V	2A
解码器	解码器供电电压(＋,－)		12V±2V	
	总线信号线	电压(D1,－)	3.5V±0.8V	
		电压(D2,－)	0V	
	通话时总线信号线	电压(D1,－)	3.5V±0.8V	
		电压(D2,－)	0V	
视频分配器	视频分配器供电电压		18V＋1V/18V－2V	
	总线视频线电阻(V,M)		75Ω±10Ω	
	通话时总线视频线电阻(V,M)		75Ω±10Ω	

295. 机房及室内装修系统有哪些监理要点？

1) 地面

机房、门厅、房间地板，机房设备间铺活动地板（600mm×600mm）。

2) 吊顶

房间吊顶用接插式暗龙骨（600mm×600mm）微孔铝合金板，配3×40W嵌入式荧光灯，机房照度在300lx左右，其他房间在200lx左右；机房内吊顶不得有外露；墙、柱、楼板面用腻子刮平，刷乳胶漆。

3) 墙面

机房屏蔽室墙面用轻钢龙骨支架。中密度板衬底，外罩铝塑板，下装不锈钢踢脚板；门厅、走廊、房间墙面刷涂料，踢脚板刷油。

4) 室内净高

门厅、走廊净高3.05m，主机室、新风室、演示室净高2.8m。

5) 门窗

无框玻璃弹簧门 1000mm×2000mm；屏蔽门 1000mm×2000mm；新风室密封门 650mm×1900mm；防盗密封保温门 800mm×2000mm；走廊上其他门用木框门、实木门；屏蔽室窗户用玻璃硅胶密封，屏蔽墙窗户从内侧封死；新风室外窗用轻钢龙骨作支架，用石膏板从内侧封严；终端室单扇窗可开，其他窗为死扇。

6) 隔断

玻璃弹簧门 1000mm×2000mm；主机室、演示区之间及门斗均为发纹不锈钢板镶边 12mm 厚玻璃隔断。

296. 内装修电气系统有哪些监理要点？

1) 电气配电

（1）照明、空调电源柜下设两个照明、空调电源箱。一个电源箱经电源滤波器到屏蔽机房；一个电源箱到终端机房。

（2）UPS 下设两个电源箱。一个电源箱经滤波器到屏蔽机房；一个到终端机房。

2) 照明供电

正常照明、事故照明。

3) 计算机供电

演示室和终端室在地板上明敷设若干个 UPS 插座。用电量不大可共用公用回路设备用电；用电量大，要求独立供电设备，在地板下敷设，用相应 UPS 电源供电。

4) 市电备用插座

在机房和走道设插座供电。

5) 电缆选用和敷设

电源进线用塑铜电缆，机房用塑铜线套镀锌管，供电回路设在吊顶内、墙内或活动地板下。

6) 开关和电源箱选用

外形应美观、与机房配制协调的非标准电源箱（金属箱体），开关选择信誉好的厂家产品。

7) 接地

(1) 市电接地

引入机房最好采用三相五线制（TN—S）。

(2) 计算机专用接地

从接地极引一地线到 UPS 电源间，作为计算机专用接地；电阻小于 1Ω。

(3) 屏蔽接地

从接地极引一地线到屏蔽体电源滤波器，作为屏蔽接地。

(4) 地线绝缘

从接地极引出的地线与大地、大楼钢筋网、金属管道绝缘。计算机专用接地和市电接地系统应避免与金属接触，在无法避开时可采取有效的隔离措施。屏蔽接地线应与除屏蔽接地体以外的任何物体绝缘。

297. 内装修空调系统有哪些监理要点？

1) 采用柜式空调机。空调机设在屏蔽区外，通过波导窗向主机室回风和送风；演示区空调机均设在屏蔽区内，冷凝器通过波导窗向室外进风和排风，主机室设湿膜柜式加湿器。

2) 空调设备均按生产厂家提供的说明书等技术资料安装、调试及运行。

3) 冷媒铜管敷设位置根据现场条件确定，但不得与活动地板支架相碰。气液管均外包自熄性泡沫塑料保温，管线穿墙时应设套管，穿管后采取封闭防水措施。

4) 柜式空调机底座与活动地板相平，空调机在底座固定牢靠。

5) 机房上下水管为镀锌管，并用自熄材料保温。上水管设阀门、下水管设 5‰ 以上的流水坡度。上下水管与水房上下水管相连；上水经软水器处理后进入湿膜柜式加湿器。

6) 处理新风和主机室所用空调机前部出风口封闭，顶板取消；顶端与风箱相连，接口部位设密封垫。

7）新风管道用镀锌铁皮制作，用 30mm 厚外包铝箔纸的岩棉板保温，包裹应严密，接缝应用铝箔胶条密封。

8）新风经两级过滤和空调机处理再送到各房间。送到屏蔽区的新风经波导窗进入吊顶，再经微孔板进入室内；终端室的新风经散流器送入。新风量共计 1900m³/h。空调机可在 −5～46℃ 环境下制冷运行，可在 −10～15.5℃ 温度环境下制热运行。当室外湿球温度低于 −10℃ 时，应适当减少新风量避免室内温度过低；夏季温、湿度较大时可适当减少新风量，以便减少热负荷；风量调节阀平时关闭，当需要减少新风量时可适当开启。

9）若暖气系统为单管系统，则在送、回水管之间加连通管和阀门，终端室暖气关闭或调节时，才不影响其他室的正常采暖。

10）空调设计参数如表 11-6 所示。

空调设计参数　　　　　表 11-6

房　名	温　度	相对湿度	洁净度，≥0.5μm 灰尘颗粒数
终端室	夏 23℃±2℃ 冬 20℃±2℃	≤70%	≤18000 颗/L（英制 50 万级）
主机室演示区	夏 23℃±2℃ 冬 20℃±2℃	40%～70%	≤18000 颗/L（英制 50 万级）

参考文献

1. 谢莉,邹红利,周龙. 建筑智能化技术. 北京:中国水利水电出版社,2008.1.
2. 张永坚,周培祥,高鹤. 智能建筑技术. 北京:中国水利水电出版社,2007.11.
3. 建设部标准定额司主编. 建筑电气工程施工质量验收规范(GB 50303—2002). 北京:中国建筑工业出版社,2002.6.
4. 朱成主编. 智能建筑工程质量验收规范. 北京:机械工业出版社,2009.
5. 叶宜强,黎连业. 弱电工程监理实用技术. 北京:电子工业出版社,2007.1.
6. 中国建筑工程总公司主编. 智能建筑工程施工质量标准. 北京:中国建筑工业出版社,2007.6.